ものと人間の文化史 183

花火

福澤徹三

法政大学出版局

1　「和蘭馬芸之図」（東京国立博物館蔵）には，将軍吉宗の前で西洋馬術を披露するオランダ東インド会社員ケイゼルが描かれている。享保 20 年（1735）の離日を前に，隅田川で将軍の賓客として船遊びと花火のもてなしを受けた（本文 41 頁）。

2　明治中期に描かれた，浜御殿で上げられた狼煙を江戸城から見る将軍の様子。楊洲周延画「千代田之御表狼煙上覧」（すみだ郷土文化資料館蔵，本文 43 頁）。

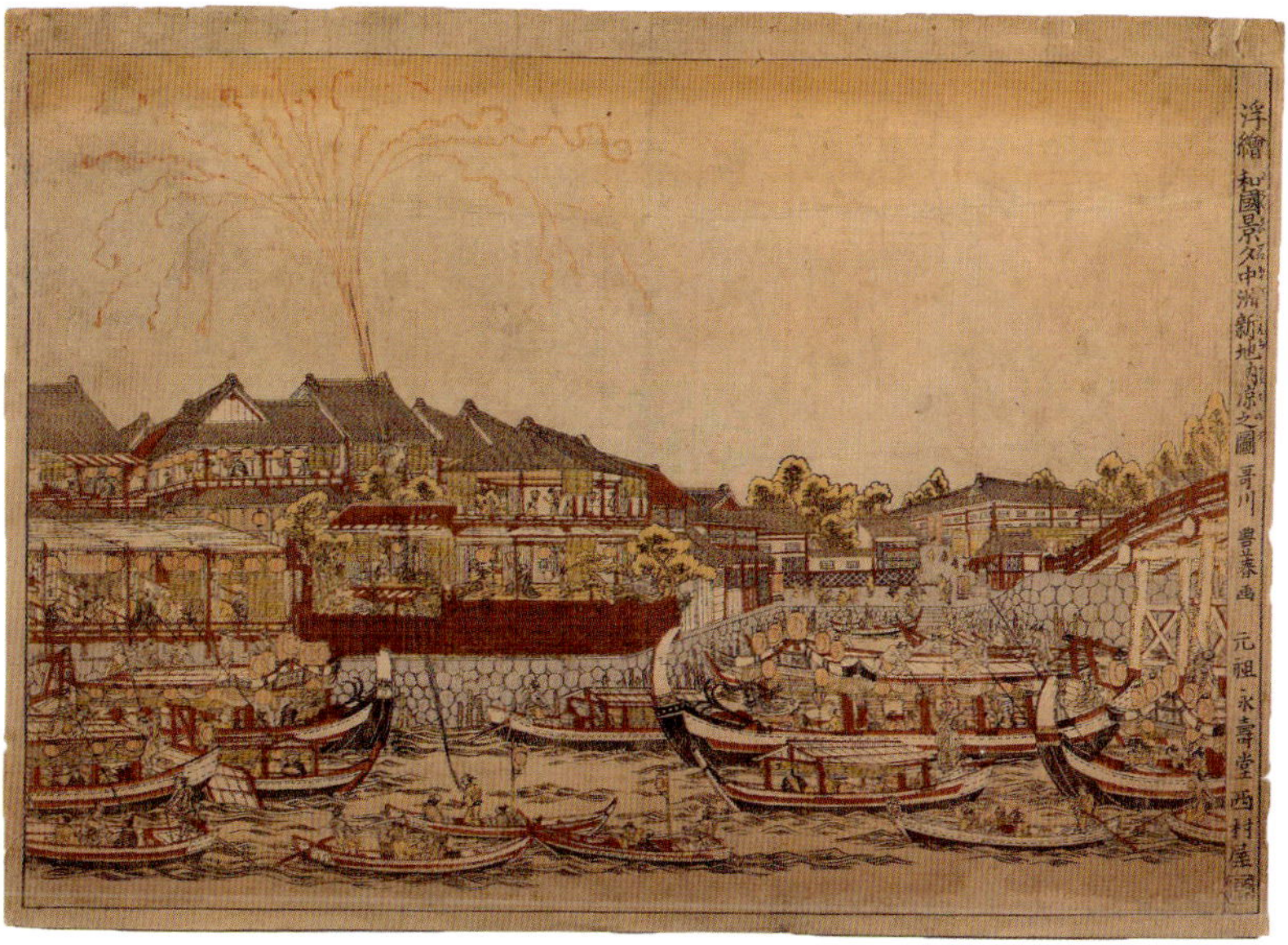

3　明和 8 年（1771）に隅田川下流の中洲新地が開発され料亭が並び，花火の名所となる。歌川豊春画「浮絵和国景中洲新地納涼之図」（安永 4 年頃〈1775〉，太田記念美術館蔵）は料亭に向けて流星が上げられる様子を描く（本文 45 頁）。

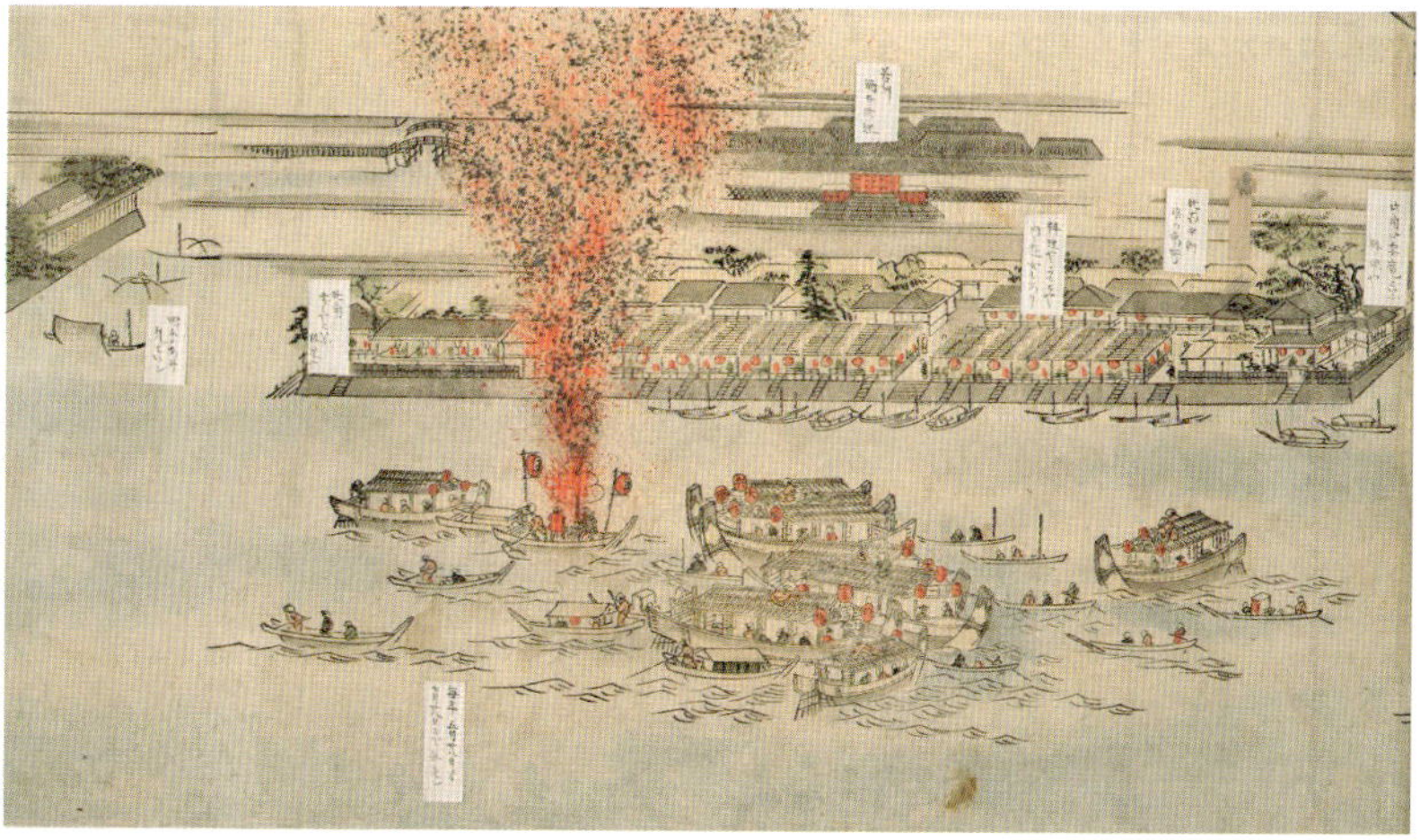

4　鶴岡魯水画『東都隅田川両岸一覧』（国立国会図書館蔵）は天明元年（1781）に出版された。両国橋ではなく，中洲新地を背景に，仕掛花火と噴出し花火をあわせた花火が上がり，料亭の観客を楽しませている（本文 45 頁）。

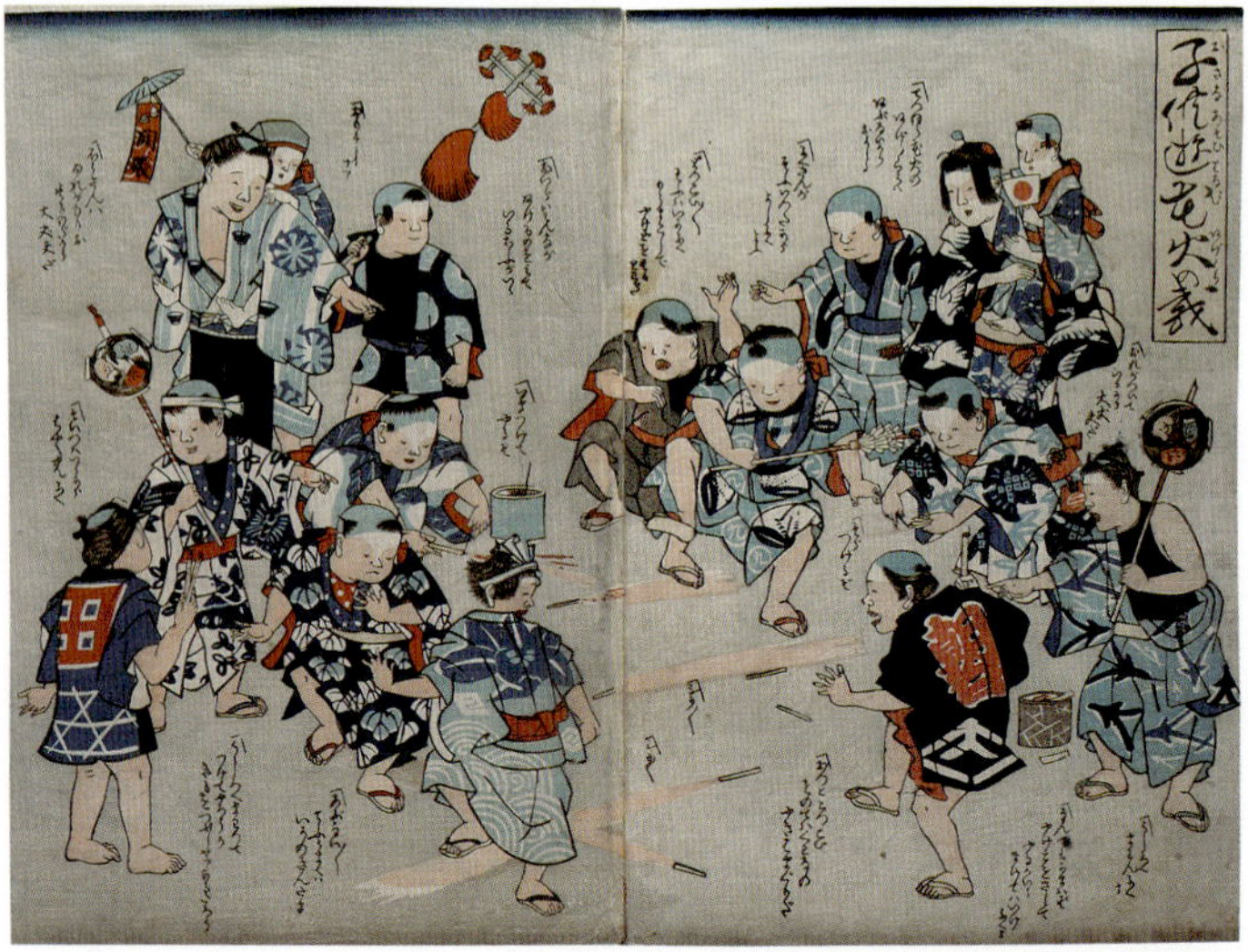

5　筒に火薬を詰めて噴射する小型の庭花火（現在の玩具花火）。「子供遊花火の戯」（作者不明，慶応 4 年頃〈1868〉，すみだ郷土文化資料館蔵，本文 76 頁）。

6　市中花火の小売は振売や番屋が担った。文政 10 年（1828）『盲文画話』（国立国会図書館蔵）にも花火の振売が描かれる（本文 87 頁）。

7　隅田川で花火をすることが許された納涼期間の花火の様子がよくわかる。納涼花火には，たまたま花火が見られて幸運だったね，という偶然性が伴う。鳥居清満画「浮絵両国涼之図」（宝暦年間頃〈1751～61〉太田記念美術館，本文 92 頁）。

8　安政 6 年（1859）の貞秀画「東都両国橋夏景色」は隅田川の川開花火を描いた代表的作品である。右手の両国橋下流では鍵屋が打上花火を上げている（すみだ郷土文化資料館蔵，本文 92 頁）。

9　浮世絵のみならず，文献資料も含めて，隅田川花火での「川開」文言の最初の使用例の国美画「両ごく川ひらき」で注目される。文政年間（1818～30）の作品（すみだ郷土文化資料館蔵，本文 94 頁）。

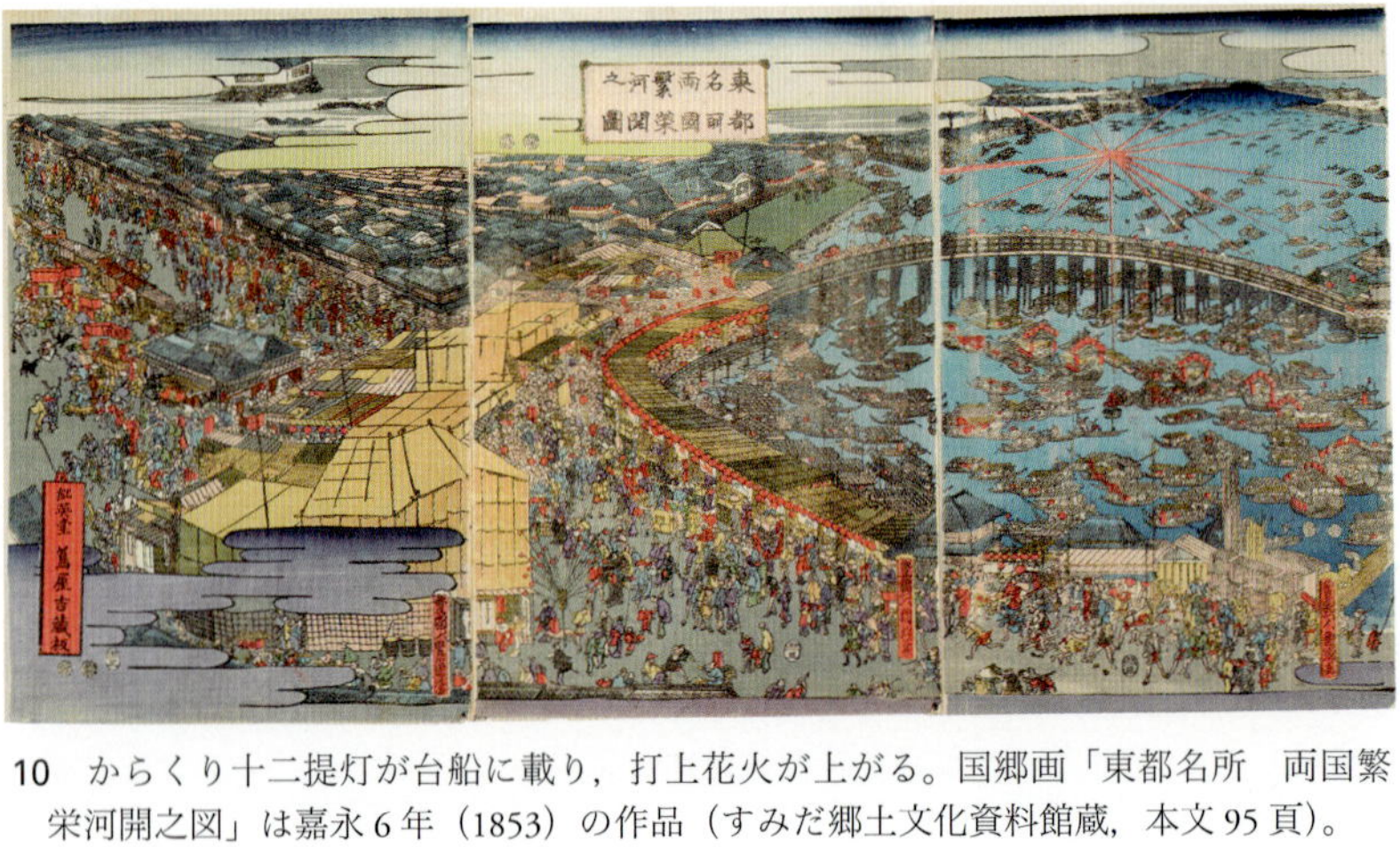

10　からくり十二提灯が台船に載り，打上花火が上がる。国郷画「東都名所　両国繁栄河開之図」は嘉永 6 年（1853）の作品（すみだ郷土文化資料館蔵，本文 95 頁）。

11　花火屋船は描かれていないが，右手前に屋形船，左に屋根船と川面に多くの船が集まっている。両国橋の上では群集が打上花火を見あげる。安政 5 年（1858）の三代豊国画「東都両国橋川開繁栄図」（すみだ郷土文化資料館蔵，本文 95 頁）。

12　大花火は川開花火とその後 2 回程度行われる茶屋花火の総称である。「東都両国大花火眺望」は二代国貞の安政 4 年（1857）の作品（すみだ郷土文化資料館蔵）。一定の数の船と陸の群集が見られ，料亭二階には打上花火を眺める客がいる（本文 95 頁）。

13　広重画「東都名所佃嶋夏之景」（天保 10〜13 年〈1839〜42〉，日本浮世絵博物館蔵）は，佃島沖での火術稽古の様子を描き，煙を出す相図の打ち上げる様子がわかる（本文 118, 123 頁）。

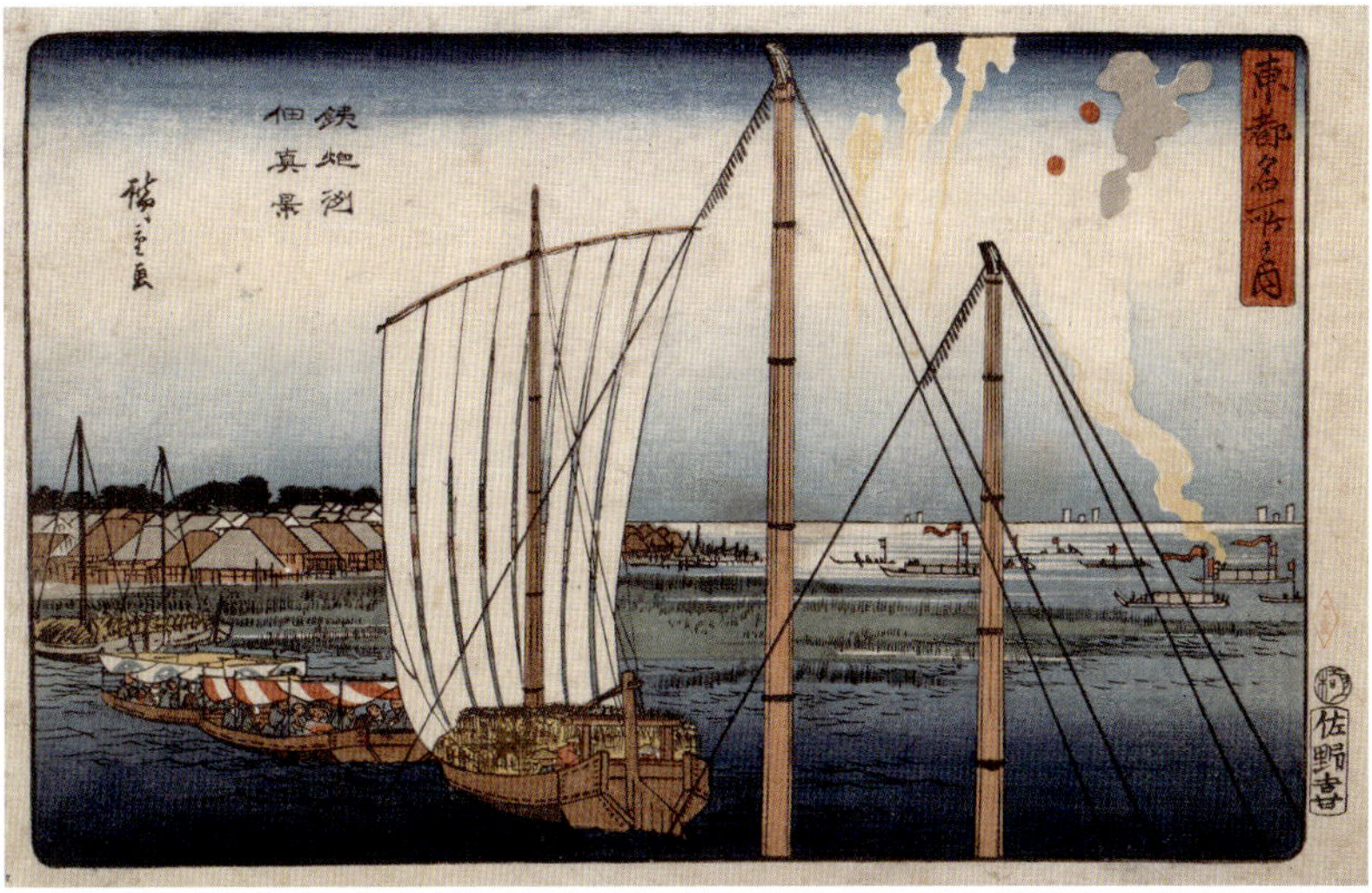

14　広重画「東都名所之内　鉄炮洲佃真景」（天保 10〜13 年〈1839〜42〉，太田記念美術館蔵）も火術稽古を描く。見物の町人が船を仕立てている（本文 118, 123 頁）。

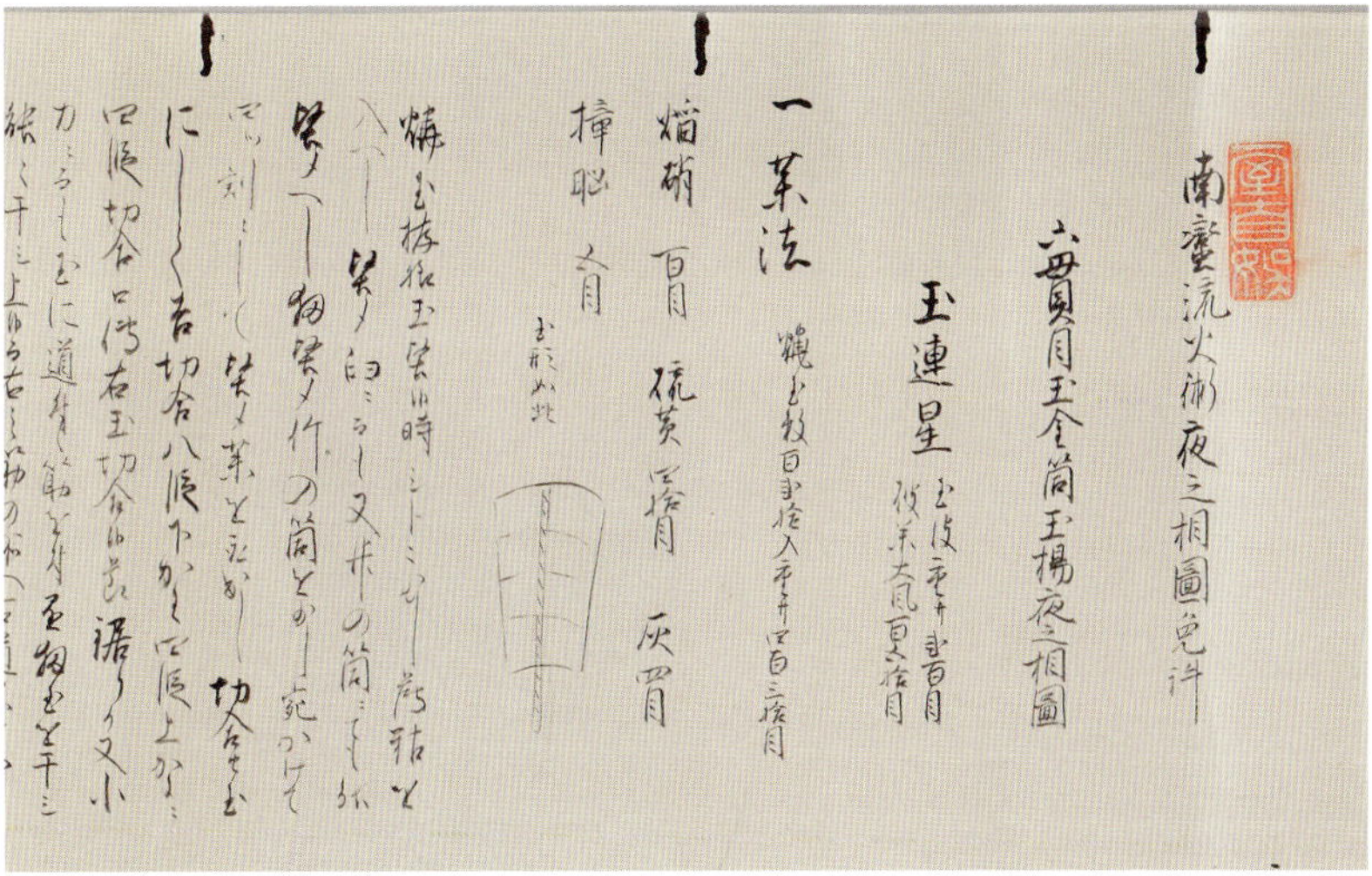

15　文政 6 年（1823）『南蛮流火術花火伝書』昼相図巻（すみだ郷土文化資料館蔵）の説明は詳細である（本文 148 頁）。

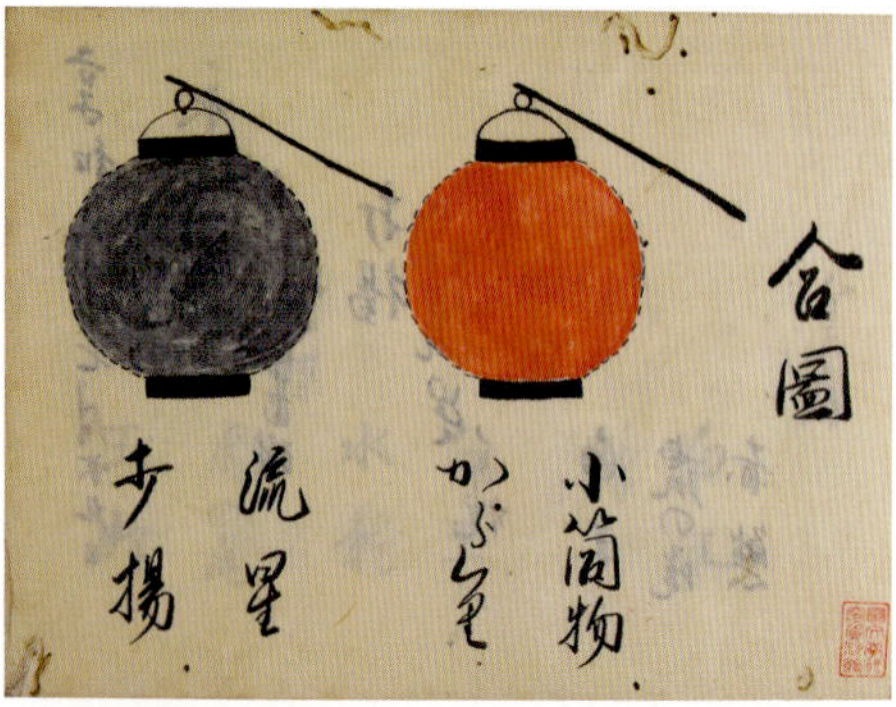

16　田安徳川家史料「永代浜丁箱崎御花火番付」（国文学研究資料館蔵）の種別（本文 155 頁）。

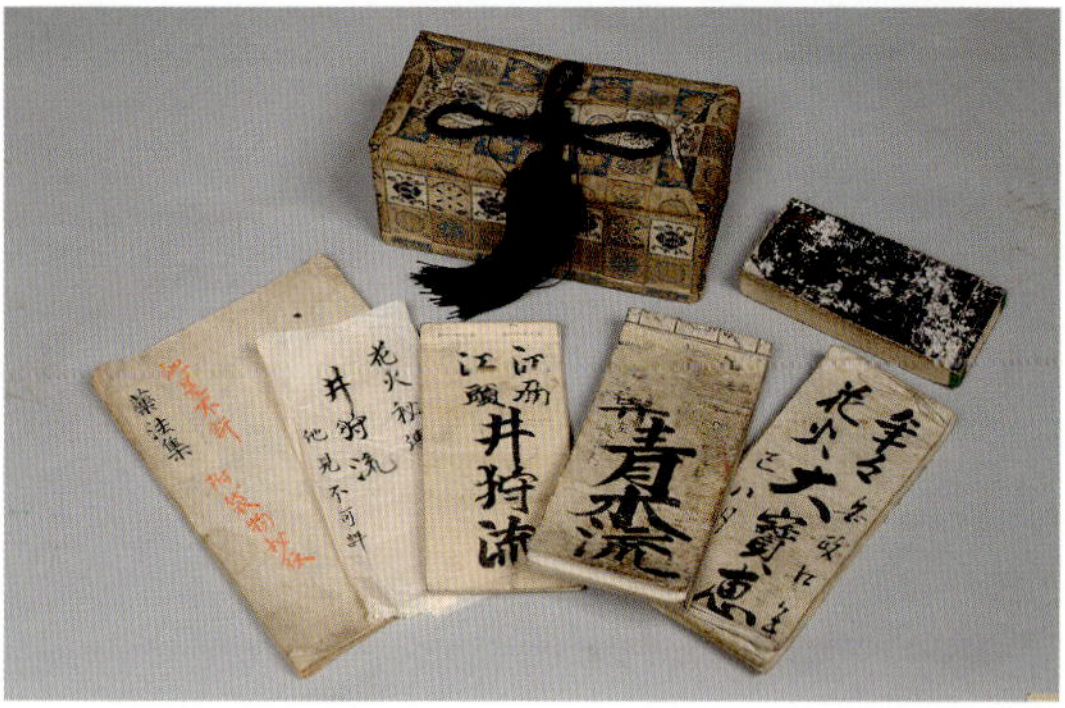

17　飯田町の「綿五」原家が代々伝えた煙火（花火）の秘伝書の数々（飯田市美術博物館蔵，本文 179 頁）。

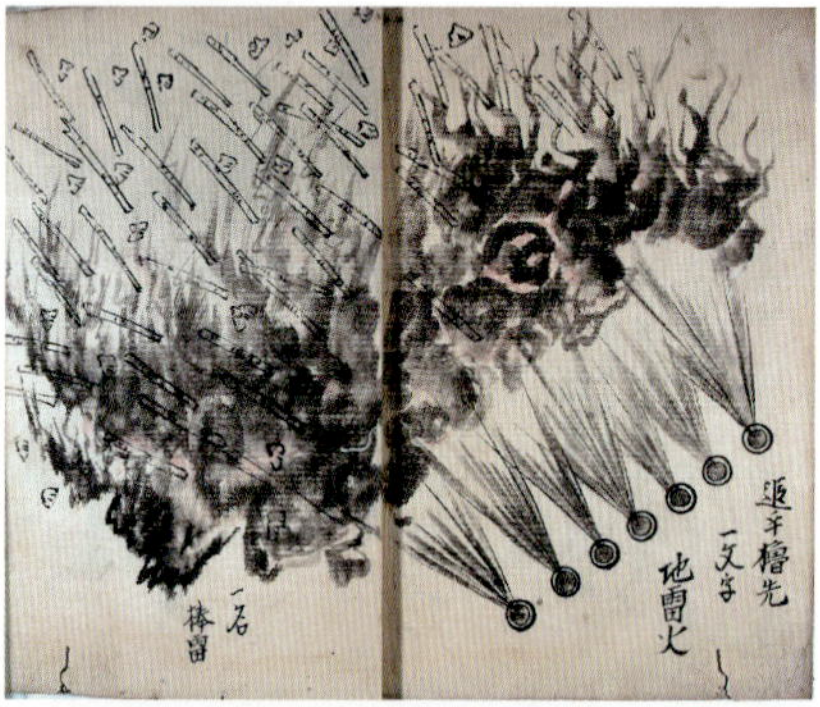

18　慶応 3 年（1867）片貝花火三日目で行われた地雷火（「光遠流狼煙之書」すみだ郷土文化資料館蔵，本文 185 頁）。

19　招魂社の祭礼花火を描いた昇齋一景画「東京名所四十八景　九段さか狼火」(明治4年〈1871〉, すみだ郷土文化資料館蔵)。明治になって市中でも届出をすれば大がかりな花火が行えるようになった（本文191頁)。

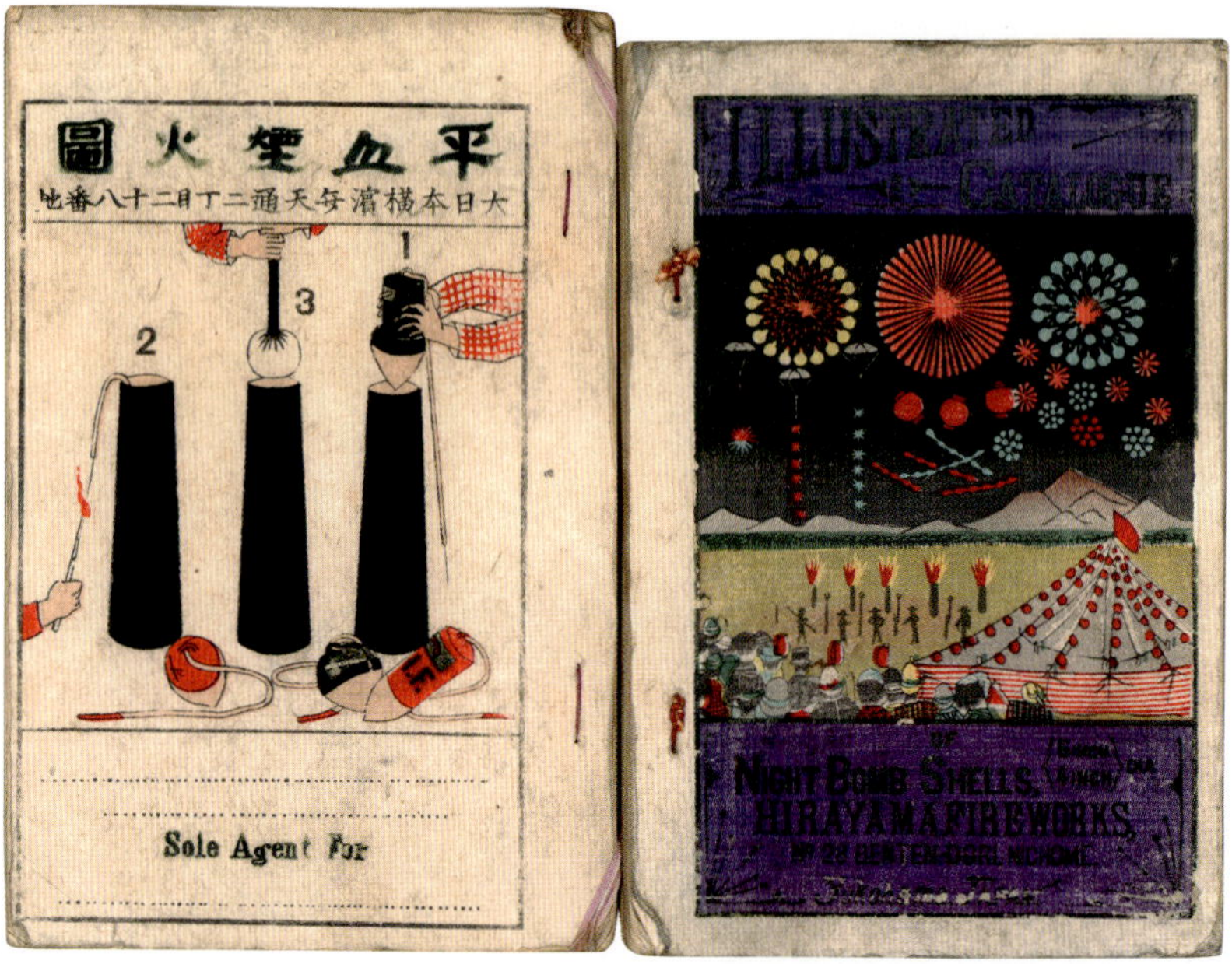

20　平山煙火製造所の輸出花火絵入りカタログ（横浜開港資料館蔵・ブルームコレクション）。左には打上花火の図解が，右は夜花火の様子が描かれている（本文 194 頁）。

21　花火玉（横浜開港資料館蔵）。輸出用花火は赤色の玉で区別されていた。下のシールの五重塔は中の昼花火の内容を表示している（本文 194 頁）。

22　打上花火から，ダルマ，ふぐ，たこなど，ポカ物と呼ばれる造形物が飛び出した様子。明治 10 年（1877）の豊原国周画「両国橋夕涼之図」（すみだ郷土文化資料館蔵）は武士の狼煙（相図）技術が取り入れられたことがよくわかる（本文 212 頁）。

23　明治 13 年（1880）の小林清親画「両国花火之図」（すみだ郷土文化資料館蔵）。明治の川開花火の様子を描く。中央の花火は深紅で，明治時代に入ってきた化学薬品による赤色を表している（本文 213 頁）。

24　明治 21 年（1889）の幾英画「東京名所之内川開之図両国橋大花火」（すみだ郷土文化資料館蔵）は右側に仕掛花火「鯉の滝登り」を描く（本文 213 頁）。

25　同年の荒川藤兵衛画「東京両国花火打上之景」（すみだ郷土文化資料館蔵）には，打上花火「二重の菊」，仕掛花火三つ車，流星の一種大龍が描かれる（本文 213 頁）。

26　昼花火が明治時代に導入され，さまざまな式典や行事で花火が用いられるようになった。明治 26 年の梅堂小国政画「郡司大尉千嶋占守嶋遠征隅田川出艇之実況」（すみだ郷土文化資料館蔵）からもそのような様子がうかがえる（本文 213 頁）。

27　明治 23 年（1890）の信越線の開業と長野駅開通式の様子を描いた一枚刷り「長野停車場権堂間新設道千歳町開通式花火之図」（長野市立博物館蔵）。江戸時代の村単位と遊郭が囲いを設け順に花火を上げげた（本文 221 頁）。

28　明治 42 年（1909）の黒木半之助画「東京名所　両国川開き之光景」は，名物の仕掛花火「川開」が見事である（江戸東京博物館蔵，Image：東京都歴史文化財団イメージアーカイブ，本文 233 頁）。

29　大正 6 年（1917）の浦野銀次郎画「東京名所　両国川開き之光景」では，名物となった警備の警官が大きく描かれている（すみだ郷土文化資料館蔵，本文 234 頁）。

ものと人間の文化史　花火◎目次

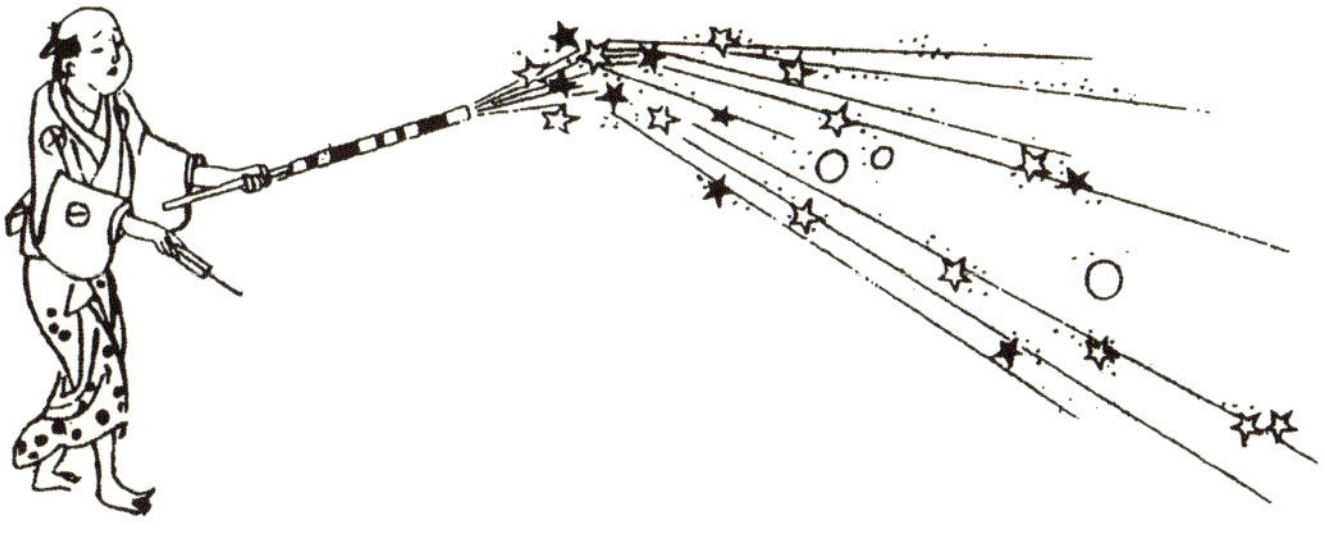

目次扉：石河流宣画『大和耕作絵抄』（黒川真道編『日本風俗図絵』大正三年所収）より

第一章　中国からの渡来と貴人の観賞

花火と狼煙

花火といえば、花火大会の打上花火や、公園や海水浴場で楽しむ玩具花火が思い浮かぶだろう。現代の花火を論じるならば、この点から出発しても構わないのであるが、花火の変遷を歴史的に追うという本書の目的からは少々不十分である。

手元にある『広辞苑』（岩波書店、第四版）には次のように記載がある。

はな・び【花火・煙火】黒色火薬に発色剤をまぜて筒につめ、または玉としたもの。点火して破裂・燃焼させ、光・色・爆音などを楽しむ。通信にも用いた。張筒から空中に放つ打上花火、装置して物の形を見せる仕掛花火、子供の玩具とする線香花火など種類が多い。

関連する狼煙にも、花火に関する記述がある。

のろし【狼煙・烽火】①火急の際の合図に、薪を焚き、または筒に火薬を込めて上げる煙。とぶひ。②（省略）。③昼間あげる花火。

次に、「とぶひ」を見てみよう。

とぶ・ひ【飛ぶ火・烽】古代の軍事施設。また、そこで火をたき煙をあげておこなう、非常を通報するための合図。烽火。

花火の項に通信にも用いたとあり、また狼煙には③昼にあげる花火、とある。花火と狼煙の区別は曖昧である。一方、飛ぶ火は古代の軍事的通信手段という意味で、それが狼煙に繋がっていると考えられる。

歴史的変遷の観点から、これらの記述を整理すると、花火には明治から現代についての説明と、一部江戸時代に関する説明が混ざっている。狼煙は、江戸時代の説明、飛ぶ火は古代の説明である。

本書では、花火は観賞して楽しむものと限定をして話を進めることにする。また、軍事的通信手段として、花火と似たような手段を用いるものを狼煙と見なす。そのように限定したうえで、今後の叙述も見通しつつ辞典の説明をもとに再度整理すると、本書では以下のように定義して話を進めたい。

花火……黒色火薬を筒につめ、または玉にしたもの。点火して破裂、燃焼させ、光・色・爆音などを楽しむ。

狼煙……軍事的通信手段のため、筒に火薬などを込めて上げること。

なお、江戸時代には狼煙は民間社会でも使用されたが、花火の歴史とは無関係なので、本書の考察の対象外とする。また、花火を煙火・烟花とも表すことが主流の時代もあったが、史料からの引用およびそこからの考察を除き、花火で統一する。

伊達政宗と徳川家康の上覧

現在のところ、以下の記録が日本における花火のはじまりである。天正一七年（一五八九）、のちの仙台藩主伊達政宗が花火を見た様子が記されている。

子　七日

天気雨ふり申候

（省略）

夜入たいとうちん《（大唐人）》三人参はなひ《（花火）》申候、其後うた《（歌）》もうたい申候

うし　八日

天気吉

（省略）

夜入たいとうちん（大唐人）はなひ（花火）くはり（配）上申候ヲ、上意様（政宗）にてさせられ候、一段ミこと（見事）ニ御さ候

七月七日は雨だったが、夜になって、唐人（明国人）が三人参り花火を行った。その後、歌も歌った。翌八日、天気は晴れで、夜になって唐人が列席者に花火を配ったので、それを上げた。政宗公もなされて、一段と見事であった、との意味になる。

政宗は前月、長年の蘆名《あしな》氏との抗争に終止符を打ったばかりで、米沢城から黒川城（後の会津若松城）に入ったばかりであった。この時は七月には豊臣秀吉が越後の上杉景勝、水戸の佐竹義重に命じて、政宗を討つ命令を発するなど、奥州はまだ戦乱の最中にあったが、すでに徳川家康は秀吉に臣従し、九州は平定され、小田原の北条氏征討が近づいていた。翌年六月、政宗は小田原に参陣する。

政宗と海外との関わりは、慶長一八年（一六一三）に支倉常長をヨーロッパに派遣することが始めであるとされ、唐人の来訪はほとんど知られておらず、謁見の目的は不明である。

この記事は、伊達家の歴史書である『天正日記』に記されており、史料的信用性も高い。これが日本における花火観賞を歴史的史料で確認できる最初である。

そして、二四年後の慶長一八年八月六日、徳川家康が唐人の上げる花火を観賞した、との記事が『駿府政事録』にある。

二日　自㆓長崎㆒花火上手唐人参府
三日　花火唐人今日御礼、則六日夜花火可㆑有㆓御覧㆒之由被㆓仰出㆒（省略）
六日　（省略）臨㆓黄昏黒㆒花火唐人於㆓二之丸㆒立㆓花火㆒、大御所宰相殿少将殿御見物

二日に長崎から花火の得意な唐人（明国人）が参府し、翌三日家康が謁見、六日に花火をご覧になる旨仰せ出された。六日夜、駿府城二の丸で、家康・家康の九男で初代尾張藩主の義直・十男で水戸藩主の頼房に花火を見せた。花火の実証的論文を四編発表した鮭延《さけのべ》襄《ゆずる》は、陰暦六日の夜は新月で月の光もわずかだったので、火薬による火の光と動きは人々を驚喜させるのに充分だったろう、と述べている。『駿府政事録』には、いくつかの異本があり、「立花火」の立が抜けているものもある。この「立」には花火を行うという意味で用いる用例が一七世紀の触書に見られ、花火を立てると読むのが妥当であろう。

秀吉は朝鮮出兵で明国と戦ったが、家康は関係の改善に努め、慶長一六年一一月に明国商人に長崎での貿易を許可している。三日の「御礼」は貿易を認めたことに対してであろう。明国商人には、花火で家康らの歓心をかう意図があったと考えられよう。花火は重要な手土産であり、それだけ珍しいものだった。

余談だが、同月伊達政宗の遺欧使節支倉常長が陸奥月浦を出帆したが、翌慶長一七年三月に幕府はキリスト教を禁止した。海外と積極的に交易する方針から、キリスト教禁止、オランダ・明国と長崎

でだけ通商を許可するという海禁体制へ移行する途上の外交史の一コマに、花火は登場した。花火は、中国からの渡来技術で、戦国大名や前征夷大将軍が見物する価値のあるものだったのである。

家康の観賞の二年後である慶長二〇年三月晦日、同じく『駿府政事録』は次の記事を載せている。

晦日　伊勢躍頻也、大神宮飛給由、禰宜号スル者唐人頼花火ヲ飛ト云々、伊勢躍制レ之給云々

駿府で伊勢踊りが流行し、その勢いを鎮めるため、禰宜が御札（大神宮）を飛ばし、さらに唐人に依頼して、花火を行わせた、との意味であろう。この頃まで、花火は唐人（明国人）だけが実施できるものであった。

僧・天海と慈性の船花火

駿府での伊勢踊りの記事から一三年後の寛永五年（一六二八）、現在まで脈々と続く隅田川花火の最初の記録が残されている。天台宗の僧侶、慈性《じしょう》が記した『慈性日記』寛永五年七月二二日条である。

一智楽院へ天海ノ御出、但、朝路が原ニ新町ヲ作り、浅草坊主何も茶ヤをかまへ、いろ〳〵うり物共カサル

船を用意、夜ニ入花火敷々アリ

中川仁喜によると、慈性は天台宗門跡寺院である青蓮院の院家、尊勝院の第二二代住持で文禄二年(一五九三)に誕生した。実家である日野家は名家で、弁官・蔵人を経て中・大納言にのぼり、代々歌道や儒道を専らに朝廷に仕えた。青蓮院は妙法院・三千院とあわせて三門跡と称され、天台宗内では絶大な勢力を有していた。

智楽院(忠尊《ちゅうそん》)は当時の浅草寺別当である。浅茅が原(花川戸)に新町が形成されつつあり、寺僧身分であろうか、浅草寺の僧侶がいずれも茶屋を構えて商売をしていることがわかる。徳川幕府によって江戸が整備され発展するなか、中世以来の古刹であり、参詣者も多かったであろう浅草寺の周辺でも新町が立ち、それにともない茶屋や店が造られるさまを、慈性は興味深く記録している。

天海は伝記や諸史料から鑑みると、天文五年(一五三六)会津高田の生まれで、慶長一二年(一六〇七)には施薬院宗伯の推挙により徳川家康の命を受け、比叡山東塔南光坊を継いで比叡山の再興に勤めた。慶長一七年(一六一二)には武蔵国仙波喜多院が関東天台宗の本山に定められ、天海が入院して関東の天台宗を差配することとなった。元和二年(一六一六)四月一七日に駿府で家康が死去すると、天海の主張する山王一実神道が二代将軍秀忠に認められ、採用された。ここに天海は徳川幕府の祭祀権を掌握することとなり、朝廷に対する神号奏請を取り次ぎ「東照大権現」を勅許されている。慈性が寛永五年に江戸に下向したのは、四月の日光東照社法会(家康の一三回忌)に出仕するためであった。智楽院忠尊のもとを天海が訪れた際、記主の慈性は天海と行動を共にしていたと考えられる。状況から鑑みるに、地元である浅草寺別当の忠尊が天海とともに船を用意して、江戸に来た慈性をもてなしたと見ることができよう（中川「江戸の行楽地と天海僧正」）。

伊達政宗、徳川家康、慈性・天海と、いずれも当時では貴人の部類に入る人たちが花火を観賞した記録が残されている。そして、政宗、家康、駿河の禰宜が依頼した花火は、唐人（明国人）によるものであった。戦国時代末期から寛永年間初期は、花火はごく限られた人だけが観賞できる特権的な文化であった、と現在確認することができる史料からは言えるだろう。

また、仙台・駿府・江戸と、花火を観賞した記録は今のところ東国にしか残っていない。今後、上方、西国で花火を扱った資料が見つかれば、花火史に大きな意味をもたらすだろう。

技術書とはなにか？

江戸時代の花火や狼煙の製作方法や楽しみ方、あげ方は、技術書として現在にまで伝わっている。江戸時代の専門技術は、師匠が弟子を取って、教授料と引き替えに技術を伝承し、一定の段階に達したら免許を与える形をとっていた。現在でも、茶道や琴・三味線などで同じようなスタイルが受け継がれている。

基本的には口外が禁止されているので、免許を与えるときの巻物も、「この部分は口伝による」などと多少じれったい記載がなされているものが多い。技術書は、免許時の巻物か写本がほとんどである。しかし、江戸時代には管見の限りでは三種の花火の技術書が出版された。いずれも詳しい検討はのちほど行うが、第一に一七〇〇年前後出版の『花火こしらへ』、第二に一八世紀の一枚摺『水中花術秘伝書』、最後に一九世紀になってから出版された『花火秘伝集』である。本章の対象年代とは、大きく時間が隔たっているが、ここでは一九世紀に出版された『花火秘伝集』によって、家康が見た花火を検討してみよう。

例えば柳という名前の花火は、火薬の配合割合が記され、続けてこうある。

この製作方法は、葭《よし》のずいぶん太いものを、長さ一尺四、五寸（約四二〜四五センチメートル）に切り、吹き出し口を斜めに切る。そして、綿を一寸（約三センチメートル）程度深く入れて、柳薬（配合した火薬）を詰める。綿も柳薬も堅く詰めること。

そして、「ヤなき」と書いた完成図と、「とほりの図」とした点火図が添えられている（図1）。材料の葭は葦、蘆と同義で、アシとも読む。イネ科の多年草で、各地の水辺に自生し、大群落を作る。高さは約二メートルである。太さは、最大で一センチメートル。これに火薬を詰めれば、一定の燃焼時間を保ち、オレンジ色の火花が噴出する様を楽しむことができよう。堅く詰めるのは、空気（酸素）の混入を少な目にして、燃焼を長く保つための工夫である。

戦国時代末期から寛永年間初期までの花火の種類や実態の手掛かりとなる史料は見つかっていない。

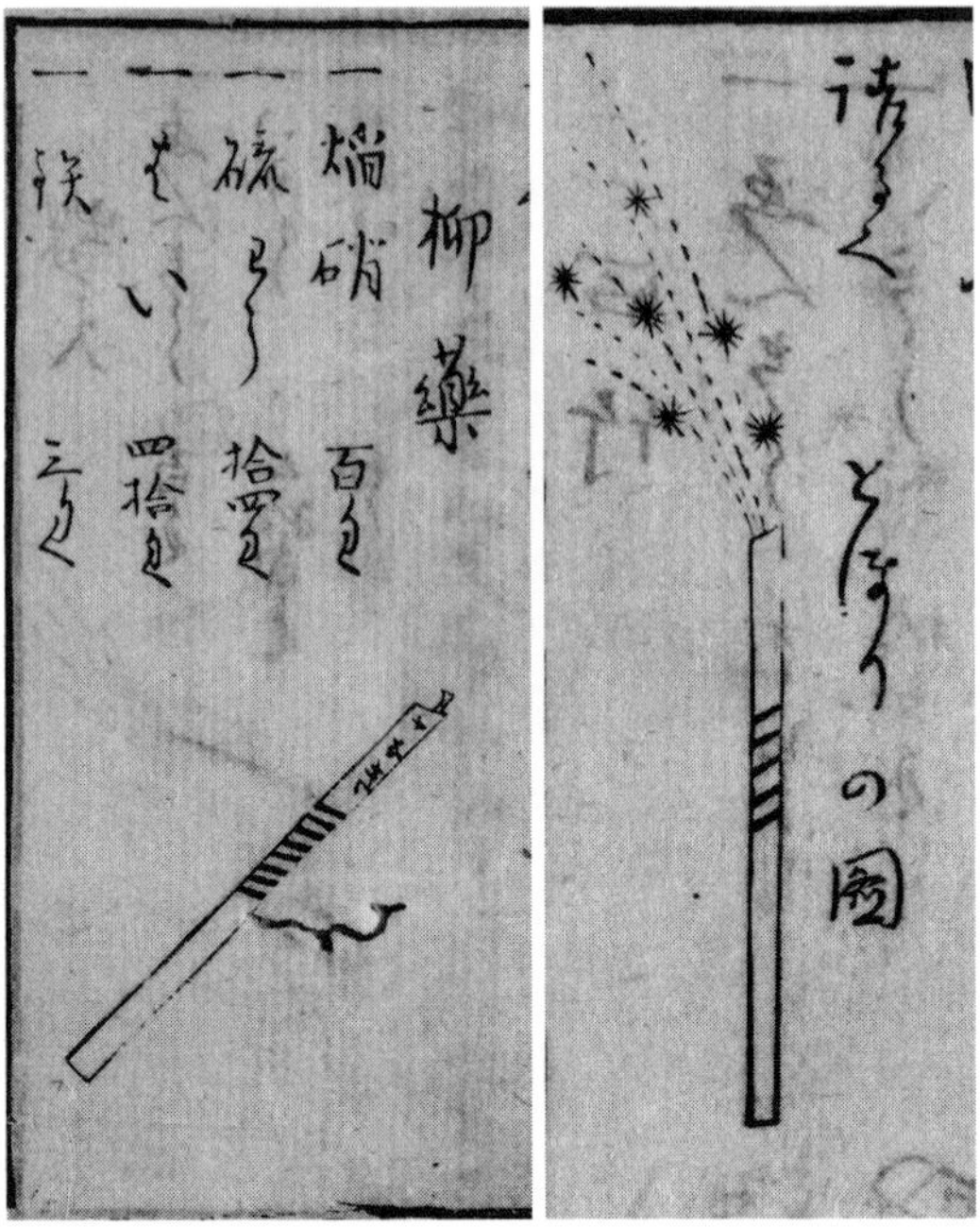

1　家康の見たであろう花火「柳」。筒先に点火すると，火花が勢いよく噴き出した（右図）。『花火秘伝集』（国立国会図書館蔵）。

だが、後に検討する図像資料からは、ここで検討した「柳」程度のものに興じていたと考えてよい。構造的には、現在も私たちが楽しむ玩具花火と変わらないものである。

残念ながら、駿河の伊勢踊りのあと慈性や天海が楽しんだ花火を、唐人（明国人）が行ったのか、日本人が行ったのかは明らかではない。だが、花火を作成する材料の葭や竹は日本でも身近で簡単に手に入り、製作方法も難しくはない。渡来技術として入ってきた花火は、この後国内で急速な発展を遂げる。

第二章　国産化と武士・町人が楽しむ花火

国産化と江戸町触

慈性や天海が隅田川で楽しんでから、次に花火が史料に登場するまで二〇年の空白がある。慶安元年（一六四八）六月二七日の町触《まちぶれ》が、それである。

一町中にて鼠火、りうせい其外花火之類仕間敷事
　但、川口ニ而ハ格別之事

この史料では、江戸市中において花火は禁止されていること、花火の名称は鼠火と流星の二種が存在していること、川口（隅田川の河口付近、最下流部と合わせて大川通《どおり》という）での花火、すなわち船上で行う花火は特別に認められていることがわかる。

江戸に三名いた町年寄から町名主を通じて回状で伝えているということは、江戸の町人に一定程度花火が広がっていることを示す。また、町触で単に花火と称するのではなく、鼠火・流星といった具体的名称を挙げていることも重要である。当初は貴人だけが楽しめた花火であったが、この頃急速に広がって、少なくとも上層の町人程度までは親しめる文化になっていた。

現存する史料では、これが花火に関する初めての町触だが、それ以前にも同様の触が出ていた可能性は高い。この点も考慮に入れると、遅くとも寛永期（一六二四〜四四）には、江戸の町人の中に、花火の製作・販売を生業とする者が叢生していたと考えておきたい。当初は、唐人からの渡来技術であったものが、三〜四〇年を経て国産化されたのである。

江戸では、慶安元年から宝永二年（一七〇五）まで、四一通の町触が出されている。以下、(1)季節、(2)場所と市中禁止の理由、(3)技術段階、(4)需要者、(5)製造と販売の分離の五点に分けて、検討していきたい。

夏行われる花火

大川通花火がなされていた季節を検討するため、町触が出された時期をまとめてみると、六月と七月に集中している（表1）。そのほとんどが大川通花火に言及しているので、これを分析対象として問題はないだろう。このうち五月の町触は一件だけ二七日に出され、八月の最後は八月一九日である。大川通花火は、天保年間（一八三〇〜四四）に「例年五月二八日から八月二八日」に実施されていた、と齋藤月岑『東都歳事記』にある。以上から、一七世紀半ばから約二〇〇年の間、ほぼ同じ時期に花火がなされていたことがわかる。

興味深いのは、中秋の名月に関する二つの触である。慶安二年八月一五日、「松平万菊様御逝去ニ付、当八月十五日夜河口ニて花火仕候儀、堅可レ令二停止一之旨被二仰渡一候事」とあり、松平万菊すなわち加賀藩主前田光高《みつたか》の子息の死去にあたり、隅田川河口部で花火をしてはならないと禁じている。

『江戸名所記』（寛文二年〈一六六二〉板行）では、隅田川河口部の新川と合流する三俣の地は、浅草寺や富士山などさまざまな名所が見渡せる絶好の場所で、「何よりおもしろきハ」として八月一五日夜の船遊びを紹介している（図2）。そして「常ハいましめらるゝ事なれど、今夜バかりは三俣に花火をゆるされ、舟ごとに我をとらじといろ〳〵の花火を出し、春宵一刻直千金の心地あり」とする。

また、明暦二年（一六五六）八月一四日の町触に、「一、明一五日夜之月見、又ハ花火見物ニ出候者、喧嘩無レ之様ニ可二申付一事」とある。場所は明記していないが、三俣周辺の川岸には、見物人が大勢集まっていたのであろう。

表1　触が出された時期

月	回数
5月	1
6月	18
7月	17
8月	5

筆者は市民向け講座で花火はなぜ夏行うのかと質問され、答えに窮したことがある。確かに、神社の奉納花火をルーツとするものを除き、現在の花火大会はほとんどが夏に開かれている。花見や紅葉狩り、雪景色と違って、自然環境に制約されない花火は、必ずしも夏にやらなくてもよい。文化の問題に、理知的な説明は必要ないかもしれないが、後に詳しく見るように、夏の夕刻、日の

2　隅田川河口部三俣での花火。筒先から火花が噴き出す初期の技術レベルである。『江戸名所記』（筑波大学附属図書館蔵）。

長い季節に花火をすることを江戸時代初期の人々が愛好し、それが三五〇年の間連綿と受け継がれているのである。

市中禁止と両国橋

この章の冒頭で述べた、花火を市中で禁止し、河口では許可するという幕府の方針は、慶安元年から宝永五年を通じて変わりがない。市中での禁止については、寛文二年（一六六二）六月二七日の町触で「一、町中海道辻々広小路、川岸端、会所にて花火之類一切仕間敷候」と場所を特定した文言がある。禁を犯して市中で花火をする場合、街道の交差する場所や、広場、川岸端の空いた場所、町の会所といった、少し開けたスペースのある場所や、人の集まる広場でする者が多かった。

また、市中で禁じる理由については、慶安・明暦期（一六四八〜五八）に、警火文言（「一、火之用心成程念を入可ㇾ仕事」など）が含まれる町触が五つある。くだって寛文八年七月一七日の『厳有院殿御実紀』（徳川家の正史である『徳川実紀』のうち、四代将軍家綱の事跡をまとめたもの）に「この日各処邸内にて、烟火の戯をもてあそび、警火のためしかるべからず。此後かたく禁ずべし。海浜の地はこの限りにあらずと令せらる」とある。これは、大目付・目付経由で武家屋敷での花火（烟火＝煙火）の禁止を通達したもので、直截的に花火を禁止する理由を述べている。武家屋敷は町には含まれず、支配系統が別であった。以上から市中で禁止した理由は、火事の原因となることを避けるためであったと考えておきたい。

では、河口での許可について検討していこう。慶安元年から万治三年（一六四八〜六〇）までは、一件を除いてどの触も「川口」「大川口」と隅田川河口部を強調していた。寛文一〇年（一六七〇）に「川筋海手」と下流も含んだ文言が登場し、その後はおもに「大川筋海手」という表現になる。宝永元年（一七〇四）には「大川筋」ともある。慶安・万治年間は河口だけだったが、寛文期以降は下流と河口の両方が主流になった。

その間、寛文元年（一六六一）には隅田川に両国橋が架けられた（万治二年（一六五九）架橋説もある）。奥田敦子によれば、江戸の花火と両国橋を描いた冊子・浮世絵は、延宝五年（一六七七）の菱川師宣が描いた『江戸雀』の挿絵を皮切りに、同様のモチーフのものが増大する。一方で、三俣を描いたものは数えるほどである。両国橋が架かったことで、隅田川で行われる花火は、河口部から両国橋周辺に比重が移ったのである。以降、両国橋は花火とセットで全国に知られる名所となっていく。

ここでは江戸のみを事例として取り上げ、京・大坂や全国の城下町については検討していない。しかし、火事を忌避するのは全国の都市共通であることと、触は各藩での取捨選択を経ながらも、情報として江戸から全国に伝えられることが多く、幕府の市中での花火を禁ずる方針は全国の都市に影響を与えたと想定できよう。筆者が確認できたところでは、仙台と松代で同様の対応を行っている。

噴出し花火と流星

先述した慶安元年六月二七日の町触には、鼠火と流星（りうせい）という具体的な名称が挙がっている。鼠火は地面を這い回るものか、柳のように片側から噴き出すもの、流星は上空を飛翔するもので、これらは江戸時代の史料にたびたび姿を見せる。鼠は玩具花火として現代も健在である。

寛文一〇年（一六七〇）の町触では、大川通では花火を行っても構わないといういつもの文言のあとに、「大からくり・りうせい《（流星）》之儀は可レ為二無用一事」と禁じている。この二つの禁止は、宝永期を経て幕末まで続く。大からくりとは大がかりな仕掛花火を指し、裏を返せば大がかりでない「からくり」は認められていた。残念ながら、大からくりとからくりの区分基準についての史料は、見出せていない。

『江戸名所記』の船遊びに登場する花火を見ると、筒から噴き出している。そこで、宝永三年（一七〇六）の技術書『孝坂流花火秘伝書』を見てみよう。ここでは、三四種の花火が伝授されている。有り難いことに、うち一二種が図入りで示され、実際の花火をイメージすることができる。「門学」は筒から火花が噴出し（図3）、家康が楽しんだ花火で紹介した柳と同じタイプである。「天上へのりうせい」は、現在のロケット花火のように空中へ尾を引き飛翔するタイプである（図4）。町触で禁止されていた流星のことであろう。いずれも筒に火薬を詰め、片方の端を塞いでもう片方の端に点火し、火花が噴き出すという、もっとも原始的な技術段階のものであった。柳や門学のようなタイプを、噴出し花火と名付けよう。

仕掛花火（からくり）と玉火

江戸時代、何らかの仕掛けを用い動く物を「からくり」と言った。からくり時計やからくり人形が

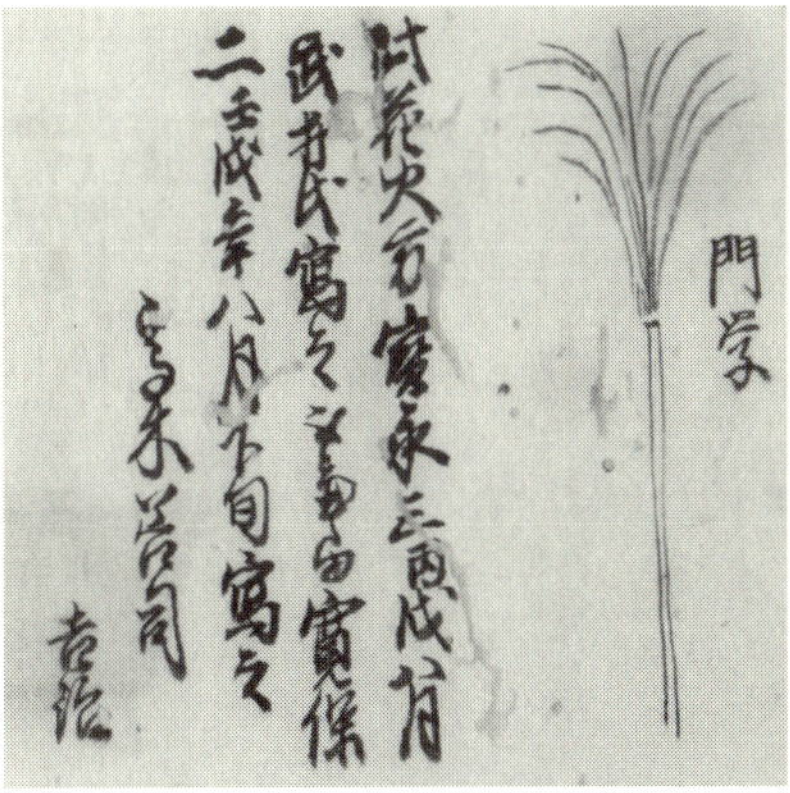

3　筒から噴出するタイプの「門学」。宝永3年（1706）の内容であることも記されている。

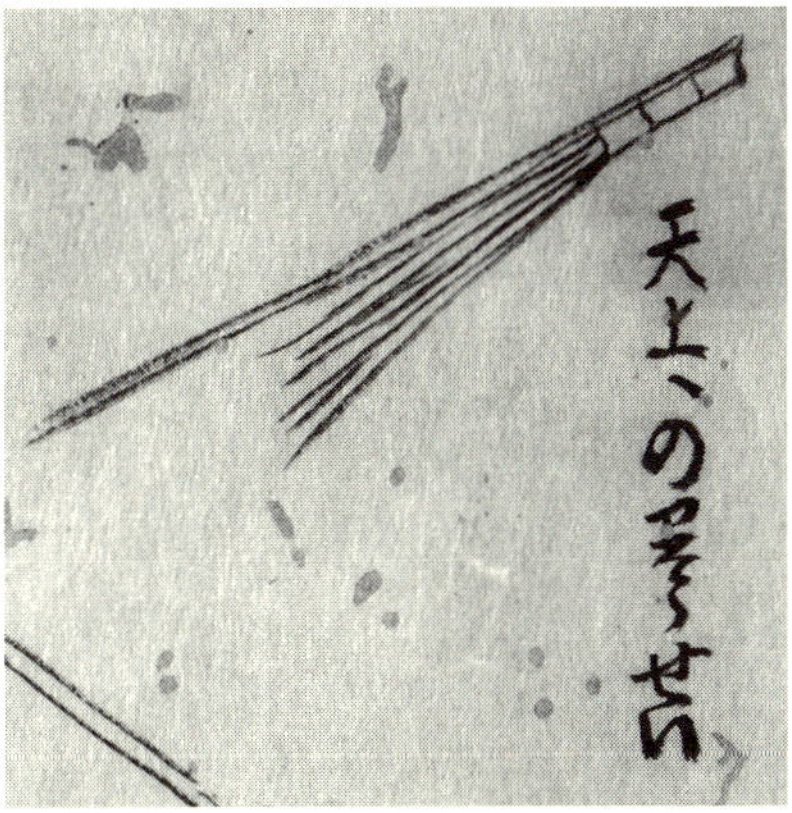

4　空中へ尾を引き飛翔するタイプ「天上へのりうせい（流星）」。いずれも出典は『孝坂流花火秘伝書』（すみだ郷土文化資料館蔵）。

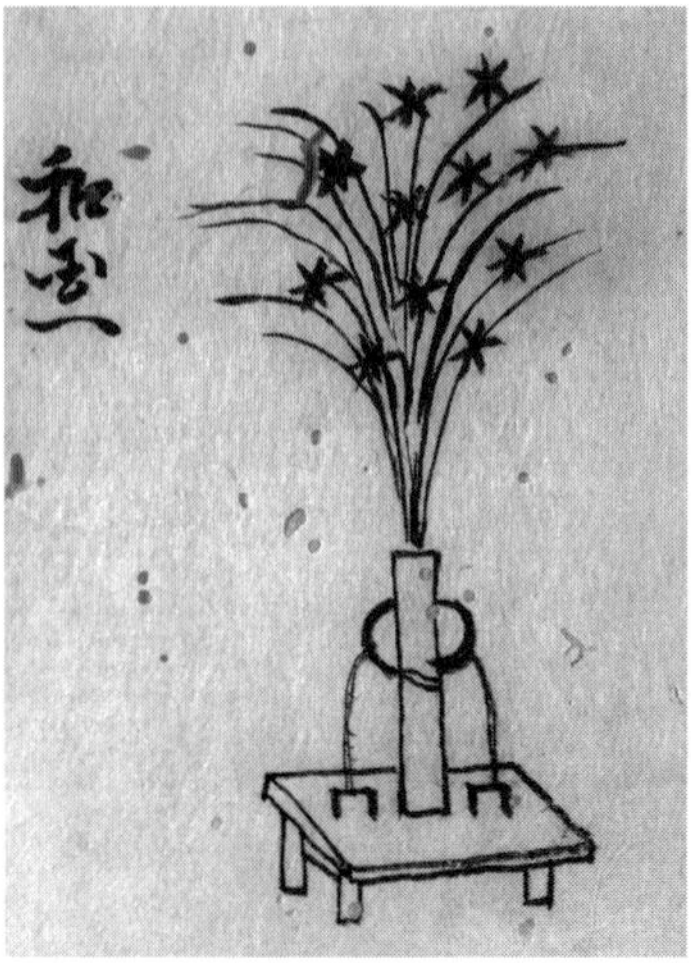

5 「和国一」は台に固定して上方へ火花が噴き出す。仕掛花火（からくり）の一種である。

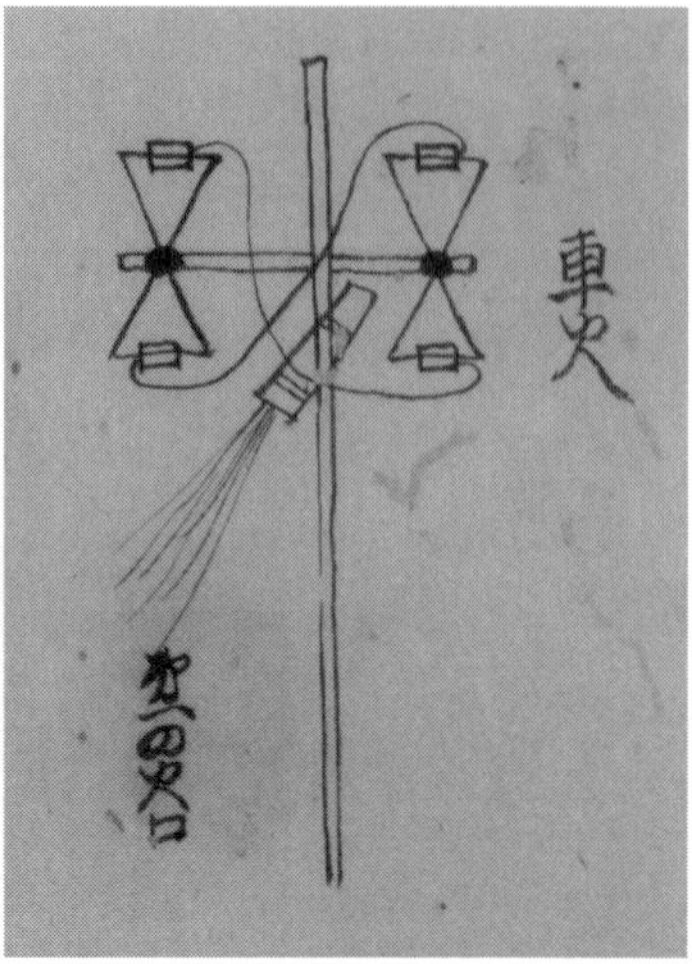

6 「車火」には回転する2つの羽車が付いている。いずれも出典は『孝坂流花火秘伝書』（すみだ郷土文化資料館蔵）。

代表的である。花火では筒の数を増やして意匠表現をしたり、回転するものや縄に装着して筒が動くものを「からくり」と呼んだ。「和国一《わこくいち》」は台に固定して上方へ火花が噴き出すのを楽しむものである（図5）。「車火」には、五つの噴出し花火が取り付けられている（図6）。第一の火口に点火すると、十字竿の左右両端に取り付けられた二つの羽車の導火線に火が移り、噴出し花火の推進力で羽根が回る。からくりは仕掛花火とも言ったので、こちらで統一しよう。

興味深いのは、宝永元年の触に早くも「大花火并玉火是又無用ニ候」とあることである。大花火については不明とせざるを得ないが、玉火とは火薬を練って作った小さな玉が筒の中から飛び出す様を楽しむタイプである。これは、飛び出す玉に用いる火薬と、その玉に推進力を与える火薬という二種類を用いる点で、技術的段階を異にする。

こうして一七世紀には、流星や仕掛花火のように噴出し花火を基本にして、それを工夫していった方式と、玉火のように二種類の火薬を同時に用いる方式の両方でそれぞれ技術が発展したのであった。

武士も町人も楽しむ

花火はおもに町人の遊びだったことは、それを市中では禁じた触からも明らかだが、ここでは武士についても検討しよう。

慶安元年（一六四八）七月二日の町触では、市中での拵売《こしらえうり》の禁止を伝えたあと「自然殿達より御誂候とも、町中ニ而ハ仕間敷候、御屋敷江参り、花火拵可レ申事」と述べる。武士から注文があっても市中で製作するのではなく、その武士の屋敷へ参上し製作するようにという意味で、武士が屋敷でする花火を町の花火生産者から購求していることがわかる。のち、寛文八年（一六六八）七月に武家に対して邸内での花火を禁じたことからも、武家の屋敷内で花火をしていたことは明らかである。

武士は大川通でも花火を楽しんだ。寛文一〇年六月二八日の町触では、禁止されている流星と大からくりについて「誂之方々候共、堅致申間敷候事」とある。いくら武士に頼まれても流星と大からくりの注文に応じてはならないと町人に通達していることから、そういう注文が多かった実態がうかがえる。

翌年六月一九日の町触では市中での「商売」を禁ずるとし、それに続けて、「屋敷方并船江花火売に参候者有レ之由ニ候間、捕来候ハヽ、家主迄可レ為二越度一事」とある。武家屋敷や船遊びの船に花火を販売したら、本人はもちろん、その家主も処罰の対象にするぞという警告である。船遊び中の人に買ってもらうため、当然、売る側も川に漕ぎ出して接近する。花火売りを店住（借家住まい）だと前提している点も注目に値する。

船相手に売るのは寛文一三年まで禁止されていたが、翌延宝二年（一六七四）にこの方針は撤回され、「大川筋海手ニ而ハ花火商売不レ苦候事」となった。『江戸名所記』によると船での花火遊びは、「世の好事の人大名小名そのほか貴賤上下のともがら」が行っていた。花火を楽しむことに、武士も町人も区別はなかった。

拵売から振売へ

市中で花火をするのは一律禁止だったが、慶安元年七月二日の町触を見ると、「一、町中ニ而花火拵売候儀、かたく御法度ニ候」とある。市中では、製造（拵）も厳しく禁じられていたのである。拵売《こしらえうり》とは、製造と販売が未分離の零細業者のことである。幕府としては、市中ではなく、花火を許可した大川通の近辺で製造させようとしていたようだ。

また、同じ触では「御屋敷江参り、花火拵可レ申事」とある。先述したように、武家屋敷での花火はまだ禁止されておらず、技術的にも簡易な場所さえ確保できれば製造できた。そして、寛文八年や同一〇年の触では「手前ニ而拵」えたものがあるという前提で、それも市中で行うことを禁止している。生業と趣味の線引きがあいまいだったことがわかる。このような状況は、『花火秘伝集』で見た柳の製造法を思い出せば、理解できるであろう。この頃の花火は、火薬さえ手に入れられれば、だれでも身近な材料で製作できる単純な構造だった。

市中製造禁止の方針は、その後とりやめたのか、以降の町触にはみられない。市中での花火を禁止する政策の一環として製造も禁止していたが、実態を追認せざるを得なくなったのではないか。幕府が享保六年（一七二一）八月に諸商人・職人に組合を結成させた際、「花火師」が全部で九六ある職種のうちに含まれていることから、それは明らかであろう。推測ではあるが、江戸中期には一〇人以上の花火師が江戸にいたのではないだろうか。

寛文一三年には「脇々江も花火振売堅無用」と町触を出している。振売《ふりうり》とは、路上で手に抱えたり天秤棒で担いだ商品を声をあげながら売り歩くことで、そうした花火の販売の仕方を禁じたのである。これは、製造者が販売まで手がけていた段階から、製造者から製品を仕入れ、市中で振売する者が叢生してきたことを意味している。武家屋敷や船への販売者が店借であったのと同様、極めて零細な販売者であったろう。

さらに元禄一一年（一六九八）六月には、「店」での販売も禁止している。これは、雑貨屋のような何でも屋で数ある商品の一つとして花火を売ることではなく、花火専門店（花火屋）で販売することで、花火師が一軒前に店を構える状況になったことを表しているのであろう。

零細な拵売（製造と販売の一体状態）から、振売による販路の拡大で、店（製造と卸）プラス振売（小売）へと発展を遂げたのである。

『安藤流花火之書』と火薬の配合

ここで、花火を作るのに最も大切な火薬について見てみよう。現在の花火と違って、江戸時代の花火は大まかにいえば、オレンジ色の単色であった。江戸期の花火は現在「和火」とも呼ばれるが、もちろん当時はそんな名称はない。赤や緑といったさまざまな色が花火に取り入れられるのは、明治時代になってからである。

では、江戸時代に色の違いを出す工夫をしていなかったのか、といえばそうではない。たとえば、延宝九年（一六八一）八月二六日の日付のある『安藤流花火之書』には、次のように書かれている。

安藤流花火之書

八重サクラ

エ拾匁　イ一二五　ハ三一五　テ八匁

嵐ノ花

エ拾匁　イ二匁　ハ三匁　テ九匁　上ノ中ニ也

クシキン

エ拾匁　イ六分　ハ八分五厘　テ三匁
（省略）

八重サクラ（桜）とは、花火の名称（花火名）である。嵐の花、串金も同じ。エは焔硝《えんしょう》すなわち硝石、イは硫黄、ハは灰すなわち木炭末、テは鉄で、火薬の配合割合を示している。匁《もんめ》は重量の単位で、一匁＝三・七五グラムである。匁を目と表す場合もある。イ一二五は、硫黄が一匁二分五厘であることを省略した表現と解釈できよう。この硝石・硫黄・木炭末からなる火薬を、黒色火薬という。江戸期の史料には黒色火薬との名称は管見の限り見られないが、本書では便宜的にこれを用いる。

八重桜の割合は、硝石一〇：硫黄一・二五：木炭末三・一五：鉄八となる。鉄は、パチパチと火花を出すために加える素材である。一般的に、黒色火薬は硝石約七〇％、硫黄および木炭末を各一五％ずつ混合した火薬とされている。

この技術書は一七世紀後半の技術レベルがよくわかる貴重な史料なので、内容を分析していこう。表紙には「安藤流花火之書　鈴木直温」とあり、花火は全体で九五種類が載っているが、ここでは前半の二五種を掲げておこう。

八重桜、嵐の花、串金、唐松、茱《カ》の葉、蝶、錦、鬼拳、山吹、大梨子、山桜、
玉火、蜂之方、綱火、立勢、蛍、梔《くちなし》、躑躅《つつじ》、糸躑躅、薄、カイトウ、紅葉、桔梗、

御代桜、車火

末尾には「右之通皆々有二口伝一、能々可レ有二心得一、但仕掛専一也、込様口伝　于レ是延宝九酉南呂廿六日」とあり、表紙と末尾の内容から、安藤流という花火の一流派において、鈴木直温なる者に九五種の花火製作法が伝授されたことがわかる。残念ながら、伝授者は不明である。また、仕掛専一が何を意味するのかよくわからないが、口伝が別にあると記されている。なお、南呂とは八月のことである。

この書には当時隅田川花火で行われていた噴出し花火や玉火、仕掛花火（綱火・車火）が載っており、その意味で、『安藤流花火之書』はこの時代の典型的技術書と位置付けることができそうである。

玉火の製法

同書は、玉火の製法を図入で示す（図7）。

玉火

エ拾匁　イ二匁五分　ハ五分　生ノウ一匁二分　中々

玉ノナカサ四五歩ニスルナリ、玉ニスル薬ヲハ、シヨウ
チウニテシメラシ

（図）

この後、ヤリ薬と柳薬の配合割合を記している。

玉火は、一番下の節を残してくり抜いた竹筒に、上がる玉、推進薬（ヤリ薬）、燃焼をつなげる柳薬を順に詰め、上の口に点火すると玉が間隔を置いて飛び出す構造になっている。玉は、黒色火薬に樟脳を混ぜ、約一・二〜五センチの大きさとする。樟脳を混ぜるのは、黒色火薬だけで玉を作るよりも、燃焼時間を長くできるからだろう。焼酎で湿らせる理由はわからない。また、「三五六七八之事　口伝」とあり、これらの工程は口伝で教えるとしか書かれていない。上空に玉が飛び出す構造の花火では、玉とヤリ薬の詰め方はとくに重要なため、口伝としたのではないか。

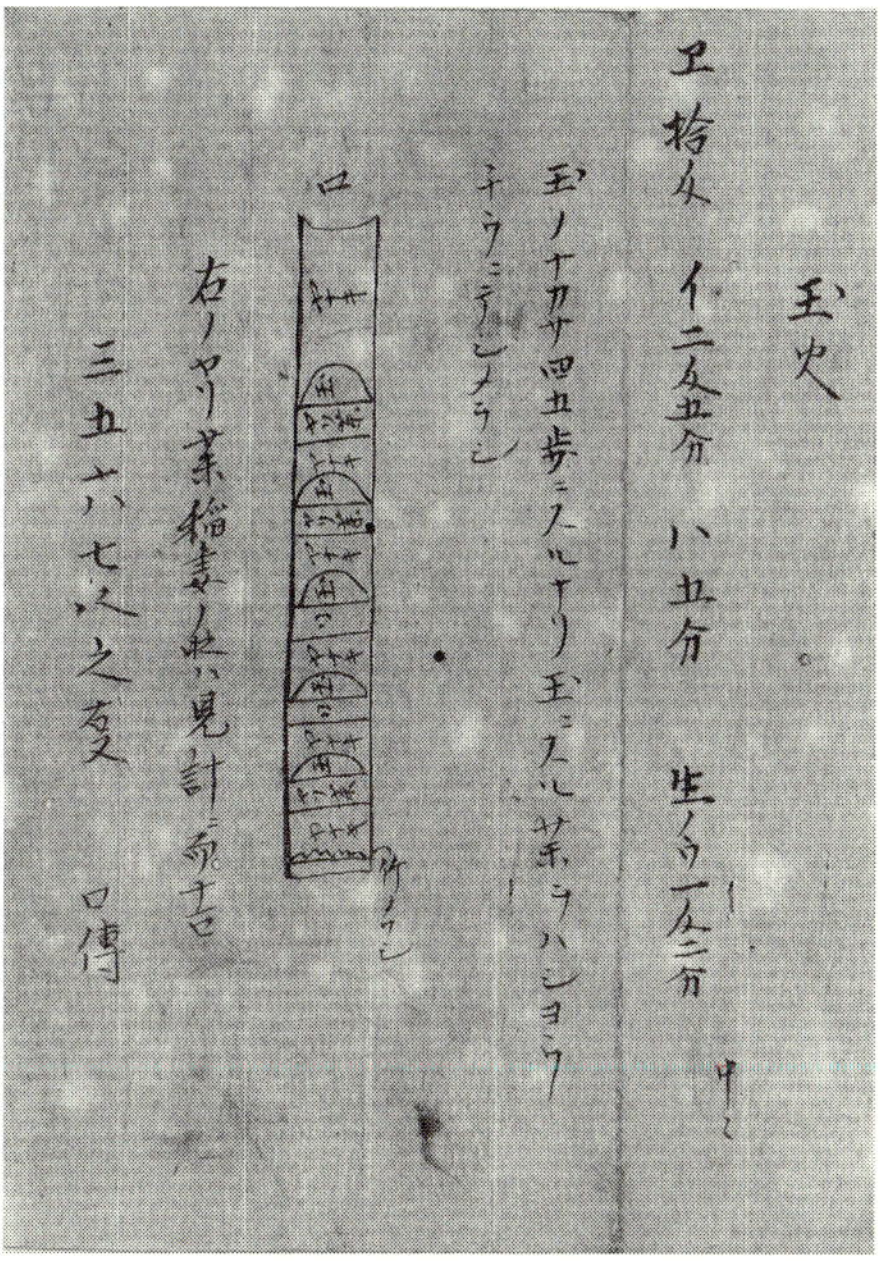

7 「玉火」の製法。「竹ノフシ」を用い，「ヤナキ」「玉」「ヤリ薬」の順に詰めていく。『安藤流花火之書』（すみだ郷土文化資料館蔵）。

　現存する技術書のなかでは、玉火の初出はこの『安藤流花火之書』だと考えられる。伊達政宗が花火を見てからおよそ一〇〇年、玉火は噴出し花火と打上花火の間に位置する、重要な技術的進歩を象徴するものといえよう。現在は、地面に置いて玉が連続して飛び出す紙筒製の玩具花火として受け継がれている。

村の奉納花火

これまで紹介してきた江戸の花火を、江戸や城下町の秩序のもとで行う都市の花火とすると、百姓たちが楽しむ村の花火があった。江戸時代は江戸、大坂、京都や城下町が栄えた時代であったが、一方で人口の八五％は百姓身分という農業社会であった。

江戸時代の村の数は、元禄一〇年（一六九七）に六万三二七八で、一八〜一九世紀の平均的な村では四〇〇人ほどが暮らしていた。村の中はいくつかの集落に分かれていることが多く、それを組などと称した。明治以降、村は大字《おおあざ》、組は字（もしくは小字《こあざ》）となるケースも多い。組は冠婚葬祭や生活を助け合う共同体的なつながりが強く、村は村単位で年貢を武士に納める義務があった。お隣さんが病気で税金を納められなければ、村もしくは組のみんなで少しずつ肩代わりし、病気が治ったら立て替えてくれた人に返済するのである。この仕組みは、明治時代になるまで続いた。

奉納とは、日常の安寧に対する加護を感謝するため神仏に献上することである。お祭りを伴うことが多い。

村の花火はほとんどが奉納花火で、神社の境内で実施され、たいていお祭りを伴っていた。全国的に網羅した研究はないが、長野県、新潟県、茨城県の一部地域については、あとで検討する。ここでは、村の奉納花火の始まりを考える事例として、南信州の煙火（花火）を民俗学と歴史学の両面から研究を進めている櫻井弘人の成果によって検討していこう。

もっとも確実な同時代の史料は、宝暦六年（一七五六）に清内路村（現長野県阿智村）が、飯田代官所へ提出した「高反別並明細帳」に見出せる。

一氏神諏訪大明神壱社祭礼の儀、三月三日、七月廿三日ニ相勤申候、是ハ半六持分ニテ御座候、但例祭トシテ、春ハ三月三日、狂言手踊リヲシテ相勤申候、秋ハ七月廿三日夜神前ニテ、打揚竜勢、手筒等ノ花火ヲ奉納シ相勤申候

半六持分とは組の名前である。当時の下清内路（組）では、組の名前を代表者名で表した。上清内路では、七月二四日に秋の例祭があった。南信州のお祭りの多くは、春は歌舞伎（地狂言）、秋は花火を神社の境内で行った。高反別並明細帳とは、村の石高（収穫高）や村柄（道や橋、人口、寺社など）を領主に提出した資料で、信用性が非常に高い。そこに、村社での祭と春の狂言、秋の花火の内容が詳しく記されてあった。流星と噴出し花火などを、七月二三日の夜、神前で奉納していたのである。

奉納花火の始まり

村の花火はいつごろ始まったのか。櫻井は、同地域での花火創始の諸説を次のようにまとめた。

①明暦元年（一六五五）　田切（現飯島町）日方磐神社の煙火はじまるという説あり。
②元禄五年（一六九二）　名古熊（鼎）に創始説がある。
③元禄一三年（一七〇〇）　この頃、吉田（高森町）の煙火がはじまったという。
④正徳二年（一七一二）　八月一四日、今宮郊戸神社（上飯田）の神官佐藤肥後守が天王原にて奉納花火を揚げる。飯田の煙火の最初という。
⑤享保二年（一七一七）　清内路の手づくり煙火はじまる。
⑥享保一六年（一七三一）　下清内路の社殿造営の祝賀として打上煙火・龍勢と手踊りを奉納する。

以上から、元禄年間に（村の）若連中主体の祭礼の出し物として、春には人形芝居やのちに歌舞伎さらに獅子舞などを演じ、秋には煙火をあげる形に定まっていった、と述べる。その背景に、商品作物の生産が発展して貨幣経済が浸透するなど、農村社会のあり方そのものの変化があった、とする。③は昭和一一年（一九三六）の吉田神社奉納額に「去ル二五〇年前元禄年間」とあることを資料的根拠としている。その他は確認できていない。

近世後期の村の若者組主体の祭礼のあり方を近世のどのあたりまでさかのぼることができるのかは検討の余地があるが、元禄〜享保期（一六八八〜一七三六）の奉納花火に関するさらなる史料の発掘が見込まれよう。

元禄時代は、百姓が戦乱や飢えから解放され、おおまかな見通しを持って生涯を送ることができるようになった時代であった。村の神社を中心に、花火や歌舞伎を楽しむ時代がやってきた。

土豪花火はあったのか？

④は、正徳二年（一七一二）、大横町（飯田市街地）に住んでいた佐藤肥後守が、今宮・郊戸八幡宮前の今宮原頭（飯田市営球場用地）で奉納煙火を行ったというものである。私が注目したいのは、神職で官途名を持つ者が単独で奉納していることである。

戦国時代末期から江戸時代初期までの、村の政治的・経済的有力者で武士の系譜を持つ者たちを土豪《どごう》といった。村の土地も多くは土豪が所持し、屋敷内に住んでいた譜代や下人たちに耕作させた。このような状況が変化するきっかけになったのが天正一一年（一五八三）に近江国から始まった太閤検地で、これらの譜代や下人を検地帳に登録し、小百姓としての自立を促した。しかしそれが社会的に定着するのは、寛文・延宝期（一六六一〜一六八一）を待たなければならない。

土豪が神職となる事例は多く、④の事例も土豪として近世初期の社会構造の大きな変動を生き残った佐藤が花火を奉納したと理解できよう。

村の花火の始まりを、江戸時代中期以降の史料を用いて、戦国時代から江戸時代前期とする見解もある。同時代史料を丹念に積み重ねるという本書の立場からは、その見解に首肯はできないが、戦国期に砲術や鉄砲、狼煙の技術を持った武士が村に土豪として定住したとしても、単に花火を行ったかどうかだけではなく、その意図（奉納？）や実施者（土豪と譜代？）といったことも明らかにする必要がある。土豪花火の確実な史料が、今後出てきてもおかしくはないし、私も探してみたいと思う。

将軍の花火と狼煙

家康後の徳川将軍家と花火との関わりを見ていくと、二代将軍秀忠には上覧の記録が見出せない。『徳川実紀』には、三代将軍家光が寛永一〇年（一六三三）七月一四日「水戸黄門頼房卿拝謁せらる。今夜二丸にて煙火戯御覧あり。黄門も陪従せらる」との記事がある。頼房と家光は叔父―甥の関係になる。花火は、娯楽であったが、社交の場で用いる道具でもあった。家光は四回花火を上覧し、狼煙と区別がつかないものも含めると、計七回上覧している。

続く四代将軍家綱も寛文五年（一六六五）から同九年まで、毎年上覧している。興味深いのは、寛文六年の上覧の際に、細工頭と同朋に褒美を取らせていることである。一七世紀の将軍上覧花火の担い手に関する史料は見出せていないが、後に見るように砲術担当の者ではなく、将軍に近侍する同朋や城内の諸道具を管理する細工頭が行っているのは、観賞としての性質によるものであろう。また、家光の慶安三年（一六五〇）七月一七日の御誕辰（生誕日）には、群臣に餅と酒を賜り、紀伊邸からは延命酒が奉られた。そして、町奉行からは花火が献上された。この段階の花火は、幕府官僚制の業務としてまだ組み込まれておらず、有力者が将軍の覚えをよくするために用いる小道具だったと言えよう。

次の五代将軍綱吉には上覧の記録が見出せない。これは単なる記録漏れなのか、綱吉がそういう人だったのかは、わからない。政治とは別に将軍の個性がよくわかる例として、鷹狩りが知られている。家光は品川（東京都港区）へ頻繁に出かけ、家綱は向島（東京都墨田区北部）によく出かけた。一方、綱吉は将軍在職中、一度も鷹狩りをしていない。花火にも、将軍の個性が表れると考えてよいだろう。家光と家綱は花火を好んだ将軍であった。

また、寛永一七年（一六四〇）七月一二日に「酒井讃岐守忠勝が別業へならせられ。鞭打。鉄炮。花火。乗馬御覧あり」という記事がある。三代将軍家光が老中酒井忠勝の屋敷（下屋敷か）に御成になって、鞭打、鉄砲、花火、乗馬を上覧した、という内容である。鞭打とは、割竹を革袋に入れた竹刀で打ち合う武術競技で、多くは騎馬によって行われた。花火を除いてすべて武芸であり、花火も狼煙の意味で書いた可能性もある。が、翌年八月一日には同じく酒井忠勝邸御成の記事で「夜に入て花火御覧ぜらる」とあり、これは明らかに花火であろう。以上から、一七世紀を通じて、将軍が狼煙を上覧したという記事は残されていないと現時点では結論づけておく。

第三章　裾野の広がり

市中禁止政策の挫折

江戸でもっとも恐れられていたのは、冬場の火事であった。明暦三年（一六五七）一月一八・一九日の大火は、二日間にわたって止まず当時の市街の八割を焼尽した。江戸城の本丸と二の丸も焼失した。諸説あるが、死者は少なくとも五万～六万人と考えられている。

江戸幕府が江戸市中で花火を禁止する町触は、慶安元年から宝永二年（一六四八～一七〇五）の間に四一通出ているが、一八世紀になると急に減少する。享保五年（一七二〇）、同一三年、同一七年、元文三年（一七三八）、寛保元年（一七四一）、寛延元（一七四八）年の六通のみである。では、宝永二年以来、一五年ぶりに出た享保五年の町触を見ていこう。

花火之儀、前々被二仰出一候趣も有レ之候所、此間千駄谷辺ニ而花火たて候様相聞候、御塩焇蔵

近所ニ候得ハ、別而左様ニハ有レ之間敷事ニ候、向後右之通之儀有レ之候ハヽ、急度御吟味可レ
有レ之候、以上

子（享保五年）七月

花火は従来から禁止されているにもかかわらず、江戸城内焔硝蔵に近い千駄ヶ谷で花火を行ったことを問題視し、今後同様のことがないよう戒めている。

宝永二年の町触は、「一、前々も相触候通、花火之儀大川筋海手之儀は格別、於二町中一一切立申間敷候」と市中では禁止することを強調したものだった。だが、一五年ぶりの町触は、市中での花火禁止を踏襲しているが、焔硝蔵への引火を危惧して出されたことは明らかであろう。

以後、頻度は少ないながらも、宝永二年のように市中禁止を前面に出した町触が、享保一三年、同一七年、寛保元年、寛延元年と出てはいる。一方、元文三年には「常々花火たりといふとも、家込之屋鋪ニ而は仕間鋪儀ニ候処」と、市中全域ではなく、家屋の密集地のみ禁止する。つまり、幕府は実質的には条件を緩和したがそう明言せず、禁止区域を一部に限定したと婉曲に言っているのである。

一方、隅田川花火はすでに定着したせいか、もはや許可云々の話すらない。寛延元年の町触は、「町家ハ不レ及レ申、明地・広小路・寺社門前空地并町屋続武士地等」で花火をする者がいると糾弾する。これらは寛文二年（一六六二）六月の町触とほぼ同様の場所である。町屋続武家地が加わっているが、この場所での花火が多かったので、管轄外であっても町触で注意を喚起したのであろう。また、

元文三年町触は「近来は牛込辺其外屋敷〳〵ニ而、花火りうせい等立候様風聞候」と、牛込あたりや武家屋敷で流星を上げている噂があると述べている。

このように幕府の方針は、禁止区域を市中全域にするか一部に限定するかの間を揺れ動きながら、少しずつ後者に傾きつつあった。隅田川花火でおなじみの流星が市中に持ち込まれ、江戸の人々に花火は定着していった。理由は不明だが、日本では最初からみんな夏しか花火をしなかった。江戸では火事が頻発したが、もっとも恐れられたのは季節風の強い冬の火事だった。明暦の大火はその典型だが、対して、夏は湿気も高く、仮に火事が起きても延焼範囲は限定的である。一七世紀を通じて、市中の花火を容認しても問題ないという経験知が、政策担当者らに育ったのだろう。また、幕府が防火対策を進め、瓦葺き・土蔵造りを推進して引火しやすい茅葺き屋根が減り、花火の危険性が低下した面も大きい。ただし一九世紀に入っても、軒桁よりも高く上がる花火は厳禁だった。この基準は、幕末まで変わらない。

多少脱線するが、同様の経緯をたどったものに煙草がある。戦国時代に入ってかなり普及したが、江戸幕府は禁止する触を出す。理由は失火と米穀の収量確保であった。紆余曲折はあったが、一八世紀になると一転して容認する（本城正徳『近世幕府農政史の研究』）。花火も煙草も、元禄時代の浮き世の到来とともに、政策が転換されたのは興味深い。また、為政者が庶民の文化を禁止しても、最終的には貫徹できないという例でもある。

隅田川花火の様子

江戸の町鑑（江戸時代の町の民間が出したガイドブック）や地誌で、この時期の隅田川花火の様子を見ていこう。

享保一七年（一七三二）刊行の『正・続江戸砂子』では、正月から一二月までの年中行事が記されているが花火への言及はなく、八月一五日の箇所に、昔の三俣と船遊びについて触れ、「今は稀也」とある。一方、「四時遊観」の船遊山の項目には、次のようにある。

○船遊山　浅草川（中略）酒てんがくのうろ〳〵舟、花火猿引おもかぢとりかぢの声をあらそひ、船と船とをわけゆく船、琴三弦は空にこだまし踏舞は水底に沈む。

船遊びの船で川がいっぱいになり、屋形船や屋根船の間を漕ぎ分け、船からの注文にあわせて酒や田楽を販売するうろうろ船、花火や猿引（見世物）の船が繁昌している様子が瞼に浮かぶ。歌舞音曲の音も、空にこだまするほどの賑わいぶりである。

次に、寛延四年（一七五一）の『再板増補江戸惣鹿子名所大全』を見よう。こちらも年中行事に記載はないが、市中商人の欄に玉屋が見える。

○花火屋　両国吉川丁　玉屋

花火と云もの、夷狄乃戯玩にて漢土にもむかしハなかりしにや。近世明人呉寛が火花を詠せし詩あり。元朝迠ハ一向其名も聞へず。されば東武にても。夏より秋の半まで。隅田川の下流。両国橋と新大橋の間に船を泛。暗に乗じて此戯をなすに。万華たちまちに開。須臾にして春苑を見る。実に一時の奇景なり此家其術に妙を得たり

両国吉川町とは、隅田川左岸（東側）の両国橋を渡って至近の場所にある。次章で見るが、江戸では玉屋と鍵屋が花火屋の中で群を抜いていた。

ここで花火の歴史が語られており、興味深い。もとは遊牧民の遊びで中国本土にはなく、明国人の詩があるのみであるから、江戸時代になってから日本に伝わったのも当然とする。この指摘は、前述した明国人が伊達政宗・徳川家康に披露したという話とも一致する。巷間にもこのような認識が広まっていたのだろう。

その後、納涼期の花火船の記述が続く。客の需《もと》めに応じて花火業者が船から花火をあげ、客は船上もしくは岸辺で観賞する。とりわけ玉屋の妙術を褒め称えている。一八世紀前半の隅田川花火の内容を読み取ることができる町触は現存しないが、この二点の史料からは花火船が他の物売りと同じように需要が高まり盛んであった様子がわかる。

『孝坂流花火秘伝書』と流星の製法

前章で紹介した『孝坂流花火秘伝書』には、「此花火方宝永三丙戌八月武井氏写レ之被レ置候由、寛保二壬戌八月下旬写レ之　高木善治吉治」とある。宝永三年（一七〇六）にいったん武井氏（不詳）によって写され、さらに寛保二年（一七四二）八月に高木善治吉治が写したことがわかる（図3、一七頁）。よって、本章の対象時期の花火の技術を知る格好の史料といえよう。全体は五つの部に分かれており、花火の名称と配合割合が示してある。第一部には以下の花火をあげる。

流星・車火・縄火・万紫桜・柳・茶桜・京桜・桔梗・□《（ヨメズ）》醸・南天・都着・三国一
大雨・花月・十五夜・玄及・合山・門学・落花・和国一・りらく・大白梅
時雨・花車・白菊・拍毬・一条菊・唐松・大牡丹・白牡丹・紅葉にマリ・瀧
蝶・蜂

おもに噴出し花火であることは先述したが、名称からどんな花火か類推できるものは少ない。それでも敢えて分類を試みれば、以下のようになる（他の四部からも典型例を抜き出した）。

動態を表すもの（仕掛花火）……車火・縄火・花車
空中を筒ごと飛翔するもの（流星）……流星・孔雀尾
筒の先から玉が空中に飛び出すもの（玉火）……玉（の薬）

また、流星については、二通りの製造法が載っている（図4、一七頁）。

一りうせいの事

筒竹ニて仕候、矢の長さ三尺三寸、羽根の地紙上ニて割て申候、胴薬くだかず、そのうへ半分入申候、筒長サ四寸五分、筒のり五分ニ仕候

筒を付ける矢の長さは約九九センチメートル、矢に付ける羽は端（上）に刻みを付ける。筒は竹製で火薬は砕かずに、筒の上半分に入れる。竹筒の長さは約一三・五センチメートル、直径は一・五センチメートルである。かなり大きなものである。

もう一つの製造法は、「紙筒長さ弐寸、内のり三分半、ふし長さ弐尺五寸」とある。火薬を入れる筒は紙製で約六センチメートル、筒の太さは約〇・九五センチメートル、ふし（矢と思われる）の長さ約七五センチメートルと、竹製の四分の三くらいの大きさである。

そして、玉火についても、製作方法があった。

生脳玉大きサ心持次第、生脳を紙包二重程にして右の通合薬の真中程に入て、右の玉薬紙包にして、其上をぬをい包、竹ニ入、竹の節のそはに常の灰を入、其上胴薬當分、其上右の通の薬布紙にしてをくなり、灰ニてとう薬のそはに穴あけて、それより火を入申なり

玉火の玉は樟脳で大きさは適宜に作り、二重の紙で火薬を包む。それを竹に入れて灰を入れ、胴薬を入れる。竹の筒の胴薬が入っている側に穴を開けて、点火する。『安藤流花火之書』のように、推進薬と燃焼をつなげる柳薬がなく、点火を下部の穴から行うので、玉は一つ上がる設計になっている。残念ながら、玉の大きさの手掛かりはない。

一七世紀後半から一八世紀前半、隅田川ではこのように流星や玉火が楽しまれていた。噴出し花火だけで楽しんでいた時よりも、花火はさらにバリエーションに富む遊びとなっていった。

吉宗がもてなした調馬師ケイゼル

享保二〇年（一七三五）七月三〇日と八月二一日、ケイゼルというオランダ東インド会社員は、江戸出立前に将軍の御座船に招待された。七月三〇日は、午前一〇時に赤い漆塗りで金箔に覆われた二四人漕ぎの御座船に乗り、隅田川を遡った。途中、三囲《みめぐり》神社、浅草寺を見物し、将軍の休憩所のあるアリメ河原で飲み食いした後、再び川を下る。大きな橋（両国橋）のたもとに停泊すると、小船が一隻寄ってきていろいろな花火を打ちあげた。その後、夜一〇時に定宿（長崎屋）に着いた。このように、一日がかりの船遊びは、両国橋近くで花火船のもてなしで締めくくられた。花火の種類がさまざまあった、と記していることが興味を引く。

二回目の様子を『オランダ商館日誌』のケイゼルの手記で見てみよう。オランダ商館長は帰国後、日誌を提出して復命する義務があった。部下の重要な日誌や報告も転記することがあり、ケイゼルの手記も商館長の日誌に写されている。

八月二二日　再び前回（七月三〇日）と同じ将軍の御座船に乗り、午前一一時から午後四時迄楽しんだ。その後、七〇フート（約二一メートル）余りの長さの屋形船に乗せられ、暫くすると次に九人の踊り子の居る大きな屋形船へと移った。すると別の船で細井稲葉守様（長崎奉行）が来て、踊り子の居る船に横付けされた。間もなく花火を仕掛ける一隻の船が近付き夜八時から一〇時にかけ花火を打ち揚げた。我々は朝五時迄船遊びに興じた。再び宿へ戻り斎藤三右衛門にお礼を述べた。

ケイゼルは享保一〇年から同二〇年にかけて三回来日し、西洋馬術を吉宗の面前で披露した人物として著名である。出身はドイツとの説がもっとも有力である（口絵1）。そのケイゼルが、離日を前に吉宗の招待により昼夜をとおして豪勢な接待を受けた。

最初は御座船で、その後屋形船に移って踊り子（芸者か）を交え楽しんでいると、花火船が近付いてきて、二時間仕掛花火と他の花火を上げた。仕掛花火を装備している点が興味深い。これまで見てきた、車火や綱火の類だったのであろうか。詳細は不明である。

一八世紀になっても、花火は将軍の賓客をもてなす趣向の一つであった。また、吉宗自身も享保一九年七月二八日、江戸城二の丸で花火を観賞したことがわかっている。

武士の官僚制機構

武士はもともと生きるか死ぬかの戦いに携わる一方で、所領を経営する才覚も必要であった。その集団が泰平の世を迎え、城門の警備を担う番方と農政や所領経営の実務に長けた役方の二系統に分かれて官僚化していった。このころにはすでに、能力を重視した新規の登用は財政上難しくなり、親子代々の相続により家職となった。次男以下は、婿養子の機会を窺うことになる。

『有徳院殿御実紀』で吉宗の遺徳を讃える附録に、「ケイヅル久しく江戸に滞留せし労を慰せらるべしとて。大筒役佐佐木勘三郎孟成に命ぜられ。大川（隅田川）にて花火を揚て見せられたり」とある。ケイゼルに花火を見せたのは、幕府の旗本で、しかも大筒方という銃砲を専門に扱う職種の者であった。

徳川家家臣の家伝をまとめた『寛政重修諸家譜』によると、佐々木家は祖父成季の代から紀伊徳川家に仕え、享保一〇年に鉄砲方与力に召し加えられた。吉宗の将軍就任後、その縁故により幕府に召し抱えられたのであろう。孟成《たけなり》はかねてより家伝の砲術を師範していた、とある。元文三年（一七三八）には大筒役に昇進した。ケイゼルに花火を披露したときは、正確にはまだ鉄砲方与力であった。以後代々、大筒役を勤めることになる。

『徳川実紀』附録の吉宗の事跡では、幕初に用いられていた佛郎機（大砲）の製作を柳沢吉里家人の荻生惣右衛門茂卿に命じている。また、佐々木には、丁火矢（横打ちの大型火矢）、砲車、烽火を製作させたとある。

花火が将軍や大名の個人的な道楽にとどまらず、幕府の官僚体制に組み込まれたことは非常に重要である。一七世紀には同朋や町奉行が個人的に将軍に献上していたが、より安定的な技術の継承が期待できる段階へと進んだ。将軍自らが望んだ場合や、賓客をもてなすときに対応できるよう所管が定められたのである。

また、狼煙に関しては「昼夜遠近に見すべき烽火を考へ出したり。これは浜の御庭にて其業なさしめ。本城より御覧じ試られしとぞ」とある。昼でも夜でも、遠くでも近くでも見やすい狼煙ができたので浜御庭（現浜離宮）で実験し、江戸城にいた吉宗が確認した、との挿話である。江戸時代の狼煙は古代・中世のたんなる延長にすぎないとこれまで考えられてきたが、吉宗の時代に大きな技術的発展があったと思われる。このような狼煙稽古の様子は、明治時代に浮世絵に描かれている（口絵2）。残念ながら、江戸城—浜御殿の狼煙稽古の史料は『徳川実紀』のこの部分しか見出せていない。さらなる史料の発見が待たれるところである。

第四章　大型花火と狼煙技術の進歩

隅田川中洲新地の開発

隅田川の下流の三俣にほど近い新大橋の少し先に、一八世紀後半に中洲ができた。大伝馬町の草創名主の馬込勘解由《まごめかげゆ》は冥加金上納を条件にその土地を開発したいと幕府に願い出て認められ、安永元年（一七七二）四月に竣工した。この埋め立て地は料亭が建ち並ぶ歓楽街、中洲新地となった。中洲新地は両国橋と並んで花火の名所となり、数点の浮世絵が知られている（口絵3）。

この花火は、流星の千筋といわれるものである。流星が上空で分かれて飛んでいく種類で、中洲新地の料亭に向けて発射している。料亭は多くの客で賑わっている。

次に、鶴岡魯水《ろすい》『東都隅田川両岸一覧』を見てみよう。この絵巻は、江戸湾を起点に右岸と左岸それぞれをさかのぼりながら、名所旧跡を描いているところに特徴がある（口絵4）。天明元年（一七八一）に出版された。

注目したいのは、花火の場面が中洲新地を背景にしていることである。一方、両国橋は橋の下部の湾曲を強調し、往来が盛んな様子を選んでいる。両国橋を凌駕するほど、中洲新地は花火の名所として認知されていた。花火船の竹筒の先から、多くの火花が噴き出している。仕掛花火と噴出し花火をあわせた形であり、料亭の観客向けの余興である。立てた提灯には「玉」とある。後年の浮世絵でも、花火船の提灯は「玉」の字入りか無地で、玉屋がスポンサーとしてわずかでも支援していたか、『再板増補江戸惣鹿子名所大全』にあるように、花火の第一人者は鍵屋ではなく玉屋であった、のどちらかであろう。

奥に見える中洲新地の料亭には船が着けてあり、石段がいくつも設えられている。料亭遊びをしながら、船で川に繰り出せるようなしくみだった。隅田川の花火は、川と陸が一体となっているところに興趣がある。また、下流側に柵があって中庭を備えた料亭は、武士などより高位の客向けであったと考えられよう。寛政元年（一七八九）に、寛政の改革の余波で中洲新地は取り払われたため、あまり研究も進んでいないが、宝暦・天明期（一七五一〜八九）の文化的到達点といえよう。

宝暦―天明期の市中花火

前章で見てきたとおり、幕府は市中全域を禁止とするか限定的に禁止するか揺れ動きながら、少しずつ後者に傾きつつあった。この期間の花火に関する町触をまとめると、次のようになる。

宝暦期　四件（全面禁止　一件、限定的禁止　三件）

明和期　一件（同右　〇件、同右　一件）
安永期　三件（同右　〇件、同右　三件）
天明期　〇件

まず、件数自体が大変少なく、全面禁止としているのはわずかに一件である。限定的禁止の触は「前々相達候花火之儀、弥御曲輪之近所、其外ニ而も家込之場所ニ而、りうせい等立候儀堅可為無用候」（明和七年六月）と、江戸城の近くと密集地での花火、とくに流星を禁ずることが目的だった。

また、享保六年（一七二一）の花火師組合が設立後の動向についての史料は見出せないが、安永八年に次の町触が出ていて注目される。

花火致二商売一候者、鄽《（店）》売致候共、りうせい其外大造成仕懸ヶ之花火、川筋之外は商売不レ仕、尤途中売歩行候義は相止メ候様、去ル午年申渡候、弥右之趣急度相心得候様可レ被二申渡一候

市中の花火屋は、隅田川でしか認められていない流星と大がかりな仕掛花火は販売してはならない。昨年も通達したとおり、売り歩き（振売）は許可しないことを重ねて告知するとも言っている。なお「去ル午年」の触は伝わっていない。

市中花火が限定的禁止に変わってきたため、この町触では店売りを前提とする内容になっており、この点についても幕府の姿勢にも変化が見られる。

寛政改革下の実態調査

寛政の改革を主導した松平定信は、吉宗の孫である。本来ならば、将軍になる可能性もあったが、田沼意次により奥州白河藩松平家へ養子に出された。天明の飢饉と打ち壊しで世情が騒然とするなかで、天明八年（一七八八）三月老中に就任し寛政の改革を行った。改革自体は、定信の失脚により三年で終わるが、寛政の遺老と呼ばれる老中たちが政策を受け継ぎ、家斉の親政がはじまる文政期までは、財政規律を重視した政治が敷かれた。

「白河の清き流れに住みかねて……」の川柳で知られるように、定信は倹約の徹底を庶民に要求した。歌舞伎や寄席、人情本の統制である。花火を贅沢と言えるかは評価の分かれるところであるが、物質的には何も生み出さないことを考えると、究極の消費とも言える。

江戸時代の為政者は、泰平の世が進むにつれて、行政官としての能力を高めていった。身分制社会であるから下々に命令はできるのであるが、実態と乖離した命を下せばかえって為政者の権威を損ねてしまう。そこで、物価、生業などの実態を調査し、それを分析して政策を立案するようになった。寛政改革でその傾向が顕著になり、諸物価引き下げを目的として江戸の店賃を調べ、地主に積立を命じた七分積金の制度のように成功したものもある。

花火についても、まずは実態調査をし、その結果をもとに統制する町触を出した。おかげで、寛政改革期は花火の実態を詳しく知ることのできる貴重な時期となった。

子供用花火という考え方

寛政六年（一七九四）六月二〇日、すでに定信は老中を辞任しているが、引き続き同様の政策が続いていた。花火に関しても、寛政改革の物価統制を主導する名主の代表者である組合肝煎から調査がされた。

> 一花火商売致候もの、大造成仕懸ケ之花火、川筋之外は商売不ㇾ仕、尤途中売歩行候儀は差止可ㇾ申旨、安永年中両度之御触之節、川筋之外町々ニ而大造成花火商売不ㇾ仕候得とも、近来子供手遊之花火ニ拵、売候者間々有ㇾ之、則町々子供相求、往還并明地等ニ而、夜火之元等ニ不ㇾ宜、依之当時売買致候手遊之花火品々之内ニも、左之通花火、町々ニて売并灯候儀不ㇾ致様、御支配町々江御口上ニ而御申渡可ㇾ被ㇾ成候事
>
> 一大黒福鼠　薄　三ケン尺　ねずみ　いたち
> げた　万度　道成寺　手車

この一つ書き（項目ごとに一で始まり、現代の文章では段落《センテンス》にあたる）では、前半で先述した安永期の触を引用したのち、市中の現状を述べる。大型の花火ではないが、子供手遊用の花火を製造販売する者が間々見うけられる。往来や空き地で遊ばれては火事の元になるので、この九種はたとえ子供向けであってもするのも販売も禁ずる。

子供用花火という概念が登場したのは、花火史上初めてである。伊達政宗が自ら遊び、『江戸名所記』で大名小名が喜々として花火に興じていたことを思い出してほしい。花火の登場から二〇〇年経ち、小型の花火を子供用花火と見なすようになったのである。

ここに挙がった九種のうち、具体的形状が判明するものは多くはない。「ねすみ」「いたち」は地を這い回るタイプ、手車は風車のような本体に小さな噴出し花火が付いた回転するタイプであろう。これらが禁止されると、子供用花火でやってもよいのは、第二章で紹介した一方から火花が噴き出す門学くらいしかない。

このように商品名をあげて禁止するのは、花火に関する触のなかでは異例である。この後、享和元年（一八〇一）までの町触では、「流星玉火之類色々名目を付、竹筒江仕込」み、「軒上迄も上り候花火之類」といった上空へ高く飛翔するタイプも禁止の対象に加えられた。具体的な手段（竹筒）と高さ（軒上迄）に言及している点が新しく、組合肝煎や町奉行側の現状把握が進んでいると理解できよう。

販売ルートについても同様である。安永年間から店売と振売の動向は注目していたが、寛政九年の触では、商人の名前と在庫数を報告するよう名主に求め、花火を売る番屋があれば町役人の怠慢と見なすと述べている。江戸時代には、各町の入口は治安維持のため夜間は閉鎖され、その番をする小屋を番屋と呼んだ。店売、振売に加え、第三の販売ルートがあったことを意味する。

このように幕府は、花火の大型化とそれが大人に広がるのを抑え、なんとか子供用にとどめようとしたのである。市中でも玉火や流星が見られるようになり、華美の取り締まりに含まれた。

隅田川花火の高さ制限

以上は組合肝煎が関わったが、これとは別に町奉行単独で行った調査が寛政八年七月にあった。「大川通ニて立候花火上り候高サ御尋」である。隅田川での流星や玉火がどのくらいの高さまで上がっているのか、鍵屋を呼び出して直接問いただした。

鍵屋は、方法や到達する高さはさまざまだがと断ったうえで、高さは、最高で二四、五間（約四五メートル）まで上がる、実施場所は大川通に限っていて、本所を南北に貫通する横川などではしてはいない、大川でも風向きに注意しており、海岸部では高く上がるものを、川上ではそれほど上がらないものを用いている、上空にて焼尽（「何れも中ニて消失」）するように心掛けている、と答えて書付を提出した。鍵屋は、風向きや燃え残りの落下についても説明し、火災の原因にはならないと強調している。町奉行所は鍵屋に対して、以後二四、五間より高い花火を上げないように申し渡した。そして、「他の花火商売人や素人でも、これよりも高く上がっているものがあったら、内密に報告せよ」とも命じている。高さの上限を定めることで、いま以上に華美にならないようにしたと考えられよう。なお、文化一〇年四月の触では、下限も八間（約一四・五メートル）と定めた。これは焼尽を徹底するためであろう。

当時の両国橋で使われていたもっとも長い橋杭は一七メートルで、二・五メートル程度は川底に埋まるよう施工されていた。水深を仮りに一・五メートルとすると、川面から橋上は一三メートル弱くらいの距離であったろう。一番高く上がる花火は、川面から両国橋の三倍の高さくらいまで上がった。

下限を定めたのも、橋より高く上がるよう設定されていたと考えられる。隅田川で打上花火が見られるのはもう少し後になってからで、この頃その高さまで上がるのは流星と玉火であった。

江戸城と仙台藩下屋敷での花火

天明二年(一七八二)八月七日、一〇代将軍家治は江戸城吹上御庭で花火を上覧した。老中や近習なども同席を許された。また、次期将軍となることが決まり、西の丸に入っていた大納言家基《いえもと》が、明和九年(一七七二)八月と安永四年(一七七五)九月に西之丸山里御庭で花火を上覧する際、「あかり」が見えることについて町触が出されている。これは騒ぎにならないよう注意を喚起する趣旨であろう。また、一一代将軍家斉は花火をずいぶんと愛好していたようで、この点は田安家に遺された史料で後に詳しく見ていこう。

仙台藩が深川佐賀町に賜っていた下屋敷(仙台河岸屋敷)では、安永八年八月三日に花火が行われ、「江戸中見物ニ出ル」ほど大勢の人が集まり、新大橋のたもと(築出し)には桟敷席も設けられるほどだった。屋形船・屋根船・ひらた船はすべて出払い、陸上にも見物の人があふれ、新大橋の欄干を押し落として、怪我人と死者が出たという。同じ史料には、先年も怪我人が出たので、久しく中止していたが、今年も大騒ぎとなった、とも書いている。寛文八年(一六六八)七月の触以降、武家屋敷で花火は禁止されたが、市中の場合と同じように形骸化が著しかったのである。

打上狼煙（相図）の登場

一方の狼煙では、安永二年八月二日大筒役佐々木勘三郎成有《なりすみ》が、「烽燧の術」を行ったことで将軍から褒美の銀を同月二七日に賜っている。成有は、ケイゼルに花火を披露した孟成の二代後に当たる。安永八年八月にも、浜御殿で「烽火」を試した。吉宗の代に幕府の職制となった大筒役が、少なくとも狼煙に関しては技術を継承し機能し続けていることがわかる。

また、この時期に打上狼煙（相図）が実施されるようになった。打上狼煙とは、打上花火と同じ構造をした狼煙である。大砲のような筒の底に詰めた噴射火薬の力で玉を上空に打ち上げ、上がりきった頂点で内部の火薬に着火し爆発する仕組みだ。

『安盛流相図流星の巻』は、淡島州府住の矢野専治安盛《やすもり》が宝暦六年（一七五六）一一月に著した狼煙の技術書である。鮭延襄は、木筒の寸法と玉形の寸法を表にし、木筒の図も載せている（図8）。この木筒は、現在も各地に伝わる花火の筒と構造が同じで、一九世紀の花火・相図の技術書に出てくるものともそっくりである。「大木の幹を縦に二つに切り、その各片を半円形にくりぬき、二片を合せて円筒とした。この二片がずれぬように銅板を両片に食い込ませ、筒の外側は竹のたがをはめまたは綱を巻きはじけることを防いでいる」と説明がなされている。

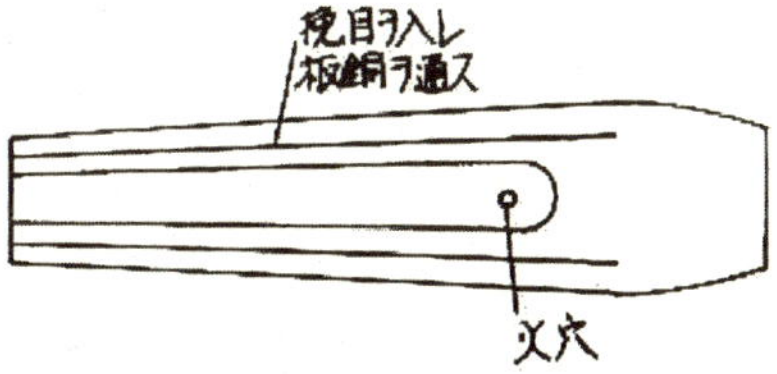

8　安盛流の木筒の一片。以後，明治期までこの構造は変わらなかった。鮭延論文より転載。

表2　安盛流の木筒と玉形の寸法

木筒の寸法

木筒貫目	（貫）	1	3	5	7	10	15	20	30	
木筒長さ	（尺）	3	3.5	4.3	4.6	5	5.3	6.5	6	
筒尻	（寸）	5	6	8	9	10	10	10	12	
筒厚さ・口	（寸）	0.8	1	1.3	1.5	1.8	2	2.2	2.5	
筒厚さ・薬持	（寸）	1.5	1.8	2.3	2.6	2.9	3.2	3.5	4	
筒内径	（寸）	2.82	4.17	4.7	5.52	6.47	6.93	7.62	8.73	

玉形の寸法

筒の貫目	（貫）	1	3	5	7	10	15	20	30	50
玉の径	（寸）	2.6	3.75	4.3	4.9	5.7	6.7	7.7	9	9
玉の厚さ	（分）	0.7	1	1.5	1.5	2				

表2を見ると、筒の貫目二〇～三〇貫目は、筒の内径よりも玉のほうが大きく、計算の結果を示しただけだろう。そして、径六・七寸以上の玉には厚さが記入されておらず、これも製作されなかった可能性が高い。実際に使われていたのは径五・七寸（約一七センチメートル）までのものだったと考えられる。この玉に煙の出る材料や夜間には光を出す星を詰め、上空で爆発させて狼煙として用いたのである。このように、武士が発展させた狼煙の技術が、のちに打上花火に活かされたのである。

摂州尼崎の狼煙番付

現在、私たちが夏の夜空で見上げる打上花火は、一八世紀後半に開発された。いつ、だれが最初に開発したのか、詳しいことは明らかではないが、日本花火史のみならず、世界の花火史にとっても重要なこの問題について、鮭延襄が一つの見解を示している。著名な文人大名松浦静山は、参勤途上に摂州尼崎の文人・木村蒹葭堂《けんかどう》（孔恭）より贈られたという寛政元年（一七八九）の相図（狼煙）番付を自身の随筆『甲子夜話』で紹介している。

寛政元年己酉興業　炮術番附

（中略）

五寸玉七寸玉壱尺玉木炮にて　昼之相図

煙柳　五寸　我孫子喜右衛門

白竜　五寸　深津新五右衛門

此絹長サ六丈八尺

（中略）

五寸玉　壱尺玉木炮にて　夜之相図

大綾　五寸　深津新五右衛門

星烈　一尺　奥山儀大夫

往来　一尺　同人

番外

庭月　五寸　競炎　七寸　両曜　五寸　昇竜　七寸

七曜　七寸　大乱星　壱尺　続往来　七寸・五寸・五寸

投炮碌二ツ　小島弥左衛門・庄田徳左衛門

番外　投炮碌五ツ
以上

鮭延は、この資料は武術の火術（狼煙）から打上花火への移行を示し、貴重であるとした。その根拠として、番外に相図というよりも観賞用の花火といったほうがよい庭月、両曜、七曜、大乱星が見られ、砲術家達が狼煙番付に入れるのを避けて番外に入れたことをあげる。

狼煙と花火の境界は極めてあいまいだが、鮭延が観賞用花火としたこれらの品名は、後に見るように、典型的な狼煙の技術書にも出てくる。なお、番外にある投炮は、詳細は不明だが名称からは観賞用とは考えづらい。そのため本書では、この史料も狼煙の番付として考えておきたい。

打上花火への技術移転

打上花火は、狼煙に携わる武士が開発したものと思われる。初めは狼煙の一種だったが、将軍や藩主が観賞したり賓客をもてなすために手を加えて花火になり、そののち専門業者（花火屋）に技術移転されたと考えられる。

噴出し花火や玉火、流星と、打上花火がもっとも違うのは、筒から飛び出した玉にすぐ火が着くのではなく、最高点に到達した頃に内部の火薬に火が回り爆発する構造である。噴出し花火などは点火するとすぐに火薬に火が回るが、上空に届くまでのあいだ口火（導火線）を伝わる時間で保たせるのである。

玉の中心には火薬や造形物を外に押し出す点火薬、その周りに上空でオレンジ色に輝く星といわれる火薬を配し、表面には玉側（玉皮とも）という厚手の紙を貼る。構造は従来の花火よりもむしろ、戦場で用いる大筒に近い。大筒の玉には弾薬しか入っておらず、花火よりも構造が単純である。花火は、大筒の玉に口火と点火薬を加えたものと言い換えてもよい。

花火屋の専門業者が独自に打上花火を発明するのは、技術的に無理であったろう。鍵屋は、江戸時代末期に武士の屋敷に頼み込んで製造法を教えてもらったと、子孫が昭和になってから明らかにしている。こうした家伝は、一つ一つ史実と照合する必要があるが、この話は技術的根拠があるとみてよいだろう。武士は大筒の技術を身につけていたので、大筒を狼煙に利用するようになれば、そこから打上花火に発展するのは早い。

また、玉の中に煙や星の材料を詰めるには、口火や点火薬の知識が欠かせない。口火のヒントはすぐ側にあった。火縄銃である。火縄銃は点火から発射まで、口火を用いる。これを応用して、玉を空に向けて発射し、頂点で爆発させればよい。砲術方は、基本的に鉄炮・大筒・狼煙の三つを同時に担当したため、それぞれの技術を結びつければ容易に打上狼煙を開発できるはずだ。現在もっとも古い典拠とされる宝暦六年『安盛流相図流星の巻』よりもさらに前の史料の発掘が進めば、もっと詳細な検討が望めるであろう。

第五章　文化・文政期の花火と技術書の出版

打上花火の禁止

文化・文政期は、おおむね寛政・享和期までの花火政策が維持されるなか、文化二年（一八〇五）に次のような町触が出される。

花火之儀、家込之場所ニ而一切たて申間敷候、海手川筋ニ而も、大からくり流星等は停止之旨、前々より度々触置候処、近年相図同様大造之花美揚候類有レ之由相聞候、相図稽古致候者は、前広其筋江申立置候而之事ニ候所、猥ニ右相図稽古ニ似寄候大造之花美たて候類有レ之哉ニ相聞候間、前々触置候趣、町々ニおゐて急度相守、武家方雇之船ニ而右躰之儀有レ之候共、其段相断、早々可二訴出一候（傍線は筆者による）

隅田川でも大仕掛や流星は禁止とたびたび触れてきたが、近年「相図同様大造の花火」が上げられていると聞く。相図稽古は、事前に幕府に届けることになっている。打上花火の禁止をかならず守り、武家から依頼があっても断り、町奉行所に届け出るようにという内容であった。

「相図同様大造之花美」とは、『安盛流相図流星の巻』の打上狼煙と同様の構造をした花火で、禁じているにもかかわらず隅田川で上げられていたのである。「前々触置候趣」とあるので、以前にも同じ趣旨の触が出たようだが、発見されていない。たとえ武士からの依頼があっても断って届け出るようにと念を押している。以降幕末まで、建前としては隅田川で打上花火を上げることは禁止された。

玩具《おもちゃ》花火の誕生

文化・文政期には、これまでの竹筒(竹花火)の禁止を一歩進めて葭《よし》筒を用いるよう定めた。また、「素人ニ而花火拵候歟、又ハ花火屋共之内ニも小前之者共心得違いたし候」者と自作する者や、零細な花火製造業者がいないか、さらに細かく調査をしている。

寛政六年(一七九四)の町触は、「子供手遊之花火ニ拵」とあるとおり、買った花火を子供が市中で上げることに注意を喚起するものだったが、寛政九年の町触は「大人交り候而立候も有之」とあり、実際は大人も混じって遊んでいたようだ。町奉行所の側は市中花火は葭製の細筒で子供用花火であると制限の基準を示し、江戸城の近くや住居密集地では、竹筒を用いた家の軒桁より高く上がる玉火と流星を禁止した。子供が鼠花火で迷惑をかけるのは、「畢竟小児を持候両親之者示方不行届」と、つまりは親の監督責任だと断じた町触は、その最たるものである。そして、「先年小児之花火より出火」した事例も併せて記した。

文政一二年（一八二九）に隠密廻から、一丈余（約三メートル）も上がるものを市中で売っていると の報告があり、一三軒の花火屋に子供用であってもそうしたものは製造しないよう命じた。約三メートルということは玉火であろう。報告に、それ以上高く上がる流星は含まれておらず、少しずつ幕府の政策が奏功したおかげと評価できるだろう。

現在、スーパーやコンビニエンスストアで販売され、夏に海水浴場や公園でする花火は、玩具《おもちゃ》花火と呼ばれる。ここで取り上げた「小児之翫（玩）」がその語源であろう。幕府による大型花火の抑止策が、玩具花火という一形態を生み出し、それが今も人々を楽しませているのである。

都市でのきまり

このように文化・文政期には、打上花火は禁止（のち事実上黙認）、流星や玉火、仕掛花火などの観賞用の大がかりな花火は大人向けで大川通で許可、小型の手で持つ葭筒花火や鼠花火は子供向けで市中でも認めるという構図が固まり、幕末までこれは変わらなかった。火災を防ぐため、幕府によって市中での花火は発展を抑えられ、子供の玩具レベルに止まった。市中では販売も禁止するなど、流通も統制された。整理すると、次のようになる。

全般　……江戸城周辺・住居密集地で禁止

子供用　　　　　　　……市中の往還や空き地で可能・市中で販売許可
流星・玉火・仕掛花火……隅田川で可能、市中では販売禁止、隅田川でのみ販売
打上花火　　　　　……市中・隅田川とも禁止、武士が自ら上げる場合は不明

一七〇〇年前後に出版された『花火こしらへ』

花火も狼煙も、製造技術は秘伝として師から弟子に伝えられた。その際には巻物の授受がなされることも多く、それが写本の形で世に広まっていった。

しかし、このように秘伝として伝えられる料理や囲碁などでは、一般向けの書も出版された。これはいまでいう趣味の本に近い。花火についても、管見のかぎり三冊ある。

一冊は『花火こしらへ』という出版年も作者も特定できない一三丁（二六頁）の本である。文字の形や挿絵（図9）には、一七〇〇年前後の版本の特徴が見られる。玉火や流星が載っておらず、製造技術がまだ「牧歌的」だった頃と考えられ、この点も一七〇〇年前後であれば合致する。後にみるように、天明期には花火の書は出版が禁止されていた。

『花火こしらへ』は、出版が統制され始める享保期より前に刊行されたか、一九世紀には見られる目立たない分野の本で出版許可を得ずに販売されていた可能性が高い。

現存するのは一冊のみであり、その広がりを知る手がかりはないが、これほど早い時期に花火の技術書を板に起こそうとする版元がいたとは驚きである。

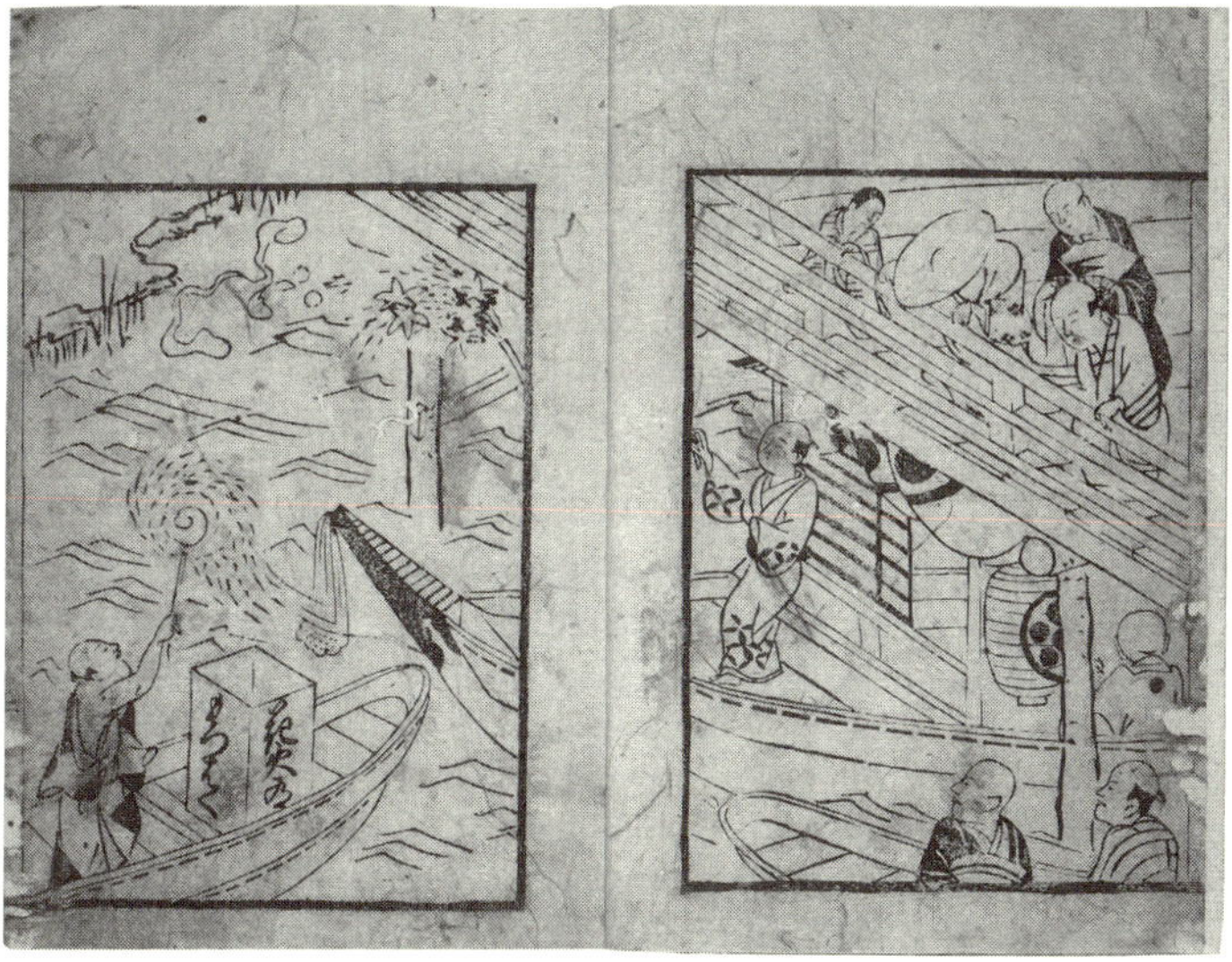

9　1700年前後出版の『花火こしらへ』（すみだ郷土文化資料館蔵）。「噴出し花火」と小型の「車火」を描く。

天明三年の出版差し止め事件

天明三年（一七八三）六月、大坂本屋の丹波屋半兵衛が『増補花火秘伝抄』の出版を願い出た。出板者の株仲間組織（大坂本屋仲間）の担当者である本屋行事が大坂町奉行所与力に呼ばれ、「惣而花術之書者、決而難二相成一事ニ候所、先例ニ而も有レ之哉否」と問われた。書名には花火とあるが、「花術（火術）」は狼煙と花火のどちらの意味もあり、軍事技術書の出版が禁止されていたので、先例の有無を問うたのである。行事は「以前『水中花術秘伝書』という一枚摺があったので、これに増補したものです」と答えたが、町奉行所与力はその許可がいつ下りたのかと、さらなる報告を求めた。水中花術とは、後に見る「大いたち」のように、水上で飛び跳ねて造形を表現する花火と考えられる。しかし、丹波屋はそれを明らかにできなかったので、願いを取り下げた。「重而花火之書板行不二相成一候事」と花火の書は出版禁止であるとの結論が、この一連の経緯を書き留めた「大坂本屋仲間記録」の末尾に記されている。こうして『増補花火秘伝抄』は出版できずに終わった。

江戸時代の出版は、京都・江戸・大坂が中心だったが、本屋仲間の資料を体系的に遺しているのは大坂だけである。板元の権利台帳といえる「板木総目録株帳」で花火に関する本の出版状況を見てみよう。

寛政二年（一七九〇）の改正版では出版を確認できないが、文化九年（一八一二）改正版（同一五年出来）に、「花紅葉花火秘伝集　河源」と記載がある。これは、「雑之部　諸礼・重宝・歳時・秘伝・魚鳥・八木・大工・数之類・目利・混雑」の中で、重宝の後に追記されている。重宝と秘伝が混在しているので、本屋仲間がどちらに分類していたのか判然としないが、雑之部に入ると考えていたのは確かである。

花火と狼煙の技術書はひとくくりにされ出版が統制されたが、天明期よりも前に一枚摺『水中花術秘伝書』は出版されていた。後に詳しく見ていくが、『花火秘伝集』は文化期の株帳にも登録されている。これらから、統制はあまり厳格ではなかったと思われる。

『花火秘伝集』の板元

『花火秘伝集』（以下、『秘伝集』とする）は、一二冊現存しており（一冊は未見）、板元が不明な一つを除くと、河内屋嘉七板と河内屋源七郎板の二つに大きく分かれ、源七郎板はさらに三種類に分かれる。発行順に並べると、次のようになる。また、本文末に「作者利笑板元」とあり、それに追加して裏表紙の見返しに文化一四年以下の出版元が記されている。著述者兼板元としての利笑は、時期不明ながら板権を嘉七に譲ったのであろう（図10）。

（時期不明）　利笑板
文化十四年新板　嘉七板
（文政三年以降）　源七郎丸株（見返「花紅葉」）板
同　源七郎丸株（見返白紙）板
同　源七郎相板　見返白紙

嘉七は、当時大坂でもっとも有名な本屋だった河内屋喜兵衛の分家筋にあたり、文化六年〜文政二年（一八一九）まで営業した。一方、源七郎（源七とも）は、喜兵衛の別家で文政三年〜明治期まで版行が確認できる。相板は、江戸の須原屋茂兵衛・山城屋佐兵衛・須原屋新兵衛・岡田屋嘉七・和泉屋吉兵衛・出雲屋万治郎・須原屋伊八といった錚々たる書肆と行われている。大坂から江戸へと、大きく販路が広がったのである。

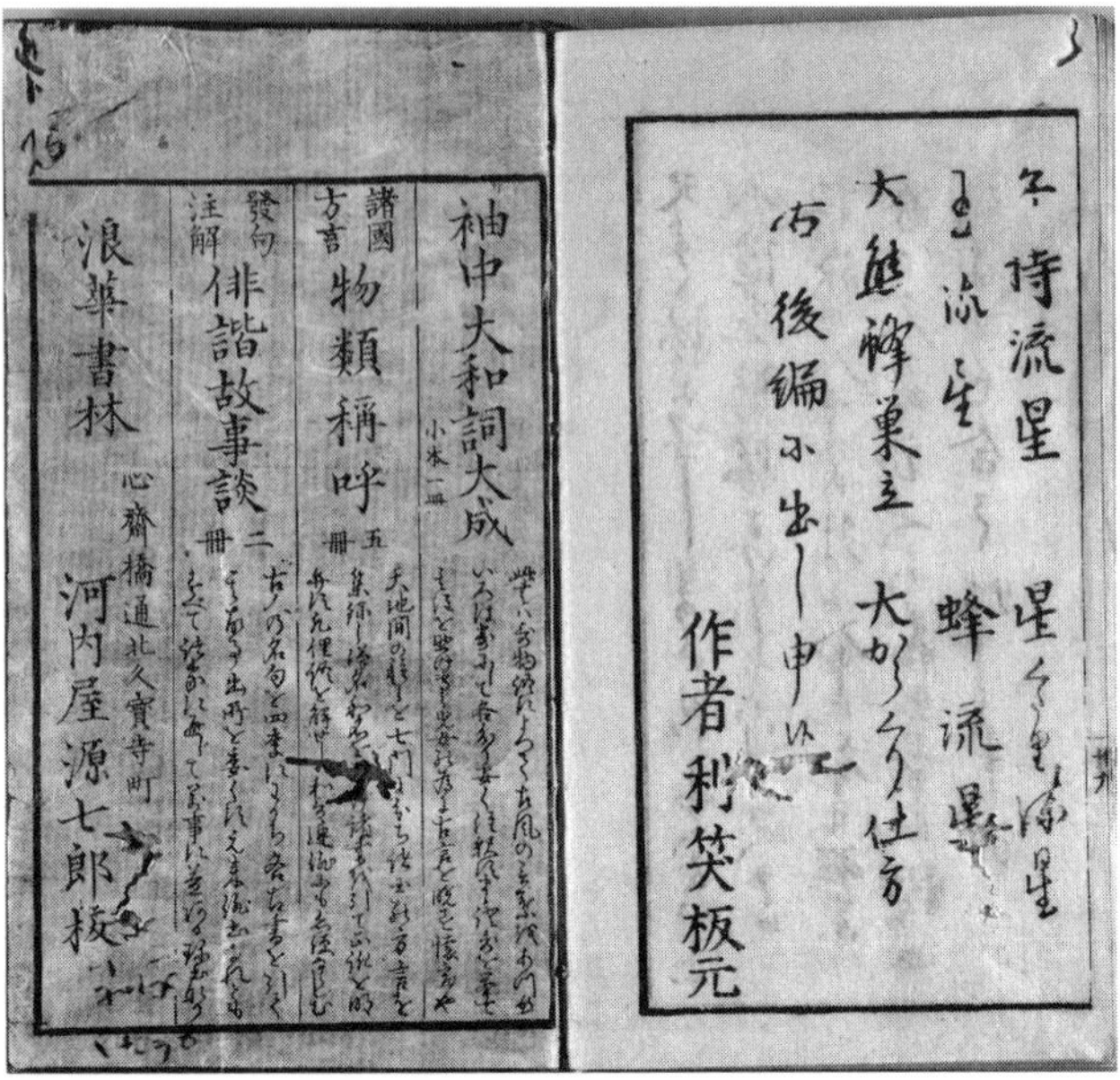
袖中大和詞大成 小本一冊
諸國方言 物類稱呼 五冊
發句注解 俳諧故事談 二冊
浪華書林 心斎橋通北久寶寺町 河内屋源七郎板
作者 利笑板元

10 『花火秘伝集』（国立国会図書館蔵）の奥付。浪華（大坂）本屋河内屋源七郎板。右頁では後編の出版が予告されている。

江戸東京博物館が所蔵する源七郎丸株（見返白紙）板には「安政六己未歳（一八五九）六月廿三日」と入手した日が記されている。また、すみだ郷土文化資料館所蔵の『庭花火』と題する『秘伝集』写本には、「天保三辰年（一八三二）十月写之　下大谷澤村大河原定五郎」と表紙にある。下大谷澤村は、武蔵国高麗郡の石高三五六石余の中規模な村落（現埼玉県日高市）で、村花火（奉納花火）の参考にするために手に入れたのではないか。

　花火の技術書は統制の対象であったが、それは徹底されておらず、少なくとも三種類は板行された。とくに、『秘伝集』は遅くとも文化期には出版され、株帳に登録、板権も公認された。そして、大坂での売れ行きが好調だったのであろう、江戸の著名書肆七軒との相板でも出版された。少なくとも天保期までその内容を有用と考える読者がいて写本が作られ、幕末の安政期に入手した記録もある。

花火の版本は、出版点数こそ少ないが、一定の広がりを持ったジャンルであった。

第六章　『花火秘伝集』と六種類の花火

技術書の研究を進めるために

本書でたびたび分析してきた江戸期の技術書は、数多く残っているわりに浮世絵や触書ほど研究資料として活用されていない。理由は二つある。

・秘伝書という性格上、内容をくまなく伝えようとして書かれていない。理解しづらく、あまり体系的ではない。

・花火と狼煙の作り方が似ているので、どちらの技術書なのか判断しづらい。しかも武士はどちらも手がけている。

そこで、なるべく体系的な技術書を検討し、花火の全体像を把握する必要がある。そこでまず『秘伝集』を取り上げ、ついで武士の書いた技術書である『在心流火術』と『南蛮流火術花火伝書』を分析する。いずれも内容が体系的で刊行時期が確定できることから、他の資料との比較も可能である。

『秘伝集』は縦一五・七センチメートル、横一〇・八センチメートルの小本で、墨付きは三九丁。冒頭にまえがき、両国納涼図、目録があり、内容と続く。続編が予定されていて「後編予告」に流星と仕掛花火の項目が記してあるので、一覧にしてみよう。ただし後編が出版されたかは不明である。〔 〕内は筆者による分類である。

庭花火　〔小型庭花火〕鼠　手ぼたん　大牡丹　天車　野田乃藤　朝顔　とんぼ　蝶火
　　　　〔噴出し花火〕柳　石竹　大梨子　大雪　都わすれ　蓮花　金蘭夜　芍薬
　　　　　　　　　　　武蔵のゝ萩　秋のしら菊　三国一　虫尽し　千疋蛍　筒ねつミ
　　　　　　　　　　　花蠟燭　玉虫
上ヶ物　〔玉火〕玉火　虎乃尾　蜂火　縄火　花玉　水玉　品玉　品虎　品蜂
　　　　〔流星〕す流星
後編予告〔流星〕子持流星　星くたり流星　玉流星　蜂流星　大熊蜂巣立
　　　　〔仕掛花火〕大からくり仕立

最初の鼠は、次のように記される（傍線は筆者）。

鼠

一ゑんせう　百目　長金尺
一いわう　拾四匁　壱寸五分（図11）
一灰　弐拾八匁　口火
右ハ葭のふしを付て切、長壱寸五分程はすにきり、切口より随分かたく詰、薬五分程尻

最初に花火の名称、一つ書きで焔硝・硫黄・灰の配合割合が続き、図（ない場合もある）や簡単な製造法が付される。「鼠」では、葭の節を切って、長さは一寸五分（約四・五センチメートル）、端は斜《はす》に切り、配合した火薬を葭筒の半分（五分）程度まで固く詰めると図解で説明する。斜《はす》に切るのは、噴射力によって回転させるためと考えられる。図には、完成図（静態）と点火したあとの状態（灯し）の二種がある。一般の読者が自分でも作れるように丁寧に図入りで解説した本が『秘伝集』なのである。

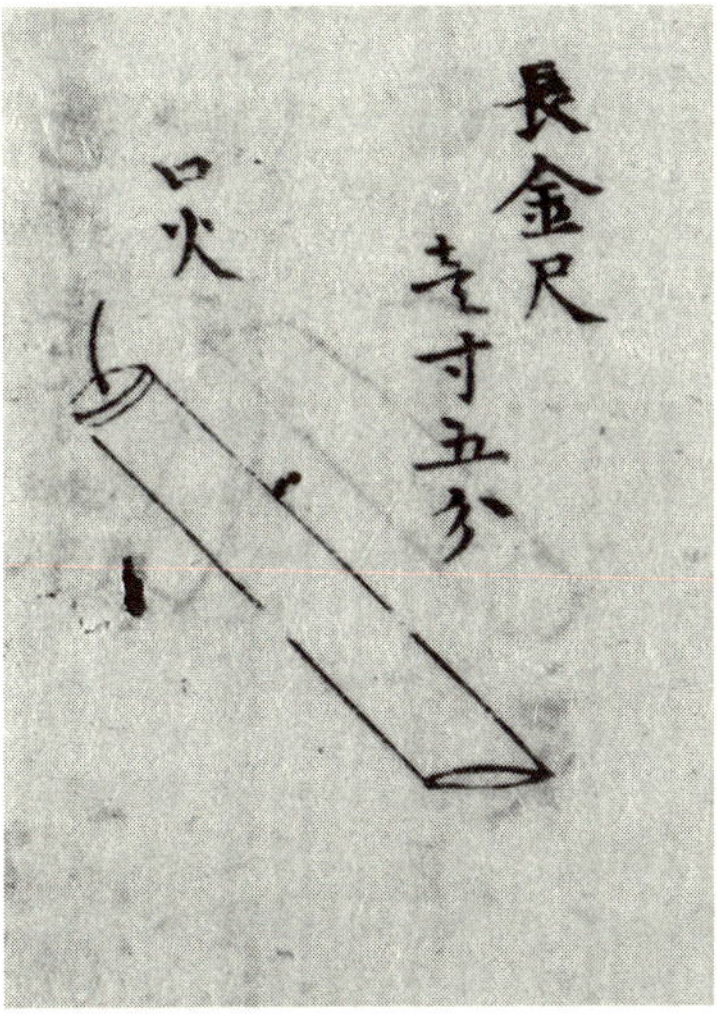

11　小型庭花火「鼠」。口火の反対側を斜《はす》に切って，回転させたと考えられる。『花火秘伝集』（国立国会図書館蔵）。

隅田川の花火ルール

『秘伝集』の大きな特徴が、まえがき

12　隅田川での花火は，このようにして全国に伝えられた。花火屋船から上げているのは，「玉火」であろう。玉が3つ描かれている。『花火秘伝集』(国立国会図書館蔵)。

に表れている。

春ハ花秋は月冬ハ雪、是景物の第一也、今花火を入て夏の景物とす、誠に水面を照らす有様、衆へ喝采の声、武総の間に聞ゆ、花もみぢ月雪の風情を一時に見ることく、しかれとも其法世間に稀也、依小冊を顕、世の宝とす

花火は夏の風物詩で、その名所はなんといっても両国（武蔵と下総の間）であるという。次丁の「両国納涼図」（図12）は、両国橋たもとの花火と屋形船や屋根船という浮世絵によくある構図で、著者の利笑が、両国を花火のいちばんの名所と評価していることを表す。上ヶ物之部で、「両国歟、或ハ大川にて可被成候、庭花火と違大切ニ御座候、両国にても岸より二十間沖にて灯し候御定法也」と、隅田川だけで許可されていた玉火のルール（岸から二〇間〈約三六メートル〉離して上げること）を詳述しているのが興味深い。

このルールは他の史料ではまだ見つかっておらず、実際にそうした規定があったのか判断は保留するが、江戸市中では上ヶ物が禁止されていることを世に知らしめる効果はあっただろう。

「口伝有」の意味

まえがきは、秘伝でしか伝わっていない（「其法世間に稀也」）花火の技術を、広く世間で共有した

いと明快に出版の意図を述べる。他の技術書では「口伝」として、詳細な説明が省かれている場合も多い。対して『秘伝集』は、小さく切った鼠花火が筒から飛び出す「筒ねつミ」で、鼠花火の火薬の詰め方を概略述べる。そして「つめやう口伝あり」として、配合火薬、上げ薬、配合火薬の順に入れれば筒からねずみ花火が高く上がる、とコツを惜しげもなく披露している。「三国一」「虫尽し」といった品々にも、「口伝有《くでんあり》」と書いてある。

すでに見てきたとおり、幕府が都市において花火を自作する者がいる前提でいたことは、寛文一〇年（一六七〇）や文化二年（一八〇五）の触で確認できる。だが、『秘伝集』も一般読者の自作を前提としており、村の奉納花火でも同書を参考にした可能性は高い。現に大河原定五郎は『秘伝集』の庭花火のページを丁寧に写していた。完成品を購入するだけでなく、自分で花火を作ることも珍しくなかったことの反映と考えてよいだろう。

『秘伝集』の体系

『秘伝集』をさらに分析する前に、当時の江戸の花火をおさらいしておこう。江戸の花火が全国の花火を代表するわけではないが、もっとも沢山の種類が江戸では上げられていたことは間違いないところであろう。

①幕府は、一八世紀末以降、市中の花火は子供がするものと政策的に誘導していたが、実際には大人も行っていた。筒の材料は葭である。

②遅くとも文政年間には、隅田川で鍵屋・玉屋が打上花火をやっていた（建前としては禁止）。

③玉火と流星は、市中では禁止されていたが、隅田川では認められていた。町触や隠密廻の報告では、最大約四五メートル飛ぶとしている。

④隅田川では、からくり（仕掛花火）は認められていたが、大からくりは禁止されていた。

では、『秘伝集』を体系的にみていこう。指摘すべき第一は、打上花火の記述がないことである。幕府は公的には認めていないが、隅田川花火で打上花火が上げられていたことは、当時の浮世絵を見れば一目瞭然である（図13）。『秘伝集』は、打上花火を対象外とした。

13 「打上しだれ柳」と打上花火であることと，花火名が明記された浮世絵としては非常に貴重な例である。「東都両国橋夏景色」（すみだ郷土文化資料館蔵）。口絵8の右側部分。

筆者による分類の小型庭花火は、長さ一寸五分から五寸（約四・五〜一五センチメートル）で、多くが筒に火薬を詰めて噴射する様子を楽しむものである。慶応四年（一八六八）頃の浮世絵「子供遊花火の戯」をみると、その様子がよくわかる（口絵5）。江戸市中の実態に近いといえよう。

噴出し花火の柳薬では、焰硝・硫黄・灰の配合火薬に続いて、「葭の随分ふときを長壱尺四五寸にきり、灯口を蓮に切、先ワたを壱寸はかり深く入、薬をつめ申候」と解説する。とくに太い葭を長さ四五センチメートル弱で先を斜めに切り、まず綿を三センチメートルくらい入れ、火薬を詰める。そして、先に火を点けて噴射させる。大雪から秋のしら菊までは、柳（柳薬）のアレンジである。大梨子も製造法は同様だが、筒に長さ三〇センチメートルの竹を用いる。

玉火は、竹を一尺九寸ほど（約五七センチメートル）に切り、中に玉と上げ薬を詰める。固く詰めれば五丈も六丈（約一五〜一八メートル）も上がると説明している。中に詰める玉は、二つに割った竹を細引きで巻き、火薬を詰めて固め、竹から出して鋸で四分（一・二センチメートル）くらいに切り、角を削って作る。つなぎとして「柳薬」を挟めば、玉を二つ上げることも可能である。市中で上げるのは禁止と何度も触のあった玉火は、こうして作るのだった。一七世紀末の『安藤流花火之書』の玉の大きさも四分程度であったから、ほぼ同様の製法だったと考えておきたい。そして、蜂火・縄火・花玉・水玉など、玉が上空で分かれるタイプや、内包物が上空で飛び出るタイプがここで登場した。

流星は、厚紙を長さ二尺、幅二寸に切って筒を作り、薬を堅く詰め、発射台に掛けて火を点ける。

14　右に「大からくり十二提灯」，左に「からくり大いたち」が14個描かれる。十二提灯の右下の船に次の十二提灯が準備されている。「東都両国橋夏景色」（すみだ郷土文化資料館蔵）。

およそ一〇丈（三〇メートル）ほども上がる、と説明する。一八世紀前半の技術書『孝坂流花火秘伝書』にも二種類の流星の製造法が見られた。内容は『秘伝集』とほとんど変わりがない。ただし、後編予告の子持流星から蜂流星は、上空で流星が複数分かれるタイプである。

　このようにバリエーションが増えたことが、『孝坂流』と『秘伝集』の違いであり、この五〇年間で玉火と流星の技術が大きく進歩したことがわかる。

　後編予告には、からくり（大からくり仕立）の記述もある。幕府が隅田川で認めていた「仕掛之花火」に類するものであろう。仕掛花火は、あらかじめ据え付けた仕掛けに点火し、なんらかの意匠を表現するものであった。安政六年（一八五九）の隅田川での川開大花火の様子を描いた「東都両国橋夏景色」には「大からくり十二提灯」と「からくり大いたち」の二種のからくり花火が描かれている（図

14）。前者は、触で禁止されている大からくりで、仕掛花火についても触は形骸化していた。

幕府政策との矛盾

『秘伝集』は三四種類の製作方法を紹介しているが、幕府の触では火薬を詰める筒には葭を用いるように定めている。同書が材料に竹筒を用いると指示する花火について、検討していこう。玉火とその類似品八種類はどれも竹筒を使っている。隅田川で実施すると「上ヶ物之部」の冒頭で説明しており、製作方法を本で紹介したからといって幕府の政策に反するわけではない。

問題は、小型庭花火と噴出し花火である。どちらも市中で行うことを触は想定していて、筒の材料は葭と決まっている。だが、大梨子の製作方法では、火薬を一尺（約三〇センチメートル）ほどの竹筒に詰めるとしており、これこそ触が禁じた竹花火であろう。小型庭花火のとんぼ・蝶火は竹を用いるものの小振りなのでグレーゾーンと考えてよいが、噴出し花火の石竹・大梨子・三国一・虫尽し・千疋蛍・筒ねつミ・花蠟燭・玉虫は、まぎれもなく竹花火の仲間である。市中で上げるのも販売するのも禁止されている花火だが、その技術書が公然と江戸の大手書肆で市販されていたのだ。町奉行所内での連携がうまくとれていなかったのだろう。

もっとも打上花火に近い水玉

『秘伝集』のなかで、打上花火に技術的にもっとも近いのは玉火の一種である水玉である。水玉は、

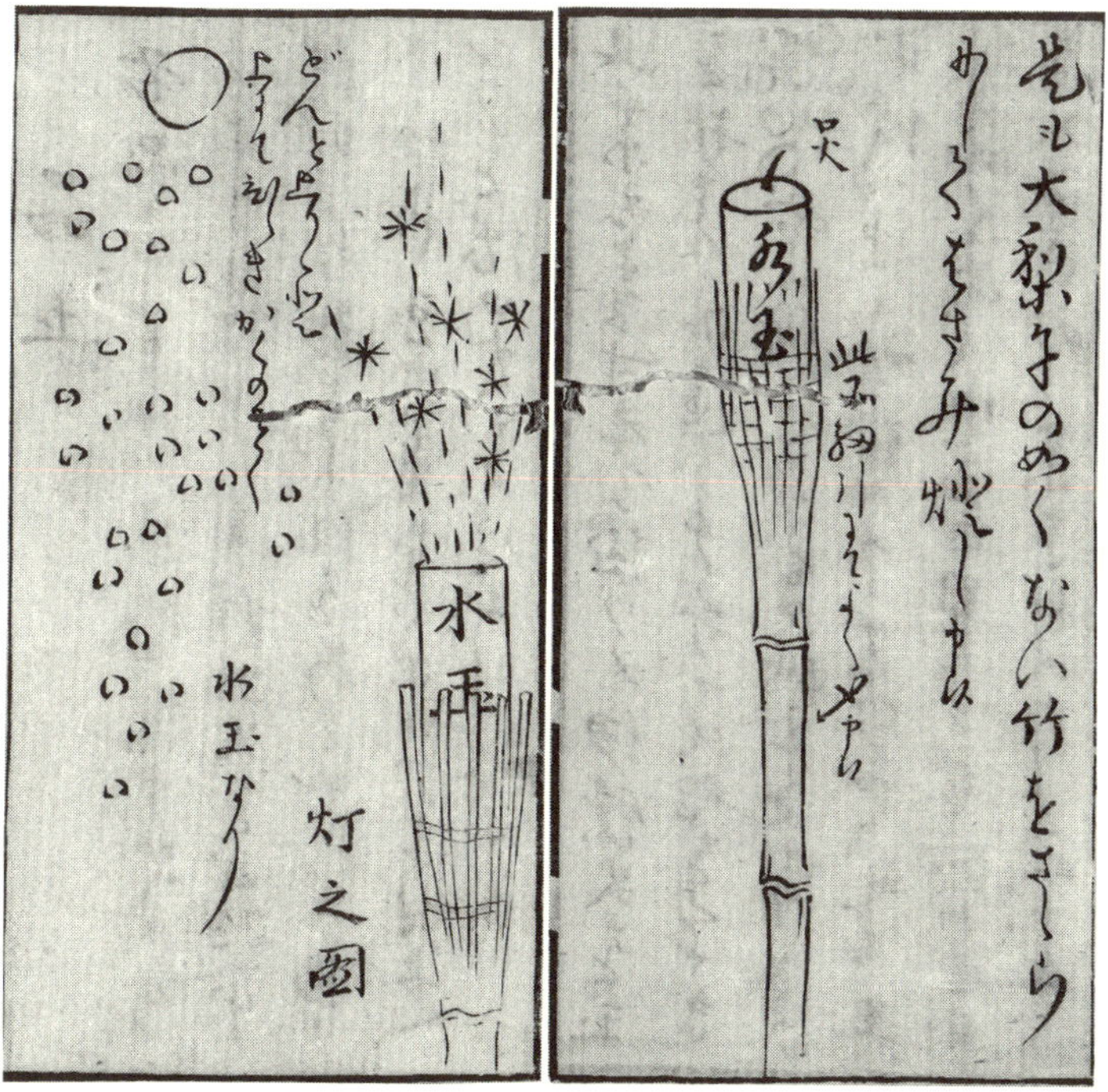

15　技術的に打上花火にもっとも近い「水玉」。口火に点火すると，ドンと上がって玉が放たれる。『花火秘伝集』(国立国会図書館蔵)。

基本的に玉火と同じ構造だが、より大がかりである。円周五寸（約一五センチメートル）の大竹を長さ一尺（三〇センチメートル）に切り、小さく砕いた玉を半紙に包んで詰め、それが上空に飛び出して花開く構造となっている（図15）。

打上花火は、筒と発射火薬のほか、玉の中の道火・破薬・玉皮・中身（星など）のあわせて六つの部品でできている。水玉はこのうち、筒・上げ薬（発射火薬）・紙皮・中身の四つを備える。しかし、上空で半紙が破裂するまでの時間をコントロールする道火と破薬はなく、高く上がらないうちに花が開いてしまうこともあったかもしれない。この点で打上花火の技術は、相当ハイレベルであった。

第七章　隅田川花火の天保改革期の動向

打上狼煙（花火）禁止の徹底

天保一二年丑（一八四二）五月、天保改革が始まり質素節倹が至上命令となった。翌寅年五月一六日の北町奉行遠山景元から老中水野忠邦への上申書によってみていこう。

大川通ニ而立候花火之儀直段相尋候処、壱本ニ付六拾匁より三拾五匁迄、筒物と唱候玉火之類壱匁より拾匁位を限、前々より直段不レ同無レ之売鬻来、打上狼煙仕懸ケ之分者、去丑年中私共より差留候ニ付、一切仕入不レ仕候旨、右渡世之もの共申立候段、名主共より書付差出申候

隅田川でやっている花火はいくらだと鍵屋・玉屋に尋ねたところ、一本で銀六〇〜三五匁くらいとの返答だった。また、筒物と呼ばれる玉火のたぐいは銀一〜一〇匁程度とのことである。続けて、町

奉行所が差し止めたので、打上狼煙と仕掛花火は今は一切仕入れていないと鍵屋・玉屋は申している旨町名主から報告が届いた、という。打上狼煙とは、文化期の町触が「相図同様大造の花火」と表現した、打上花火のことである。町触で打上狼煙は禁止されていたので、町奉行所は黙認していたことを本来の形に戻したのである。一方の仕掛花火については、町触では大がかりでないかぎり許していたので、天保改革では従来の町触の基準よりもさらに厳しい節倹を命じたことになる。この指示は、納涼期間（五月末～八月）の前に出たようだ。

武家方花火のお値段

引き続き、景元の上申書をみていこう。前月に市中取締掛・米沢町名主喜左衛門が報告した内容によると、その実態は、例年、御三家や大名の誂（武家方誂）で行う花火は、一〇〇本で金一〇両ほどで、出来がよい花火は褒美金が金二〇〇疋下されるという。また、茶屋花火といわれる両国広小路の商人たちが出資するものは、八〇本くらいで金五両二分ほどし、茶屋（料亭）の方を向いて上げられる。景気がよければ、納涼期間中にもう一度行われ、その際は、代金が二分ほど減額される（金五両）。

一〇〇本の値段金一〇両には船賃・雑費が含まれると上申書にあるが、翌年の別の史料には、近年は出入の町人がその経費を負担するとある。献上花火ということになろう。一本あたり銀六匁程度であった。日頃の出入《でいり》（取引）の御礼として、代金だけ負担するか、上覧にも同席するかの二つの形が考えられる。

江戸の本両替播磨屋中井家が久留米藩主に文政元年（一八一八）七月二一日献上した花火の記録が残っている。隅田川の船遊びではなく、高輪屋敷（下屋敷）の庭園で行われたもので、播磨屋は玉屋に依頼した。披露した花火は合計二〇本上げられ、総額で六四匁五分であった。

大山桜	一〇匁	十二提灯	八匁	松島	六匁五分
花揃	六匁	住吉踊	六匁	藤棚	五匁五分
車尽	五匁五分	鞁ケ滝	五匁五分	玉簾	四匁五分
二階傘	四匁	〆六十一匁五分			

外ニ筒花火十本代三匁、一本に付三分ツヽ

二口〆二十本、代六四匁五分

前半の一〇本はすべて仕掛花火であろう。玉屋に見積もりをとったところ予想より安かったので、筒花火一〇本を追加したという。記録には「藩主有馬頼徳は殊の外歓ばれ、翌二六日にも殿様奥様で上げられる由」とあり、こちらは播磨屋持ちではないのだろう。天保改革期の二〇年以上前であるが、仕掛花火が一台約六匁、筒花火が一本三匁であり、特に仕掛花火の値段が大きく異なる。この間、派手な仕掛花火が行われるようになったと考えられる。

天保一三年の包括的な節倹申渡

五月一六日、北町奉行遠山景元は、本年の花火について老中水野忠邦に直接伺いを立てた。これまで見てきたとおり、前年に打上花火と仕掛花火を禁じたこと、花火の価格と武家の注文や茶屋花火の遊び方など現状を説明した。そして、武家方の大がかりな花火はこのご時世では不適切なので、仕掛花火の上限を銀三〇匁とし、筒物（玉火など）も同様としたい。また、隅田川での花火の上がる高さは文化一〇年（一八一三）四月の町触のとおり一四・五メートル〜四五メートルを守ること、市中に花火を卸売する場合は葭筒とし、竹花火は決して仕入れないこと、と述べる。

この上申書は、二三日に裁可され、翌二四日、遠山は鍵屋弥兵衛と玉屋市郎兵衛を呼び出し、申し渡した。隅田川上空での高さについては、市中取締掛が卸売の者たちに個別に伝え、同掛は町内商ひ・番屋などをとくに念を入れて見回った。

打上狼煙の禁止は寛政期の、花火の高さは文化期の町奉行所の実態調査に基づいて定められた隅田川花火のきまりであった。花火の筒を葭筒とすることも寛政期の取り決めである。節倹の申し渡しや取り締まりの基準として、これらは幕末まで引き継がれていった。

江戸花火屋の構造と流通

市中取締掛から「重立《おもだち》候花火屋」として申し渡しをしたのは、次の一五軒である。

①吉川町	玉屋市（郎）兵衛	②横山町	鍵屋弥兵衛
③（鍵屋同居）	栃屋喜三郎	④神田小柳町三丁目	虎屋市兵衛
⑤鮫ヶ橋谷町	近江屋甚兵衛	⑥四ツ谷伊賀町	吉見屋吉五郎
⑦芝田町七町目	南部屋善六	⑧赤坂新町五丁目	伊勢屋総兵衛
⑨北紺屋町	中屋半次郎	⑩神明町	柳屋清兵衛
⑪深川浄住町	三河屋安兵衛	⑫湯島天神門前	大和屋嘉兵衛
⑬小日向茗荷谷町	和泉屋清吉	⑭浅草馬道町	三河屋久兵衛
⑮（不明）	武蔵屋治兵衛		

重立とは卸売と考えられ、多くが明暦の大火以降市街化した郊外にある。地代の安い場所に店を構え、振売などの仕入れに対応していたと思われる。地所を持つ「家主」は、②⑥⑦⑧⑩の五軒である。①は店借、③は同居、その他は「家主不知」とあるが店借であろう。地所を持つ者は三分の一に過ぎず、それほど経営規模は大きくないと考えられる。

翌年、玉屋失火事件が起きるが、町奉行所が作成した報告書は花火屋を鍵屋・玉屋とその他に分けて分析を試みている。

鍵屋と玉屋……武士方の誂花火と隅田川の納涼花火を手がけ、店（見世）売、卸売を主とする

その他の花火屋……鍵屋・玉屋からの受売（仲買）と製造に携わり、兼業がふつうである

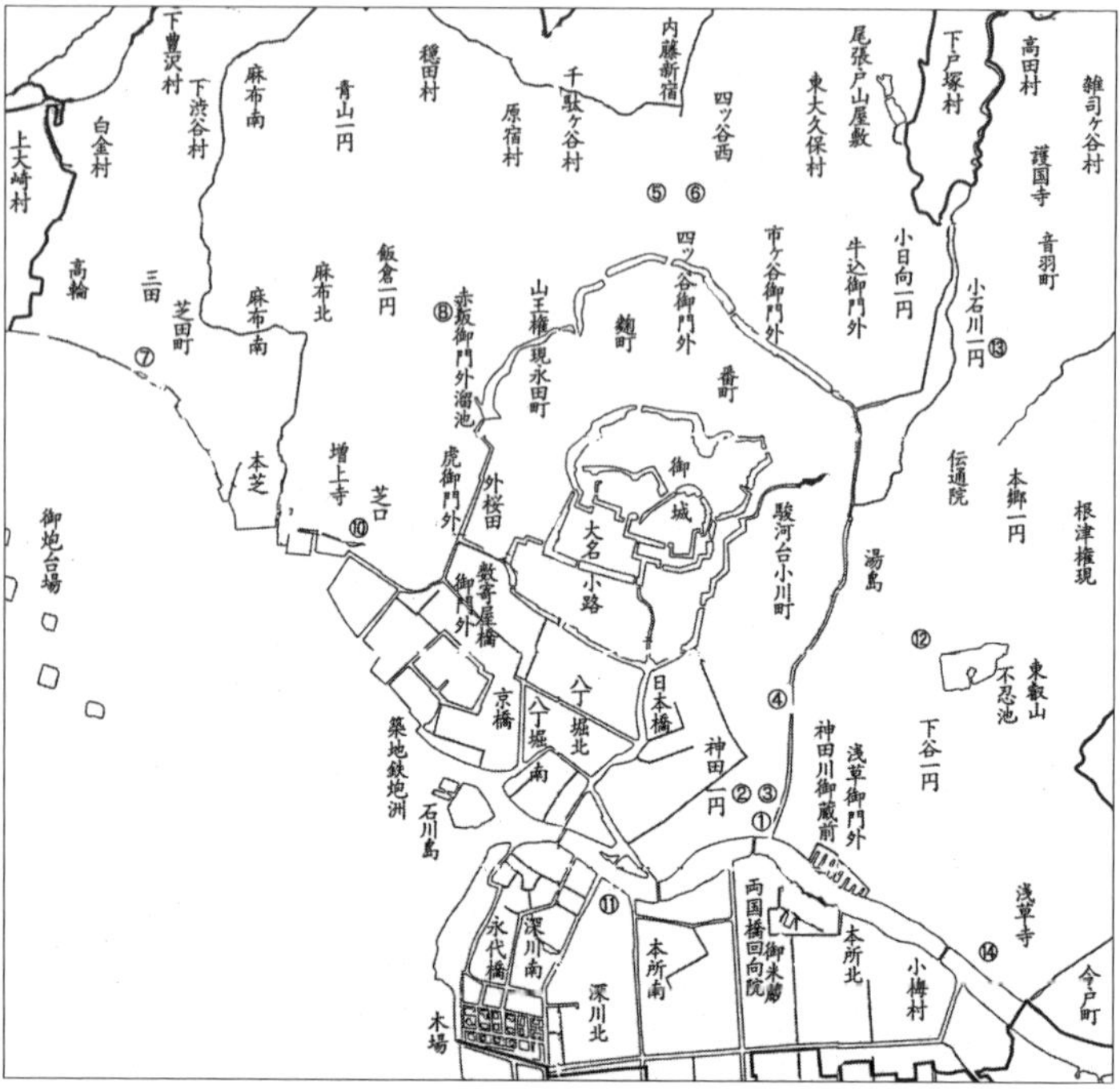

16　天保 13 年（1842）の江戸の主な花火屋の分布。「江戸東京索引総図」（『復元・江戸情報地図』朝日新聞社，1994 年）を原図として作成。

これまで見てきたように、市中では禁じられていた玉火や流星、仕掛花火、打上花火（黙認）を隅田川で扱える鍵屋と玉屋は、突出した技術力と市場を有するガリバー企業であった。その他の花火屋は、鍵屋・玉屋に製品を納入したり、振売・番屋に小売、店での直接販売といった形で流通を担っていた。文政一〇年（一八二七）記とされる『盲文画話』には、江戸でのさまざまな振売が描かれ、花火線香売もある。実際の市中での小売はこのような姿であっただろう（口絵6）。

図16を見てほしい。花火屋の店舗が適度にばらけて一定の距離を保っているのは、それぞれが流通圏を有していたためであろう。

市中花火全面禁止の検討

改革が続いている最中の天保一四年四月一七日、あろうことか玉屋が失火、店に置いていた花火に火が移り、一円を焼失してしまう事件が起こった。玉屋は江戸所払いとなった。南町奉行鳥居耀蔵と北町奉行阿部正弘は、五月一二日に花火商売のあり方についての伺を老中水野に直に提出した。

伺は、市中商売の花火屋の状況と（先述）、寛政期からの取り組みを説明し、竹花火を市中で行う者が後を絶たず、火災の心配を抱えていたと述べる。そして、玉屋の失火について、将軍の日光参詣中で市中を静謐に保つためにいつもより多く詰めていた火消人足が駆け付け、夜更けでもなかったのにもかかわらず、店内の花火に燃え移ったためこのような惨事となってしまった、と嘆いている。

そして、花火はそもそも無益なおもちゃで弊害も大きいので全面禁止してもよいとは思うが、武家も親しんでおり、川筋では夏に花火で生計を立てている者も多いため、隅田川の花火は現状のまま認める。しかし、市中では花火をするのも売るのも改めて禁止し、花火製造の細工場の設置は本所や深川などの江戸の中心から離れた場所しか許可しない、という内容である。

この伺は、鳥居・阿部の両町奉行による連名であったが、一九日付の老中水野の返答はまず鳥居が受け取り、それを鳥居から阿部宛てに出しているので、鳥居の意向が多分に含まれているであろう。鳥居は天保改革の節倹政策を主導した人物であり、玉屋の失火を機に市中での花火禁止を推進したのである。花火屋の作業場を本所・深川や郊外に移転させるのは、歌舞伎小屋を浅草猿若町に移転させるのと同じ考えに基づく。改革に対して庶民寄りの姿勢をとったとされる北町奉行の遠山は在任中、触のとおり隅田川での打上花火と仕掛花火を禁止としたが、市中花火には手を付けなかった。改革に対する鳥居と遠山の姿勢は対照的と言われているが、花火に対しても同様であった。

結果は、鳥居（と阿部）の思惑通りにはいかなかった。老中水野は、「花火商売の者が、居宅は江戸で、場末に細工所を作るのは、二か所拠点が必要で土地を新たに借りる必要がある。生活に支障が出るのではないか」と、さらなる調査を命じた。史料からは調査したかどうかわからないが、これ以上は検討されず、これまでの触の範囲で認められることになった。花火の節倹政策は、五月二八日までに方針を示さなくてはならず、時間切れとなったと推測される。同年閏九月に天保改革は頓挫し、とりあえず市中花火は存亡の危機を免れた。

第八章　納涼花火と大花火・川開《かわびらき》花火

書物に見る隅田川花火の三か月

少し視点を変えて、江戸時代後期の著名人の書から隅田川花火を検討しよう。齋藤月岑の『東都歳事記』は、江戸の年中行事を一覧したものである。天保九年（一八三八）に刊行された。

五月二十八日　○両国橋の夕涼今日より始り、八月廿八日に終る。并に茶屋看せ物夜店の始にして、今夜より花火をともす。逐夜貴賤群集す。

七月九日　○十日の夜例年両国にて花火あり

八月二十八日　○両国茶屋見世物夜店の終にして花火あり

五月二八日から八月二八日は納涼期間で、それにあわせて東西両国広小路周辺の茶屋や見世物小屋も夜店を開く。花火も始まり、毎晩大勢の人で賑わうという。七月一〇日の花火は、茶屋がスポンサーとなって行われる大規模な花火のことであろう。また、納涼期間の最終日にも花火があるという。
次に、寺門静軒の天保三年刊『江戸繁昌記』を見よう。静軒は水戸藩士寺門勝春の次男で、寛政八年（一七九六）生まれの儒者であった。同書で「両国の煙火」と題して詳細に記している。こちらも同時代史料として検討が可能である。

煙火、例として五月二十八夜を以て始放の期と為し、七月下旬に至つて止む。晩に際して、煙火船を撐へ出だし、南のかた両国橋を距たること、数百歩可りにして、中流に横たはる。天黒うして事を挙ぐ。霹靂《へきれき》未だ響かざるに、電光空に掣めき、一塊の火丸、砕けて万星と為る。

花火は五月二八日に始まり、七月末に終わるとしている。川開当日は、花火船が両国橋南の隅田川の真ん中まで漕ぎ出す。花火が始まると、音がとどろく前にまっくらな空は光できらめき、火の玉が砕けていくつもの星が飛び散る。これは打上花火の描写である。
最後に、『守貞謾稿』を見てみよう。同書は、天保八年（一八三七）以来、喜田川守貞が江戸での見聞をもとに記した、嘉永六年（一八五三）の奥書を持つ近世風俗志の大著である。

五月廿八日浅草川川開　今夜初テ両国橋ノ南辺ニ於テ花火ヲ上ルナリ、諸人見物ノ船多ク、又陸ニテ群集ス、今夜ヨリ川岸ノ茶店夜半ニ至ル迠有レ之、毎軒絹張行燈ニ種々ノ繪ヲカキタルヲ釣リ、茶店食店等小提燈ヲ多ク掛ル、茶店平日ハ日暮限リ也、今日ヨリ夜ヲ聴《ゆる》ス、其他観場及ビ音曲或咄講談ノヨセト云席等モ今日ヨリ夜行ヲ聴ス

今夜大花火アリテ後、納涼中両三日又大花火アリ、其費ハ江戸中舩宿及ビ両国辺茶店食店ヨリ募レ之也、納涼ハ専ラ屋根舟ニ乗シ、浅草川ヲ逍遙シ、又両国橋下ニツナキ涼ムヲ、橋間ニスムト云、大花火ナキ夜ハ遊客ノ需ニ応テ金一分以上焚レ之

因云、大坂ニテハ難波橋辺、鍋島蔵邸前ニテ花火ヲ焚ク

以上三冊の要点をまとめてみよう。

①五月二八日は両国橋の南側で花火が上がる。浅草川（隅田川）川開と称する。大花火ともいう。
②花火船を川の真ん中に停泊させる。打上花火も上げられる。
③見物の船が多く、岸辺にも大勢の人が集まる。
④納涼期間（八月二八日まで）の他に二、三回大花火がある。花火は七月で終わることもある。
⑤納涼期間は、川岸の茶店食店・観覧場・寄席などの夜間営業が許可される。
⑥二、三回の大花火費用は、江戸市中の船宿と両国近くの茶店・食店などから募る。
⑦納涼船は屋根付きのものが多く、浅草川を巡り、両国橋に繋いで涼む。
⑧大花火がないときで、船遊び客の要望があれば、代金金一分以上で応じる。

納涼花火から大花火へ

納涼期間に隅田川で行う花火をまとめて納涼花火と呼ぼう。真夏に涼を求めて散策する人々や、納涼船で船遊びする人も楽しむことができる。川に遊びに行ったら、たまたま花火が見られてラッキーだったね、という偶然性が納涼花火には伴う。

その様子がよくわかるのが、宝暦年間頃（一七五一～六三）制作とされる「浮絵両国涼之図」である（口絵7）。タイトルに花火は含まれないが、隅田川の右中央で屋根船に向けて花火屋船が玉火（先が分かれるタイプ）を上げている。旗指物には「玉」とある。「玉」と書くのが浮世絵では「お決まり」で、ほんとうに玉屋の花火屋船ばかりだったわけではない。両国橋を渡る人と、陸を歩いている人がまばらで、花火を見ていない人も多い。画全体が、大らかな、のんびりした雰囲気を醸し出している。

川開花火については、安政六年（一八五九）の「東都両国橋夏景色」が代表的である（口絵8）。奥が本所（隅田川左岸、東側）、手前が柳橋側で、右手の両国橋下流では鍵屋が打上花火を上げている。花火屋船は打上花火や仕掛花火を設置する台船の役割を果たしている。川面には屋形船や屋根船がぎっしり浮かび、両国橋上は押すな押すなの大騒ぎである。

茶屋花火の典型的な浮世絵はないが、中洲で興じる花火の様子はそれに近いであろう（口絵3、前掲）。また、大花火は川開花火と茶屋花火の総称である。

表3　浮世絵の名称の変遷

期間(西暦)	総数	涼	大花火	川開
1651-1700	4	0	0	0
1701-1800	13	9	0	0
1801-1850	54	25	7	1
1851-1868	20	6	2	5
1869-1894	12	4	3	3
合　計	103	44	12	9

註1：酒井雁高編集『広重　江戸風景版画大聚成』（小学館，1996年）より，3点追加した。
註2：すみだ郷土文化資料館『隅田川花火の三九〇年』（2018年）より，1点追加した。
出所：奥田敦子「隅田川の花火を描いた浮世絵作品リスト」（『東京都江戸東京博物館調査報告書』28，2014年）より作成。

川開という名称の登場

浮世絵の作品名で「涼」「大花火」「川開」を含むものはどれくらいあるのだろうか。奥田敦子がまとめた近世初期から明治中期にかけての花火作品リストをもとに分析してみよう（表3）。なお、「江戸両国橋夕涼大花火之図」のように、重複している場合は両者に含めた。

総数一〇三点のうち、「涼」「凉」「すゞみ」が入った作品は、四四点ある。全体の半数近くが該当し、すべての期間でもっとも多い。「大花火」は一九世紀前半（文化期）から、「川開」も多くは一九世紀後半（嘉永期以降）になって作品名に登場する。

大花火もしくは川開を含む作品は、次の一五点である（絵師・作品名・板元・制作年の順に表記）。

①国虎「江戸両国橋夕涼大花火之図」　山本久兵衛　文化末〜天保末期

②国美「両ごく川ひらき」（板元印なし）　文政年間（一八一八〜三〇）

③広重「江都名所　両国大花火」（大判）　佐野屋喜兵衛　天保中期（一八三五～三九）
④広重「江都名所　両国大花火」（中判）　佐野屋喜兵衛　天保中期
⑤広重「東都名所　両国橋納涼大花火」　上州屋金蔵　天保一〇～一三年
⑥広重「江戸名所　両国納涼大花火」（板元印なし）　天保一〇～一三年
⑦広重「江戸名所　両国大花火」　有田屋清右衛門　弘化元年（一八四四）頃
⑧貞秀「東都名所夕涼大花火の図」　板元未詳　弘化年間
⑨広重「両国納涼大花火」　山田屋庄次郎　弘化四年～嘉永五年（一八四七～五二）
⑩国郷「東都名所　両国繁栄河開の図」　蔦屋吉蔵　嘉永六年
⑪広重「東都名所年中行事　五月　両こく川ひらき」　伊場屋久兵衛　嘉永七年
⑫豊国三代「東都両国川開之図」　伊場屋仙太郎　安政三年（一八五六）
⑬国貞二代「東都両国大花火眺望」　辻岡屋文助　安政四年
⑭豊国三代「東都両国橋川開繁栄図」　恵比須屋庄七　安政五年
⑮広重二代「江戸名所四十八景両国大花火」　蔦屋吉蔵　万延元年（一八六〇）
⑯豊国三代・広重二代「江戸自慢三十六興両こく大花火」　平野屋新蔵　元治元年（一八六四）

まず②国美「両ごく川ひらき」は、浮世絵のみならず、文献資料も含めて、「川開」の最初の使用例であり、注目される（口絵9）。川開を作品名に含む絵は、たいてい多数の船、陸の群衆、夜店を盛り込んでいる。⑩国郷「東都名所　両国繁栄河開の図」は、この三点に加えて、からくり十二提灯が台船に載っている（口絵10）。その周囲に多くの船が集まり、橋の上流側にもいる。両国橋の上や西詰広小路の大勢の人々も、提灯が並んだよしず張りの床店や川沿いの料亭の客もみな花火を眺めている。台船から上がっているのは打上花火である。

⑭豊国三代「東都両国橋川開繁栄図」には、花火屋船は描かれていないが、右手前に屋形船、左に屋根船と川面に多くの船が集まっている（口絵11）。両国橋の上では群衆が打上花火を見あげる。

大花火を名称に掲げる作品は、①⑤⑥⑧のように「涼」を併称するものも多い。大花火は川開花火と茶屋花火の総称だから、より幅を持たせたとも考えられる。⑬国貞二代「東都両国大花火眺望」には、一定の数の船と陸の群衆も見られる。料亭二階には打上花火を眺める客がいる（口絵12）。②⑩⑭の川開が名前に付く作品よりも、船や群衆の凝縮的な描き方が若干弱い印象を受ける。

このように川開を冠した作品は、明らかに五月二八日の川開花火を題材としており、江戸時代後期、とくに嘉永期以降にそうした作品が増えたのは、川開が夏の楽しみとして世間に浸透したことと無関係ではないだろう。年に一度の特別な花火の日というイベント的要素が江戸時代の後半に生まれたのである。また、タイトルに「大花火」を含む作品が増えたのも、川開花火と茶屋花火が納涼期間の数多くあった花火の中でも存在感を増してきたことの反映と考えてよい。

これは打上花火の技術開発とも関わりがあろう。江戸時代に打上花火がどのくらいの高さまで上がったのか、正確にわかる史料は残念ながら見つかっていない。だが、空高く上がり空中で大きく広がる花火が開発されて遠方からでも楽しめるようになり、川開花火の知名度を上げたのである。

江戸町奉行所のスタンス

江戸町奉行所は川開花火をどう扱っていたのだろうか。安政二年の川開に関する史料をもとに検討していこう。

横山町壱町目家主花火渡世弥兵衛儀、例年之通當月廿八日、自分入用を以両国橋川下おゐて花火上ヶ初仕度処、此節同橋懸直御修復ニ而仮橋往来中之儀ニ付、文化度同橋掛直之節、新大橋之方江寄セ花火燈候振合を以、此度も同所ニ而上ヶ初仕度段申立候旨、右町名主喜左衛門より伺出申候

本所見回役与力二名が町奉行に上申したものである。日本橋横山町一丁目で花火を商う鍵屋弥兵衛が、例年どおり五月二八日に、両国橋川下で花火の「上ヶ初《あげはじめ》」を自費で行いたいが、現在は橋の架け替え工事中である。そこで、文化年間に新大橋側に場所を移したときと同じようにしたいと申し立てているが、と名主喜左衛門から伺いがあったというのである。

これは江戸時代の川開花火に関する唯一の一次史料で、非常に貴重であるとともに内容も極めて興味深い。まず、鍵屋が毎年五月二八日に自費で両国橋川下で花火を上げていると明記されている。また、川開花火ではなく、「上ヶ初」と呼んでいることも興味深い（図17）。三か月にわたる納涼期間の開幕を指す花火師の呼び方が、町名主や町奉行所にも通用している。浮世絵の作品名にはみられない

が、明治期の新聞に時折この単語は登場する。ただ、橋の工事という例外的な出来事のためこの年だけ申し立てたのか、毎年伺う必要があったのかは不明である。慶応四年（一八六八）には、「願」ではなく「届出」とされている。本所見回役与力は両国橋が管轄であるだけではなく、花火の取り締まりも担当していたことがわかる。本所見回役与力は南北町奉行に各一名配され、複数の同心を配下とした。

上申書は次のように続く。鍵屋の言うとおり、文化六年（一八〇九）の上ヶ初では、確かに場所を

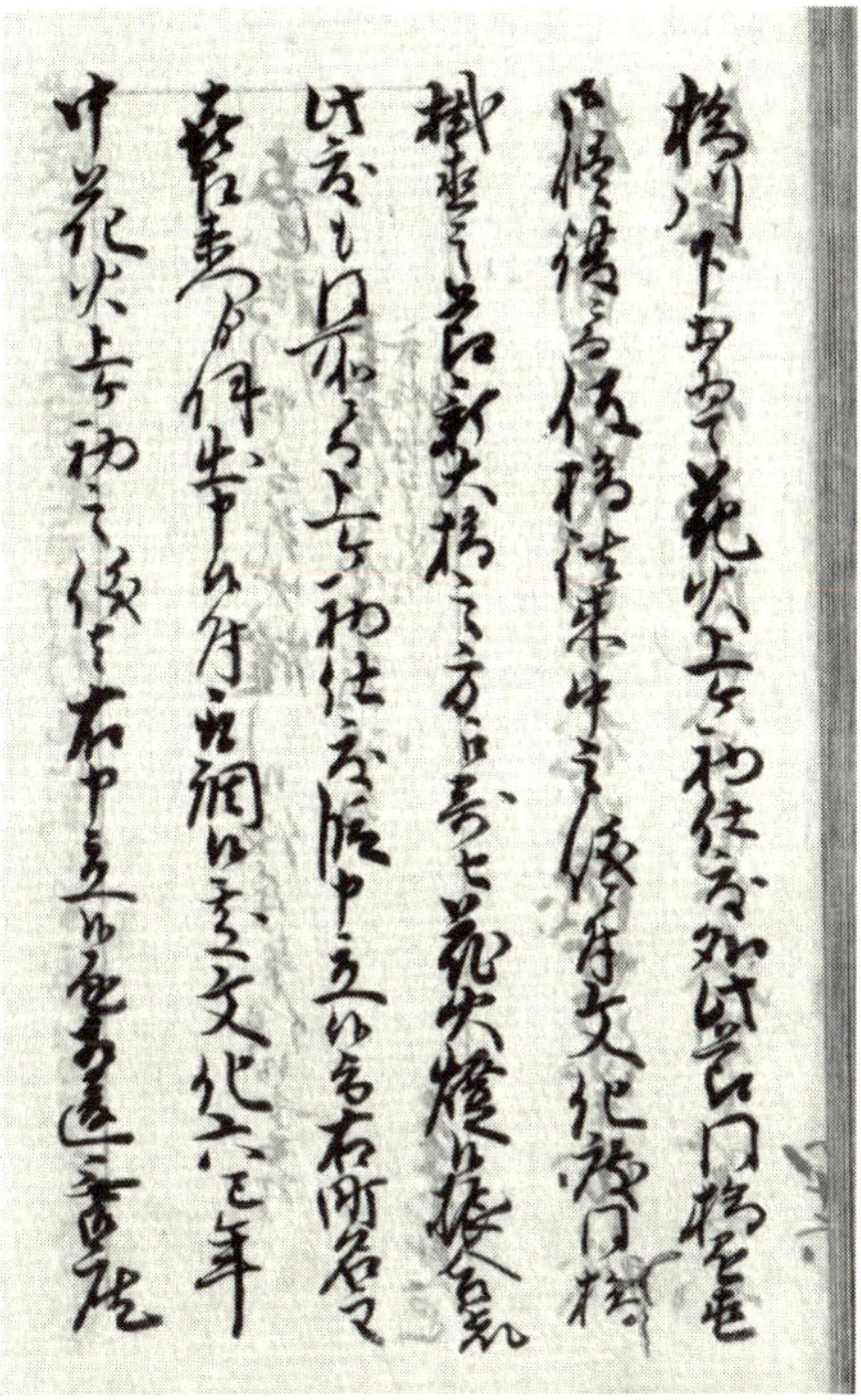

17　1行目に「花火上ヶ初」と書いている。川開よりも花火屋の立場から生まれた言葉で興味深い。『御修復中川下ニ而花火之儀伺』（国立国会図書館蔵）。

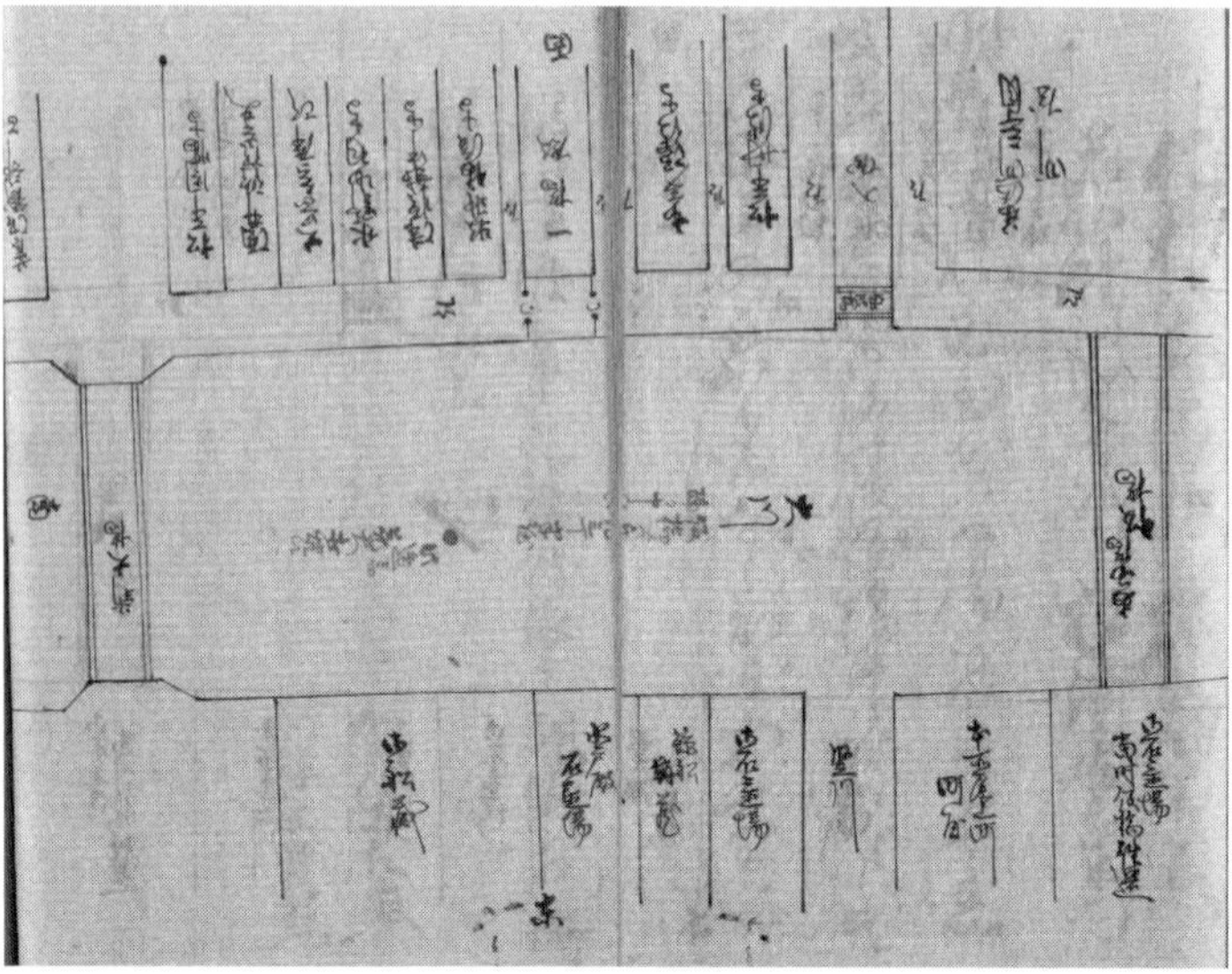

18　右（北）側が両国橋の仮橋。左の●が，打上場所である。『御修復中川下ニ而花火之儀伺』（国立国会図書館蔵）。

移しており、それに倣ってもよいか。新大橋側に移したとしても仮の橋は混雑するため、同心ら配下を警備にまわし、自分たちも見回る心づもりだ。見物人が集まる範囲が例年より広がるため、文化期のときと同じく、「両組廻り方」にも警備に当たらせたい。このように述べた後、図が添付され、花火を上げる場所を朱書で明示している（図18）。

与力が鍵屋や町名主の言い分を鵜呑みにせず、町奉行所内の文書で先例を確認し対応していることに留意したい。同奉行所の文書管理が行き届いていたことは、明治維新の引き継ぎの際に総督府（新政府）を感嘆させたという逸話で有名である。安政二年にも、四〇年以上前の先例を細かく参照できたのである。

こうして先例にならい、本所見回与力と配下同心以外の他部署にも警備の応援を頼み、「両組廻り方」は定廻・臨時廻で同心三名を出すことになった。この人数も文化六年と同じである。また、当日は「御修復掛一同（両国橋掛り与力・同心）」と橋番・水防請負人も警備にあたっている。両国橋のすぐ側も注意地区にリストアップされている。

この一連の経緯から、文化六年以降、川開花火は納涼期間の初日に行う大がかりな催しであったことがわかる。両国橋の架け替え工事中でも川開花火を実施させようとする町奉行所の努力に驚きを禁じ得ない。花火を中止する案は、少なくとも安政二年に検討した形跡がない。むしろ警備人数を増して無事に実施することに心を砕いている。町奉行所の懐の深さが見て取れるのである。

幕府の焔硝確保政策の影響

黒色火薬を用いる花火を、幕府が鉄砲や大砲の仲間とみていることは、元文四年（一七三九）に大目付稲生正武《いのおまさたけ》が、牛込の「塩硝（焔硝）売候作兵衛」に焔硝合薬を花火屋に販売しているかと尋ね、一切ないとの返答を受けていることからわかる。ペリー来航後、幕府は軍事力強化の一環として硝石の確保に関心を寄せる。嘉永六年（一八五三）には、古銅吹所銅座人勤方松田甚兵衛に金一万両を渡し、全国の代官に六万貫目（二二五トン）の焔硝と三万貫目の鉛を納めさせよと命じている。

江戸では安政二年（一八五五）三月二八日、海岸防御のため梵鐘をつぶして大砲や小銃を作れと命がくだるとともに、「銅鉄錫鉛硝石其外、必用之品ニ無レ之候而も相済候品は、右類ニ而相製候義、自今不二相成一」と触があった。大砲小銃や弾薬などの材料は武備に向けるため、軍事的用途と無関係なものは製造しないようにというのである。それから一か月も経たない四月二〇日には、「市中花火硝子（石）渡世之もの共義、御触後、如レ何相心得罷在候哉」、と花火職人と焰硝を扱う者に先の触を遵守したか確認している。

市中の花火に関しては、元治元年（一八六四）六月に「町々花火之儀前々御触有レ之、御廻方よりも度々被二申渡一候」「例年御達申候処」とこれまでの枠内で触を出している。この頃の触で現存するものは少ないが文化・文政期の政策をほぼ踏襲しており、焰硝確保のために市中の花火を禁止する措置はとられなかったと考えてよい。隅田川花火にもとくに影響はなかっただろう。

維新直後の川開花火

幕末から維新直後の様子を、慶応四年（一八六八）六月の『市政日誌』で見ていこう。

昨（六月）八日花火あげ初めに付、両国東西広小路賑ひの模様并涼舟の出かた等取調べ、左に申
上候

一　家形船　　　四艘
但、俗に汁こぼしと唱候分

一　日除船　　　凡四百艘余

但、俗に家根舟と申候
一　小船其外之類　凡百五十艘程
右は新大橋迄の川中船数にて、町人子供重ニ乗込、武家方ハ少く、音曲鳴物等の船も有レ之、一体去亥年より花火中絶いたし珍敷故歟、見物人も多く、最寄川筋の船は、凡出切候趣ニ御座候、水茶屋料理茶屋食類商人等の分、右昼の内より相応に客有レ之、夕景より夜にいり候ては、一時に客込合、相応の商ひ高に有レ之候趣、もっとも朝より天気もよろしく、往来人立も多く、時節柄存の外の賑ひにて、去ル戌年川びらき花火揚初めの景気に相変り候儀無二御座一、見物人も至て穏にて、喧嘩口論其外事替り候儀無二御座一候

この史料は、倒幕軍の江戸入城（四月一一日）からまだ二か月弱、上野での彰義隊との戦い（五月一五日）からわずか三週間ほどしか経っていない頃、江戸町奉行を引き継いだ役所の記録である。記したのは同心から報告を聞いた与力の可能性が非常に高い。同心も与力も、隅田川花火を熟知していたことを伺わせる。また、維新後の江戸の治安状況を把握するため、旧幕時代と比較して客観的な立場を貫こうとしている。結果として、江戸時代の川開花火の様子がわかる絶好の史料となった。

維新の混乱からか、例年より八日遅く実施された。また、「あげ初め」「川びらき花火揚初め」と呼んでいる。上初めと川開が併用されているが、安政二年のときも上初めと呼んでいたので、公的には上初めを使うのが通例であったようだ。

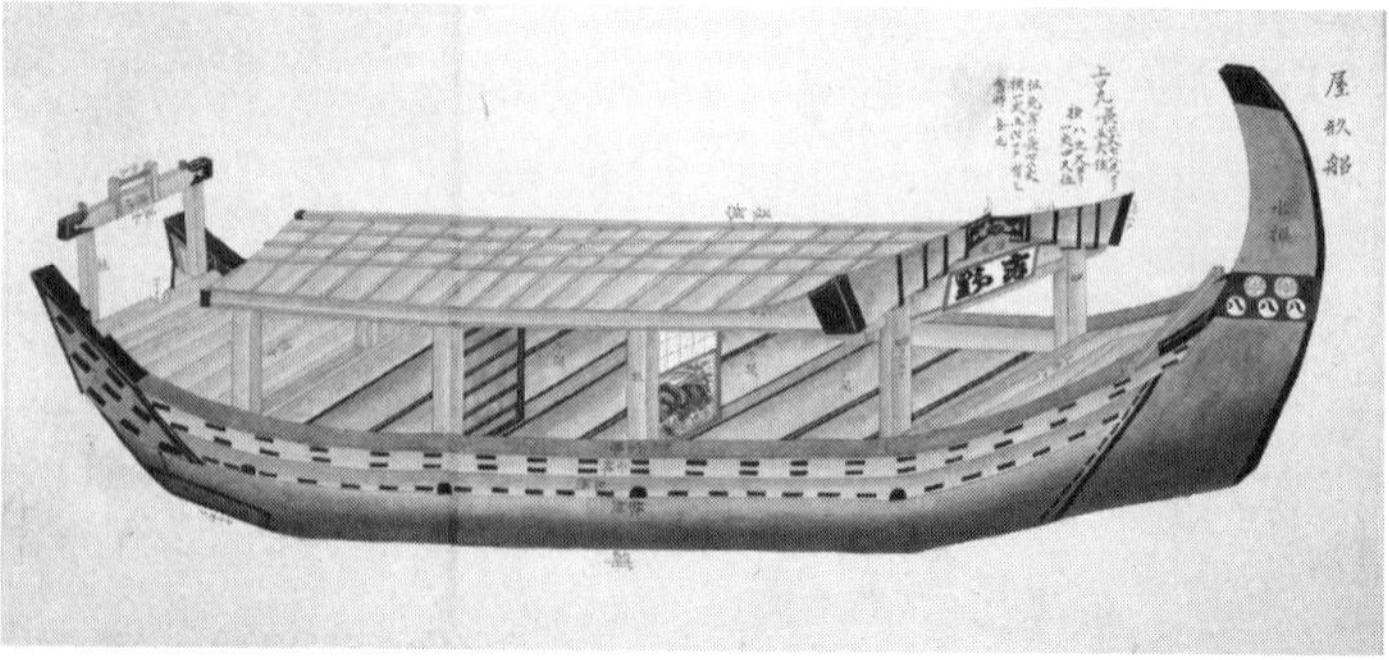

19　屋形船「吉野丸」。大きなもので長さ約 15 メートル，幅 4.2 メートルくらい。畳敷きの客間は 3 室設けられ，船首側が上座である。

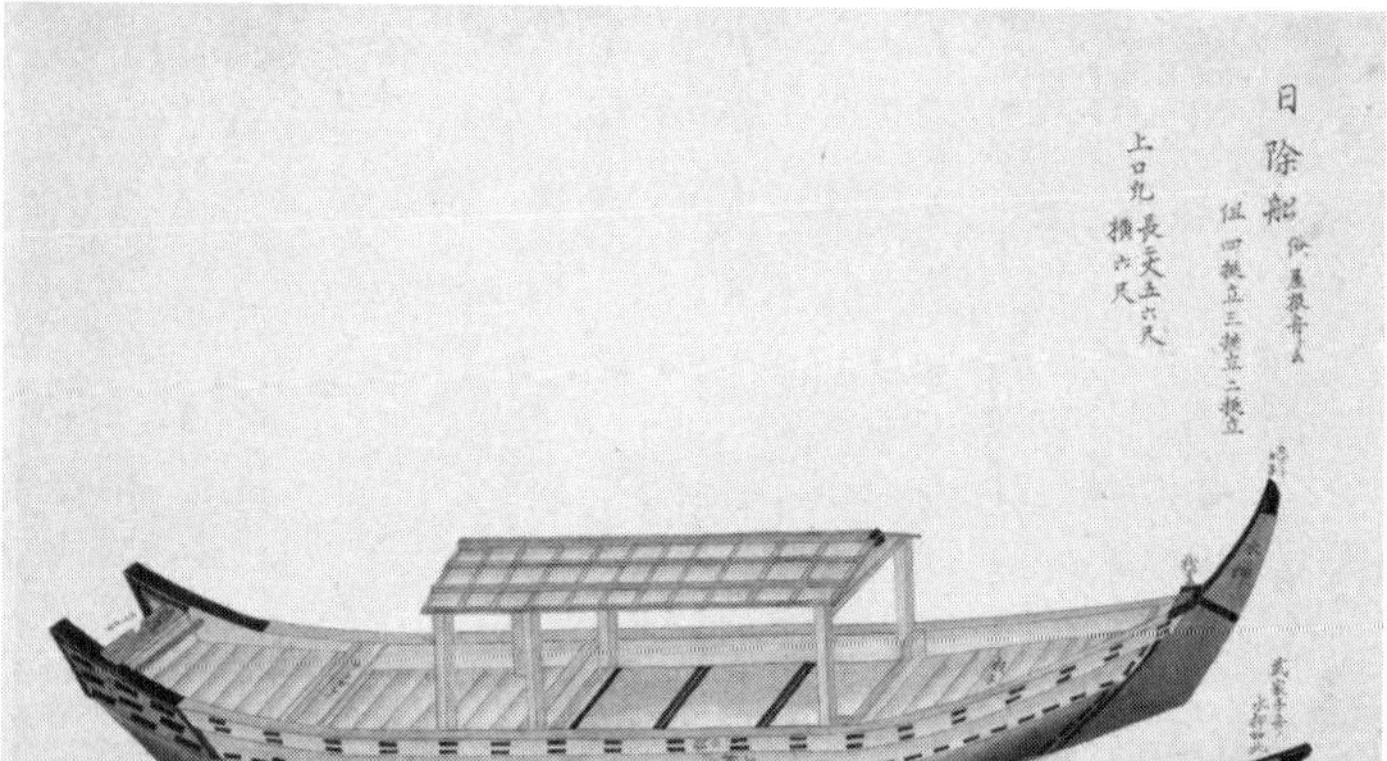

20　屋根船（日除船）は長さ約 5.1～5.5 メートル，幅 1.8 メートル。三畳敷きで，日をさえぎって船遊びに興じた。いずれも出典は『船鑑（明治 6 年）』（国立国会図書館蔵）。

混雑ぶりを表すのに、両国広小路の人出と川に浮かぶ涼船の数を挙げている。屋根の上に船頭が乗って操船する大型の二〇人乗ほどの屋形船は四艘出ている（図19）。屋形船は、川遊び用の船では最上級のランクであった。屋根船（ここでは、日除船、図20）も川遊び用で、乗員は一〇人程度。船頭が後ろで棹さして動かすタイプで、これが四〇〇艘も出ている。最寄りの川筋の船はすべて出ているとあるが、大正期の新聞は、ふだんは神田川や竪川、江戸川や、隅田川上流で活動している船が川開花火の日に両国橋あたりに「集結」すると報じる。この四〇〇艘にも、大正期のように周辺の河川から集まってきた船が相当数含まれると考えてよいだろう。

21　屋根船に饅頭や西瓜を販売する船。「東都両国橋川開繁栄図」（すみだ郷土文化資料館蔵）部分。

　小船その外の類も、河川舟運に使われている荷足船が川開花火の日は客を乗せて繰り出すと、同じく大正期の新聞に書かれているので、ここでもほとんどがそれに該当すると思われる。「音曲鳴物等の船」は、屋形船や屋根船の需《もと》めに応じて、船の側で楽器を奏でたり、西瓜や饅頭などを販売する船である（図21）。浮世絵にもよく描かれており、隅田川の夏の風物詩であったのだろう。ここに記しているのは両国橋下流の新大橋までの船の数なので、さらに下流の永代橋までや上流の吾妻橋までを含めるともっと多かったのではないかと思われる。

また、武家方は少なく、乗客はおもに町人と子供だという。これだけたくさんの船が出ているなかで、役人はどのようにして見分けたのだろうか。浮世絵などを精緻に見ていけば何か特徴があるのか、今後なお検討が必要である。

東西広小路の床店や立喰料理店、料亭には、昼のうちからそれなりに客が入っていて、夕刻から夜になると一気に混み合い繁昌した。明治期になると、隅田川花火は昼も上げるようになるが、この記述からはまだ昼花火をしている様子は伺えない。史料では見出せないが、大花火を行う場合は昼に数発合図を上げることが予想される。合図を聞いて開始を待ちきれない人々が昼から店に入っている可能性がある。

朝から天気も良かったこともあって大勢の人が通りに繰り出し、江戸開城、新政府軍の進駐などの物騒な時節にしては意外なほどの賑わいであった。報告からは、朝から天気を気にし、昼には両国橋周辺に足を運んだ役人の精励勤勉ぶりが伺える。

そして盛況の理由を、亥年（文久三年）から卯年（慶応三年）までの五年間は花火が中止されたため珍しかったのだろうと結論づける。慶応四年は、去ル戌（文久二年）と変わらない景況で実施・再開されたのである。

文久三年（一八六三）三月に第一四代将軍家茂は上洛し、しばらく将軍が江戸にいない時期が続いた。家茂はいったん江戸に戻るが、再度上洛、そのまま死去した。慶喜は京都で一五代将軍になる。江戸に戻ったのは、鳥羽伏見の戦いで敗れ、大坂城を脱出してからである。将軍による「昇平之余《しょうへいのよ》沢《たく》」、すなわち泰平の世を楽しむ状況ではなかったので、川開花火は実施されなかったのだろう（茶屋花火と花火屋船については、不詳）。

報告書は、見物人の喧嘩や口論もなくつつがなく終わった、と胸をなで下ろしてほっとした様子で結ばれている。新政府軍の江戸入城から二か月弱、六年ぶりに実施された川開花火は、ようやく世の中が落ち着いてきたこと、それは天皇による泰平の世であることを江戸の人々に実感させたことだろう。

第九章　武士の火術稽古

松平定信による奨励

天明七年（一七八七）六月に老中首座となった松平定信は、しばらくは幕閣内において孤立した存在であったが、天明八年三月四日、将軍輔佐兼役を命ぜられ幕閣の大権を掌握するや、本格的な改革政治が開始された。それから六か月経たない九月一日、次のような触を出す。

明日二日、浜御庭御成之節、火術有之候間、此旨相心得事

明日九月二日、就任間もない一一代将軍家斉が浜御殿に行かれる。狼煙（火術）を上げるので、心得ておくように、という。安永年間に二回行われて以来の狼煙の稽古であった。二年後の寛政二年（一七九〇）五月にも、「明日二五日、浜御庭で昼夜の相図を上げるので、心得ておくように」との触

が出ている。なお、寛政期以降、狼煙の稽古を、昼夜火術稽古、昼夜火術相図稽古などと表記することが多くなる。

定信が火術稽古を奨励したのは、対馬口・松前口において対ロシア防備の必要性が高まったためである。この取り組みは、寛政三年七月の大坂浪人荻野六兵衛の火術稽古上覧で、ひとつの区切りを迎える。七月五日に「明日六日、浜御殿で火筒・火業・船打などを行うので、朝五時（午前八時）から夜にかけて、沿岸の航行を一〇町四方（約一〇八〇メートル四方）で禁止とする。これに伴って、煙が発生するので留意すること。その旨浜御殿近隣の町だけでなく、江戸市中洩らさず伝えるように」と触が出た。

具体的な「火筒・火業・船打」については、『寛政三亥年御日記』に詳しい。「六日　今日浜御庭（浜御殿）の海上で、大坂浪人荻野六兵衛が火術の昼夜相図（稽古）を行った。目録（内容）は次の通りである」とあって、内容を記している。

まずは、海上の船打である。「御筒」（幕府の筒）を用いて、船上の小旗、人形、鳥形を町間打ち（一定の距離を設けて水平に的を狙うこと）をした。これは、信号の伝達を目的とした狼煙稽古とは異なり、敵の殺傷を目的とした実戦的な稽古である。

荻野六兵衛の火術稽古

次に「玉揚昼之合図」が「八貫目玉木筒　長サ八尺五寸」を用いてなされた。一貫目＝三・七五キログラムだから、三〇キログラムの玉を長さ約二メートル五五センチの木砲で打ち上げた。「木筒」とのみ記してあるから、荻野が自ら持参した筒であろう。

最初に上げたのは、

一番　雲竜　赤白二筋　紅絹一疋　白絹一疋

雲龍という名の狼煙は、上空で開くと長さ約一八メートルの紅白の絹布が飛び出して地上へ舞い降りる。以下、十番まで続く。

二番　群竜　五色絹半幅　長一丈七尺　二十筋
三番　黄竜　黄絹一疋　青竜　青絹一疋
（中略）
八番　群鳥　如二鳥形一黒絹数五十
九番　雷火　穴中ニ発し少鳴、其後飛散二十二度発し飛候也
十番　斑竜　赤白黒三色絹一幅　長絹一端ツ、五反

二、三、十番も一番と同じく竜の名が付き、絹布が降りてくる。二番の群は二〇本の絹布を、十番

の斑は三色絹布を表している。

五番の青雲と六番紫雲は、玉がはじけて絹布が落下しはじめると同時に、青や紫の煙が一緒に出る。九番の雷火は上空に上がりながら音が出て、その後次々と火花を散らすのであろう。玉のなかに「星」と呼ばれる小さな火薬玉を仕込んでいる。

暮れ時より「三貫目玉御筒　長サ四尺六分　羅綾火」が行われた。昼の相図で用いた木筒の半分ほどの長さだったが、内容は不詳である。

その後、夜の相図が行われた。全部で一二番ある。

一番　月光星　但、月一ツ白キ火星赤キ火数々
二番　三光　但、如二月日星一赤白火前ニ飛散ル
三番　飛蜂星　但、如レ蜂火飛散ル、数多散乱申候
四番　七曜　但、如二白星一火七ツ出ル
五番　花乱星　但、如レ星赤白火数多散乱

一番の月光星では、月のような白い火星と、赤い火が沢山出た、という内容になる。打上狼煙が上空で爆発し、大きめの白い星と、小さな多数の星が出たのであろう。ここで「白い」といっているのは、星に鉄粉を混ぜ輝かせたものであろう。赤い星とは、鉄を混ぜず、炭を混ぜて、オレンジ色の中

でも暗めの色を出した印象を「赤」と表現しているのである。

一から五番を見ると、火薬を主成分として作成した「星」を玉に詰めて作った点が共通している。現代の打上花火と基本的構造はほぼ変わらないものが上げられている。四番の七曜は白星が七つ、五番の花乱星は、赤と白の火星が数多く散乱する。六番は往来の火、七番は庭の月、八番独曜星と続く。六、十二番は三百目玉御筒、七、八番は八貫目玉御筒を用いている。その他は、荻野持参の筒を使ったようだ。

畿内で発展した荻野流

宝暦六年（一七五六）、淡島州府住の矢野専治安盛が著した『安盛流相図流星の巻』では、木砲と玉の寸法が明らかになっている（第四章、表2）。これと荻野の記録を比べると、荻野は矢野よりも長めの筒を用いたことがわかる。

一方、第四章でみた松浦静山が寛政元年（一七八九）に『甲子夜話』で書き留めた摂州尼崎の相図（狼煙）番付には、昼の相図で「煙柳」や「白竜　此絹長サ六丈八尺」とあった。夜の相図には「往来」が見える。番外の「庭月」「七曜」は荻野が上げた狼煙と名称が一致する。「両曜」は白星が二つ、「大乱星」は「花乱星」のようにたくさんの星が散るものであったろう。寛政元年に静山が摂州尼崎でみた相図と、寛政三年に江戸で大坂浪人荻野が披露した相図は、技術的に非常に近い。安盛流の矢野も淡路島で畿内近国なので、相図の技術は大坂周辺で一八世紀後半に興隆し、その評判を定信が耳にして浜御殿で上覧させるに至った、といえそうである。

また、加賀藩士津田政隣は、編著『政隣記』に七月六日の荻野流火術稽古の実施布達と番組《プログラム》を記している。『政隣記』は加賀藩の史実を時系列に沿って記録したもので、原本は三一冊である。

『政隣記』によると、この稽古は将軍家斉の上覧を賜ったこと、「大坂在住浪人荻野六兵衛并同人弟子共」が大筒狼煙等の火業を命ぜられたことがわかる。上覧を賜ったことで、荻野流は江戸幕府からお墨付きを得たのも同然となり、火術の主要流派となっていった。

『政隣記』では、先ほどの昼の相図の一番はこう描写されている（括弧内に比較のため『寛政三亥年御日記』を示す）。

一番　雲龍赤白二筋絹二疋　（一番　雲竜　赤白二筋　紅絹一疋　白絹一疋）

内容は同じだが、表現は異なる。政隣は自分の目で見たわけではなく、他の人の記録を国元で写したのである。

後に見る『在心流火術』にも、この荻野の砲術稽古が登場する。寛政三年（一七九一）七月六日は、火術稽古が全国でさかんになる契機となった。すなわち技術的に同じレベルの打上花火にとっても画期となったのである。

佃島沖での火術稽古

享和元年以降、幕臣ならば幕府に事前に届け出をすれば、江戸佃島沖で火術稽古を認められるようになった。確認できる記録だけで、三八回を数える。

①享和元年（一八〇一）六月二六日
②文化四年（一八〇七）六月二一日（風のため二二日に延期）
③文政三年（一八二〇）七月二七日
④文政五年七月一八日
⑤文政一三年七月二一日（御停止に付延び、八月三日に実施）
⑥天保二年（一八三一）六月二三日、七月二五日
⑦天保五年七月二〇日
⑧天保六年閏七月三日、一八日、二一日
⑨天保七年六月一九日、七月二三日、二五日
⑩天保一二年七月二〇日（雨天に付、二三日に実施）
⑪天保一四年七月二二日、二八日、八月二一日
⑫弘化二年（一八四五）七月一八日
⑬弘化三年七月二二日
⑭弘化四年六月二五日、二八日、七月二日、四日、二三日、二六日

⑮嘉永元年（一八四八）六月二五日、二七日、二八日、七月朔日、九日、一八日
⑯嘉永二年六月一一日、一九日、二二日、二五日、七月朔日、一八日

ほとんどが町触ではあるが、単に実施するというだけではなく、稽古の実施者が付記されているものもある。それを役職で分類してみよう（丸数字は、①〜⑯の稽古順と同じ）。

①西丸御小姓組　①大御番与組　①⑬小普請組（①三名）
③⑥⑨⑩⑪⑮⑯大御番与力（⑯二名）　⑦⑧⑨⑫⑬⑭⑮⑯西丸御先手与力
⑧御持筒頭与力　⑧火消役与力　⑨⑪御小姓組
⑪大筒下役組頭　⑬⑭百人組与力　⑭新御番
⑭⑮⑯御先手与力　⑭⑮御書院番与力　⑮⑯御持頭与力（⑮二名）
⑯御留守居与力（二名）

幕府の旗本は組頭の統率の下にある場合は、肩書きで○○組と称していた。ここでは西丸御小姓組、小普請組、御小姓組、百人組が該当する。組に編成されている旗本が火術稽古を行っていることが注目される。また、組の与力も多い。申請する者は、中小の旗本・御家人層であった。かれらは火術稽古の腕を積極的に磨き、免許を受けようと努力していたのである。

次に重要なのは、小普請組の者がいることである。小普請組とは、非役の旗本が配属される部署である。家禄は幕府から与えられるが、多くは役職を切望し、いろいろな働きかけを行う。そのような者にとって、火術稽古は積極的に取り組むべきものであって、役職に就く場合に評価される対象にも

なったと考えられる。

そしてこのなかには、著名な砲術家が二名いる。

⑦⑧⑨⑫⑬⑭⑮⑯　西丸御先手玉井藤右衛門組与力　浅羽主馬・筈之助

⑪⑮⑯　大御番頭大岡紀伊守御預与力（のち、与力）　森重武平

浅羽は中嶋流から分かれ流派を立てた。森重は合武三島流を名乗る、当代きっての砲術家であった。森重は流祖（靭負）が文化期に書院番与力になっているので、息子か孫の代であろう。

土浦藩士関流の稽古

著名な砲術の流派に関八左衛門之信が流祖の関流があり、土浦藩士関家が幕末までその流儀を伝えた。文政元年に記された「日記」と表紙にある史料を見ると、七月二六日、佃島沖で森重靭負門弟の火術があり、六代兵右衛門信臧《のぶよし》は門弟と共に鉄砲洲に出かけ見物したという記述がある。先ほど挙げた町触（①〜⑯）のなかにはないが、幕府からの各藩への触で情報を得て、見物に出かけたのであろう。

三日後には「今日、高輪沖にて門弟共と申し談じ、花火揚る」とし、別の史料ではこう記す。

文政元寅年七月二九日

高輪沖において海上船仕掛相図の次第

一貫目玉木筒にて船仕掛打揚

夜の相図

第一番　乱交火　関勝之助　第二番　火乱星　近藤亘理助

第三番　大蛸足　楢村進　第四番　落藤花　関勝之助

第五番　乱火　関兵右衛門　第六番　柳鞠　関勝之助

第七番　陵陽星尾引　近藤亘理助　第八番　雷轟　楢邑進

第九番　緑柳火　関勝之助　第十番　満天白　関兵右衛門

外に流星数知れず

以上　関兵右衛門

二六日に佃島沖の稽古を見学した帰りに「近藤へ寄る」とある。近藤とは、ここに名前の挙がっている「近藤亘理助」のことであろう。門弟の近藤、楢村と相談し、高輪沖で相図の稽古を行ったのである。

関が「花火揚る」と記している点が注目される。これは狼煙の稽古ではあったが、当代一流の専門家も花火と呼ぶほど、両者は区別を付けがたいものであったのである。また、流星を数え切れないほど上げているのも目を引く。一七世紀後半から隅田川で親しまれてきた花火が、武士の相図稽古でも使われた。

安盛流での大筒と玉の大きさの関係表をみると（表2、五四頁）、「一貫目玉木筒」は玉の径が二寸六分（約七・八センチ）となる。木筒は少し小ぶりだが、稽古の内容は安盛流や荻野流とほぼ変わらないことが名称から伺える。

稽古場所の設定

相図稽古の充実を図るためであろう、幕府は寛政七年（一七九五）に稽古場所を選定するため、江戸湾で生計をたてている佃島漁師に差し障りがあるか問い合わせた。ここでは、佃島の歴史的出来事をまとめた『佃島起縁誌』でその経緯をみていこう。

まずは、佃島の北、石川大隅守屋敷跡が「大筒打場」になることについて尋ねると、佃島月行事と名主は「差障迷惑」と答えた。人足寄場にも照会したが、同様の答えであった。

次に、佃島沖・芝沖・品川沖で火術を行った場合の差し障りについて問うたところ、たとえ稽古があっても一日のことなので差し障りはないと返答された。

六年後の享和二年（一八〇二）二月、小普請組配下の者より、夏に佃島から一〇町ほど沖合で「船軍術稽古」をしたいのだが問題ないかと問い合わせがあった。

漁師たちは、佃島から深川砂村辺りの沖合三〇町ほどは遠浅で、干潮時には干潟になり、澪に地元の船だけでなく諸国の船も集中するため、そこ以外であれば差し障りはないと答えた。澪とは、干潮でも船が航行できる深い水路のことである。この澪は、おそらく隅田川から流れ出る上総澪であろう。

翌三月、再度照会があった。夏と秋に佃島沖で「舟軍術火業御稽古」を二、三度実施するが、差し障りはあるかとのことである。二月の問い合わせでは「船軍術稽古」と言っていたが、今回は「火業」が加わっている。当初から火業も演習項目に入っていたのだろう。

漁師たちは、澪のそばで頻繁に実施するのなら往来に差し支えるが、その程度ならばとくに問題はないと返答した。こうして先に挙げた①享和元年六月二六日の稽古が実施された。実際の稽古場所は予定より佃島に近かったようで、火術稽古の様子を描いた浮世絵でも手前に佃島があり、干潟を挟んだすぐそばで狼煙が上がっている（口絵13・14）。また、稽古中であることを周囲の船が判別できるよう提灯と幟も掲げられた。『佃島起縁誌』の末尾は、これ以来毎年二、三度ずつ稽古が続けて行われたと結ばれている。②〜⑯の稽古も、「佃島沖およそ海上一〇町四方」でほぼすべてが実施された。幕府は漁師との「調整」を経て、稽古場所を設定したのだった。

江戸時代の武士は、剣術や槍術、馬術などさまざまな武術を身に付けて、身上書に書き加えた。そうした特技をアピールし、少しでも出世に有利になるよう考えたのである。さしずめ履歴書の資格欄のようなものといってよい。

地方で武芸を身につけるため師匠に入門した武士にとって、参勤交代は上達の絶好の機会であった。地方の師匠の師匠が江戸で門弟を取っていることもよくあり、紹介を受けて直接弟子入りして学ぶことができたからである。別の流派に入っても、それほど問題はなかったようである。①〜⑯には抜けている年もあるが、おそらく史料が残っていないだけで、『佃島起縁誌』が言うように毎年実施されていた可能性が高い。各地の武士は定期的に諸流派の稽古を見ることができ、狼煙技術の発展に資するところ大であった。門弟と共に見学した関兵右衛門のような者は、珍しくなかったのである。

松浦静山と林述斎

海防に関心があった静山は『甲子夜話』に狼煙や花火について、いくつか記録を残している。同書は文政四年（一八二一）一一月から同一〇年六月の間に書かれたから、記事に年月が記されていない場合でも、同時代の記録として検討が可能である。

芝の海浜にて年々のろしを揚るを予見物にゆくに、その師より門人まで皆武家の輩数人なり。始めは火術のことなれば、見置かば心得にもと思たるが、年々に見るほどに、相図約束の為にはならぬものにて、全く火戯の類なり。

芝（高輪）の海辺で武家の師と弟子たちが狼煙を上げているので、はじめは勉強になるかと思って見学に行っていたが、幾年経っても信号伝達機能としては不十分で、まったくの遊びになっている、と辛口である。

寛政の改革にあたり、学問所設置の建議を進めたことで知られる林述斎《はやしじゅっさい》も、最近、昼と夜相図が流行して広まり、幕府に申請して佃島沖で技を試みるのが夏の風物詩のようになっている。森重某によって始まったことが、今や砲術家は必ず行うような成り行きになってしまった、と嘆く。見学をしきりに勧めてくる人に、煙火戯《はなび》は奢っていて華やかではあるが、遊戯に過ぎず、支出も多い。幕府要路の者は、なぜこれを取り止めさせないのか不思議である。相図の色の相違が軍事に役立ったと聞いたことはない、と言って断ったそうだ。

そして、軍事調練は一〇匁以下の鳥銃を修練するべき、大筒の抱え打ちは無用、巨砲ならば車仕掛の類を用いるべき、と三点を指摘した。静山も「知言と言うべし」と納得の体である。

両者とも、相図稽古は派手だが、狼煙本来の情報伝達手段になっておらず、また大砲を用いてはいるが実戦には役立たないという見解で一致している。

一方静山は、尼崎の相図稽古を「いま江戸で行われているものと比較すると、大いに質実を覚える。これこそが武技火術の分派である」と激賞している。

鮭延は昼の相図、夜の相図、番外のみを引用していたが、『甲子夜話』での番付は、実は次のように始まる。

寛政元年己酉興業　　　　炮術番附
百目玉銃雑木板羽火箭仕掛　拾町之幕　奥山儀大夫
百目玉銃雑木板羽火箭仕掛　拾町之幕　安孫子喜右衛門　高久十三郎
庄田徳左衛門　米倉九左衛門

関藤九郎　田中純次
奥山九蔵　奥山儀平次
高宮清右衛門

火箭《ひや》とは、銃の先端に矢を付け、相手を攻撃する武器のことである。一〇町の幕を張り巡らせたなかで稽古する。以後、百目玉・三〇目玉の火箭の稽古が六種類、延べ一八人による稽古が済んだあと、昼の相図が始まる。昼の相図は、番外も入れて一一種類、延べ八人。その後、再度火箭が四種類、延べ一一人、次に銃稽古がなされている。これも三種類、延べ四人である。夕暮れになると、木砲を用いた焙烙玉稽古、銃稽古、最後に夜の相図で締める。火箭の着地の注進には、藩から派遣されたであろう「馬上の面々」八人が名を連ね、この稽古自体が藩主催に近いものだったと考えてよい。

ここでの相図は、火箭・銃・焙烙玉稽古の合間や終了前の余技であり、これらを総称して「武技火術」と表現しているのである。であるから、「火術」という言葉は、「戦いとしての武芸技術の鍛錬に資している」という主観的思いが込められている用語であり、その言葉が使われるとき、実際には相図稽古だけ行ったとしても、木筒を用い、黒色火薬を使用することで、海防能力の向上や吉宗・定信以来の武芸鍛錬という課題に応えているという自負が滲み出ていると後世の私たちは理解しなくてはならないのである。

佃島沖での火術稽古の限界

静山と述斎のやり取りから、佃島沖では幕府の許可が必要であったが、関流が実施した高輪・芝では無許可で火術稽古ができたと推察できる。管見のかぎり、佃島沖では幕臣しか稽古をした記録がなく、高輪・芝は藩士専用だったのかもしれない。

松平定信が寛政三年（一七九二）に荻野六兵衛にさせた稽古では、相図だけではなく実戦に近い町間打ちも行われた。静山が求めた実戦に役立つような訓練でもあったのである。しかしその後は派手な相図稽古だけとなり、武技的な要素はなくなっていった。

述斎は、相図は「奢っていて、衆を誑かす」と断定したが、筆者は、稽古が見世物になってしまったのはそれだけが理由ではなく、佃島沖一〇町四方という稽古場所にも問題はあったと考える。荻野六兵衛の実戦的稽古である海上船打では、海上の小船に目印の小旗を立て、五、六町離れてから打ち始め、最終的には一三、四町程まで離れて稽古をした。実戦的稽古には、一〇町を超えた距離があることが必要（もしくは望ましい）だったが、佃島沖ではその確保は難しかった。

また、海上ゆえ、尼崎で「馬上の面々」がしたような着地の確認とそれによる評価は不可能である。この点で、寛政七年に当初検討された石川大隅守屋敷跡であったなら、大筒打場の場所は手狭でも尼崎での稽古のように着地確認はできる。佃島沖は船の往来がさかんなため、相図を上空に向けて垂直にしか打てなかった。火術稽古を奨励した松平定信は、静山や述齋と同じ思いを抱いていたと想像するが、寛政五年には失脚していて演習内容にまで関与できなかったのであろう。

火術稽古の観賞

このような経過で、本来は火薬を使う術全般を意味していた火術という言葉が、相図以外の稽古はほとんどが形骸化したため、火術稽古イコール相図を指すようになっていった。

広重は、火術稽古のようすがわかる貴重な浮世絵を二枚描いている。「東都名所佃嶋夏之景」（口絵13）は左手に佃島漁師村が、手前には隅田川と内洋を行き来できる帆掛船がある。沖合の幟を立てた船が、煙を出す相図を打ち上げている。さらに沖には、外海を行き来する弁財船らしき四艘が見える。広重らしい、近景と遠景を組み合わせた構図である。

「東都名所之内　鉄炮洲佃真景」（口絵14）も構図は同じである。左手に佃島漁師村、手前に帆掛船、奥に幟を立てた船。しかし、左手前に見物の町人らが乗った、紅白と青白の幕を巻いた二艘が見える。相図は花火と同様、見世物だった。空には、白煙と黒煙、赤い玉二つを出す、三発の玉が打ち上がっている。

隅田川最下流に架かる永代橋からも見物できた。弘化四年（一八四七）七月には、修復中の永代橋から佃島沖の昼夜の火術稽古を見ようと詰めかけた群衆を規制する事態となった⑭。年二、三回行われる火術稽古は、夏の風物詩になったのである。

実際にどのように見えるのか、静山の観察を紹介しよう。文政九年（一八二六）七月二七日、西丸御先手与力浅羽筈之助の火術稽古は、一一代将軍家斉の二〇番目子女の浅姫が福井藩松平家に縁組し、霊巌島の下屋敷に住んでいたところ懐妊し臨月を迎えたので、佃島沖ではなく、浜海手沖（品川高輪沖）で実施することになった。

静山は高輪まで出かけて道行く人に尋ねたが、触は聞いたがどこで上げるのかまでは知らないとか、稽古があること自体知らないとか、答えはまちまちであった。しばらくして佃島の方角から筒音が聞こえてきて、遠くに小煙が見えた。ちなみに「佃島沖での火術稽古」①〜⑯にこの日の実施は記載されていない。相図の火なので、携帯した番付と比べると何となく判別できるが、黄赤も定かでないし、柳か鴉か、連竜か一竜かも分別がつかなかった。夜になって、また筒音がし、昼よりはましではあったが、物によっては見分けがつかないものが多かった。この火術は虚技で、軍用狼煙の類としかいえず、わずか一里（四キロメートル）余りで見分けが付かない。嗤うべきものだ、と酷評している。

事前に入手した番付を片手に観賞するスタイルは、寛政三年の荻野流の稽古のときと同様である。静山にせいぜい四キロメートル先から色や形の識別がつかないのは、大名であり軍事指揮官でもある静山にとって、はなはだ心許ない代物としか思えなかった。遠方でも意思伝達に間違いのない簡略化した信号にするのか、狼煙の間隔を識別できる距離にまで縮めるか（半里程度か）、いずれにしてもこのままでは実戦では役には立たなそうである。

軍事的には疑問が多い稽古だったが、佃島沖に浮かべた船や永代橋から見物する人々は十分満足したのであろう。泰平の世で異国船への不安などまだ実感がない時代、静山や述斎こそ何を言っているのだという声が聞こえてきそうである。狼煙を観賞する文化が育っていたのである。

昼花火の造形

明治三一年（一八九八）八月一日付の「読売新聞」は、文政一三年八月三日に佃島沖で行われた「合図の狼烟昼夜番組」を紹介している（図22）。この記事は両国の川開を五日後に控えた企画であった。六〇年後の史料ではあるが、当初は七月二一日に定まっていたが和姫君逝去の鳴物停止令のため延引という歴史的事実も正しく書いており、内容も信用に足るだろう（⑤）。

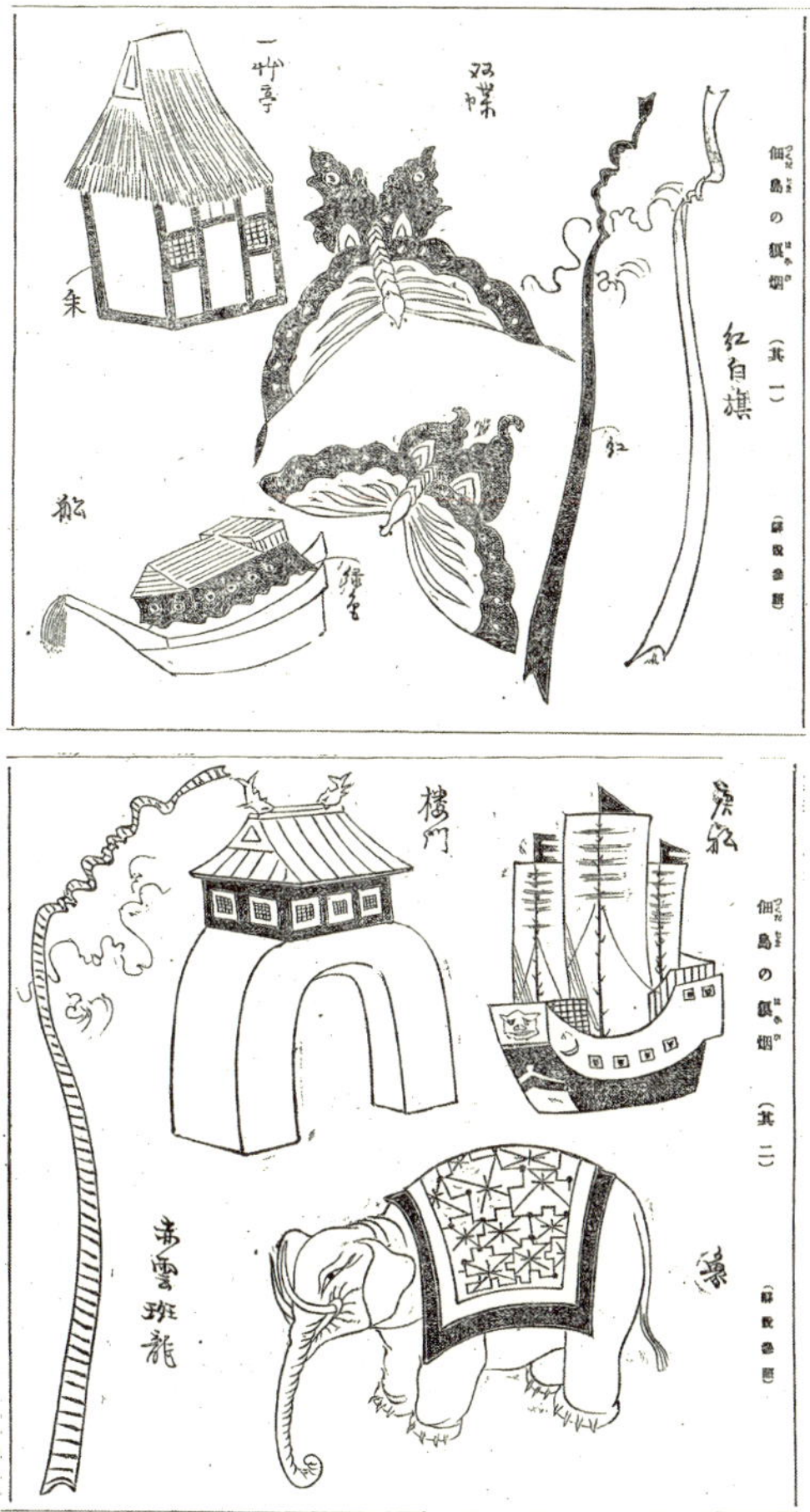

22 「佃島の狼烟《はなび》」挿図は，空中から降りてくる昼花火の造形をよく表している。明治31年8月1日付「読売新聞」。

昼の相図は二七番、夜の相図は一八番、火箭横打はない。その一部を見ていこう。

一番　紅白旗　長一丈
幅二尺四寸

八番　双蝶　雄二丈
雌一丈

二六番　一竹亭　高一丈五尺
幅一丈四方

二一番　舩　高一丈
幅二丈五尺

十七番　唐舩　高二丈二尺
幅一丈六尺

十五番　楼門　高一丈八尺
幅一丈二尺

十三番　象　高二十二丈（二丈二尺）
幅一丈二尺

三番　赤雲斑龍　長二丈
幅六尺

図には、紅白旗には「紅」、一竹亭には「朱」、舩に「緑色」と色の注記があり、記者が手に入れた番組《プログラム》は挿絵入りだったことを窺わせる。一丈＝一〇尺（約三メートル）であるから、紅白旗は長さ三三メートル、幅七二センチの大きさとなる。唐舩は高さ六・六メートル、幅四・八メートル。いずれもかなり大きい。

挿絵はない品目だが、「二三番　力士　高一丈五尺、幅七尺」には「足踏みつゝ降り来る」と、相撲取が四股を踏む動きをして降りてきたと書いてある。いずれの挿図もそうであるが、ユーモラスな造形を観賞者が求めていたと想像させる。稽古を申請したのは長崎代官高木内蔵助であったが、実際はオランダ人が花火師だったと噂になるほど唐船や象の挿絵は長崎の船来文化を思わせる。これらの製作方法については、後ほど見ていこう。

相図稽古の終焉

天保一四年(一八四三)の天保改革の折、次のような達書《たっしがき》が出された(出された月は不明である)。「幕府要路の者は、なぜ火術稽古を取り止めさせないのか」と主張していた林述斎が聞いたら欣喜するような内容である。

佃島沖で毎年揚火をしている者たちは、最近は玉揚(相図)の方が主のようになっていると聞き及んでいる。本来、揚火とは、火矢(箭)の方が実用的であることは言うまでもなく、実用の心掛けが乏しくては、ゆくゆく武用のためにもならない。今後は諸流ともに修練を第一とし、実用の方を手厚く心掛けるように

改革を主導した水野忠邦は同年閏九月にいったん失脚するので、これを命じたのが忠邦だとは断定できないが、相図稽古は奢侈の極みとして火箭を重視する姿勢を示したと考えたい。ちなみに、南町奉行として改革の指揮を執った鳥居耀蔵は述斎の子である。

注目すべきは、天保一四年八月一九日(⑪)の稽古では、佃島沖一〇町四方に追加して、「昼夜南

方一〇町幅六間の場所」も設定されていることである。火箭を重視して、稽古場所を拡げたと考えられる。稽古場所を拡張した事例は、これが唯一である。

嘉永元年（一八四八）八月一六日、老中阿部正弘から大目付宛に書付が出された。

最近また玉揚が主になり、（火箭）横打はまったくといっていいほどなくなってしまった。所詮火術は、武備専用の業であり、世間の評判に惑わされ（名聞に拘り）火箭横打の数が少なく実用の心掛けが乏しくては、修行の甲斐もまったくない。卯年（天保一四年）達書の趣をよく弁えて、武用専実の処を銘々が励み熟練するように特に心掛けよ

趣旨は天保一四年達書と同じだが、相図は不要とでも言いたげである。

そしてついに嘉永六年六月二一日、老中阿部正弘より大小目付を通じて、大名旗本らに相図稽古を停止するよう達書が出る。同年六月三日、ペリーが浦賀に来航している。

佃島沖ならびに徳丸原での、火術昼夜合図打揚稽古については、願い出ている者もいるが、今年は取り止めとする。もっとも、海上での横打と徳丸原での大筒稽古はこれまでの通りと心得るように

今年は取り止めとあるが、幕末まで復活することはなかったようだ。松浦静山、林述斎らのもっと実戦的な演習をという主張は、ペリーの来航により、実現を見たのである。寛政三年からおよそ六〇年が経っていた。

第十章　武士の技術書と昼花火

『在心流火術』と山口義方

第六章で『花火秘伝集』を分析し、打上花火以外の技術を網羅した（しようとした）技術書であったと結論づけた。こう考えることにより、江戸時代の花火の技術を体系的に理解できるようになった。本章では、武士の火術についても体系的な技術書を分析し、理解を深めていきたい。そこで『在心流火術』を取り上げる。

同書は、文政七年（一八二四）、山口八十八《やそはち》源《みなもとの》義方《よしかた》が記した横半帳九冊。写本ではなく、義方自身が著したものが現在に伝わっている。内容が極めて体系的で、火術書の『秘伝集』ともいうべき位置を占める。

著者の山口義方がどういう人物か、その手がかりは少ない。本書内で著者の経歴が伺える記述を探すと、凡例に「自分は、参勤後（定府）森重先生に付いて、合武三島流を学んだ」とある。また「当小浜では」と記している箇所がある。義方は若狭国小浜藩士で、参勤交替を機に森重靭負《もりしげゆきえ》の弟子となって合武三島流を学び、のちに一派を作り在心流と名付けたのであろう。長門流の土器玉や美濃国での玉皮の作り方も書いてあり、江戸への道中か旅先で相図の研究に勤しんだと考えられる。

在心流とは、宋の岳飛の「陣而後戦者兵家之常也、運用之妙者在レ存二乎一心一」という言葉に由来する。「所詮、法は法として立てても、その斟酌は精神の活用にあるので、心を活用することこそ法の法（原則）とせよ」との師・森重靭負の教えを心に置いて多年火術を試み続けたので、流派名としたという。本編の末尾に「余は火術に志を尽くすこと累年なり」とある。義方は火術に一生を捧げたのである。

全九冊は内容的に二つに分かれる。第一等・第二等・第三等極意天之巻・第三等極意天之巻附録・第四等極意地之巻・第五等極意人之巻の六冊と、秘伝抄上・秘伝抄下・極秘伝抄の三冊である。冒頭に、「在心流火術」もしくは「火術」が付く。第一等から第五等は本編、秘伝抄上下と極秘伝抄は応用編という位置付けになろう。師から伝えられた火業（火術）を選び、五等に分けて子孫や同志の者の一助にもなれば、と執筆動機を述べる。そのため『秘伝集』と同様、口伝やあいまいな箇所はほとんどなく、体系的な記述となっている。在心流を評価した部分では、自分の火術は新たな発明の業は少ないが、一方で世間にもあまり珍しい火術を見ない、と自信を見せる。第一等・第二等は師伝で、第三等から第五等（天地人）は自分の功であるが、これも師伝に妙があったからであり、この成果を超えて見せよ、と後進を叱咤する。

義方は何らかの事情で、自分の技術を直接弟子に伝えることができなかったのかもしれない。弟子がいれば、すべてを書き遺す必要はないからである。今後、義方や在心流にかんする研究、写本の有無によって、さらに事実が明らかになるだろう。

『在心流火術』の体系

『在心流火術』で紹介される相図を表4にまとめた。第九章で見てきた相図の名称が多く並んでいることがわかる。用途別に、昼の相図、夜の相図、竜勢、技術的項目、の四つに分類することができる。ほとんどが相図で、ごく一部竜勢がある。

義方は「竜勢は手軽で打上の音も、発射の音もなく、打上の及ばない業である。場所によっては調法な相図であるから、鍛錬すべき業である」という。また、自派では矢揚・矢往来・竜勢の鉄筒は用いないとも述べており、火箭もここに含まれるのであろう。義方にとって火術とは相図と若干の竜勢のことであり、実戦的な火術を重視する同時代の松浦静山や林述斎、のちの阿部正弘らとは対極の考えであった。

義方は自身の理想の相図についてこう述べる。「昼は袋物か、蛟旗か、色がある雲か、煙竜か（がよい）。夜は、大星か、火竜か、段発星か（がよい）。幽玄で微細（幽微）な業は行うな。また、奇数や偶数を、相図の約束事にするのはよくない。増減することがあるからだ。また、地上まで火が降りてくる様にするのはいけない、見る方の騒ぎになる」と。美しいとか綺麗だとかよりも、わかりやす

表 4 『在心流火術』の体系

	第一等	第二等	第三等 天之巻	第四等 地之巻	第五等 人之巻
1	銀河星	白煙柳	鞠	筒仕掛方	紫煙
2	白照星	雨足	宝珠	伏道火	赤煙
3	大白星	玉煙柳	瓢簞	玉早仕方	黒煙
4	金星	白煙竜	吹貫	星早仕立	換煙柳
5	落梅火	白雲	䨲	昇降煙竜	旧蛟
6	粟散星	引出	雁	色雲三段発	煙輪
7	炎錦	黒雲	筆	中発蛟昇降	傘※
8	明陽光	青雲	筍	独蛟二段発	活鳥※
9	柳火	黄雲	矢	黄煙	早揚
10	柳露	赤雲	鑓	青煙	長道火
11	赤流火	紫雲	鯉	彩煙	紙砲
12	競火	彩雲	幔幕	煙竜吐雲	二重発
13	蜂火	雲雨足	掛物	双蛟吐雲	七度聲
14	獅子頭	旗蛟	煙柳鞠	群蝶	索風柳
15	乱獅子	雁鷺	煙龍珠	煙子母竜	分火
16	白頭獅子	雲蛟	双玉	庭月	叢月
17	火竜	泄雲蛟	吹煙蛟	月解星	柳火昇降鞠
18	吹雪	曙	昇煙	蘇鉄	金烏還露
19	火雲	雁散橋	吹篭道	芭蕉	玉簾
20	光暉	群蛟	揚薬割	檑櫚	昇降火竜分身
21	火乱星	子母竜	玉目割	昇降火竜	同泄星
22	花乱星	雷鳴	薬割	玉吐竜	同泄雲
23	夕陽	光雷鳴	道火割		三重発
24	猛烈	雲雷鳴	短速道		藤火
25	燭曜	雨足雷鳴	連玉		赤頭火
26	砂子	赤発雷	木砲造		黄火
27	時雨	道火	蟠竜		青火
28	煮紙	早撚	金星残火		赤火
29	煮芋	段発	玉追竜		暁月
30	早煮紙	狂薬	飛蝶火		宵闇
31	遅煮紙	魚遊火	蛍火		星逢
32	白煮紙	白頭火	柳絮		大文字
33	挽紙	変光火	于網		変光七曜
34	追出	鼎足火	炎竜		光旗

35	竜勢	雷電	昇火
36	玉側造	光雷鳴	
37	輪間	四方玉※	
38		分レ龍勢※	
39		車輪※	

■：夜
▒：昼
□：技術的項目

注：第三等天之巻附録と秘伝抄上・下，極秘伝抄は省略。
　※は竜勢の項目

いことと、間違った情報を伝えかねないものは事前に排するべきだ、というのである。火術を敵の殺傷まで含めるか、情報伝達に特化するかに大別すると、義方は後者の立場であった。

相図玉の構造

打上花火は、筒から上空に飛び出した玉がほぼ頂点に達したときに玉の中心の割薬が爆発し、その周囲に詰めた星が一斉にはじけ燃えながら造形を描くものである。空中を飛んでいる間に玉の中の道火を火が伝い、玉の中の割薬に点火しその周りの星に着火する。構造としては、道火・割薬・（火を伝える）蒔薬の三つがとくに重要である。この仕組みを『在心流火術』はどう記しているかを検討しよう。

同書は、おおむね体系的に記述しているが、道火の説明は十分とはいえない。これは、言うまでもない事柄だったからなのか、これだけは秘しておきたかったからなのか、不明である。夜の相図については、玉の内部構造の図もない。そこで第一等の最初の項目で解説される「銀河星」の製作法をたどりながら、この点を見ていこう。

銀河星とは、六寸玉（直径一八センチメートル）の中に、図23のような黒色火

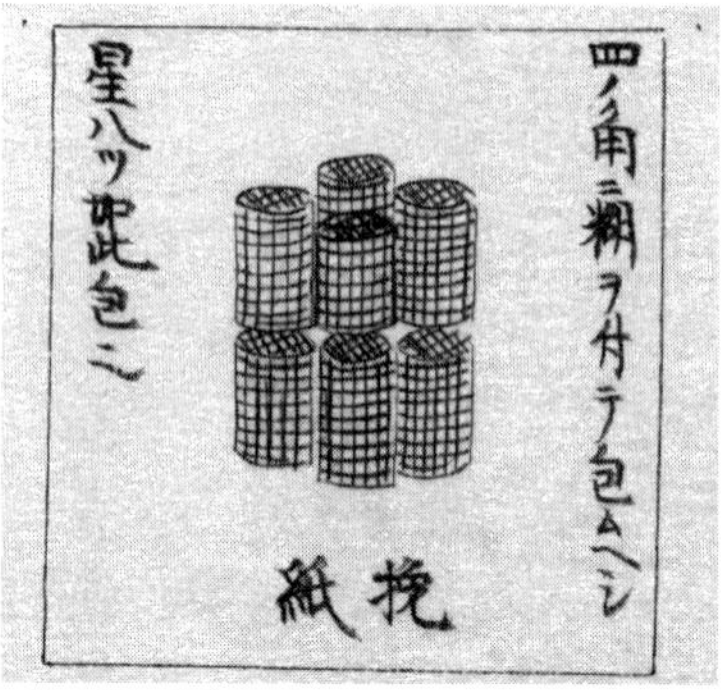

23　銀河星の「星」

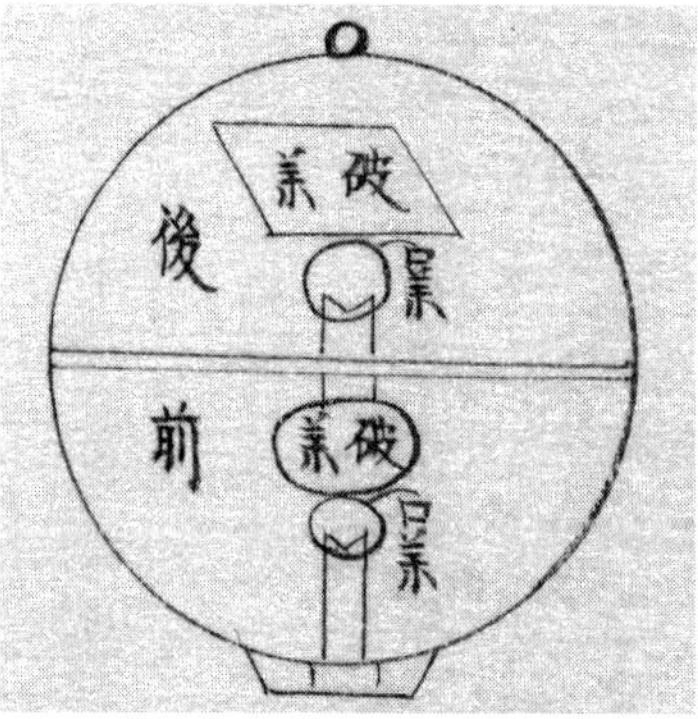

24　二段発

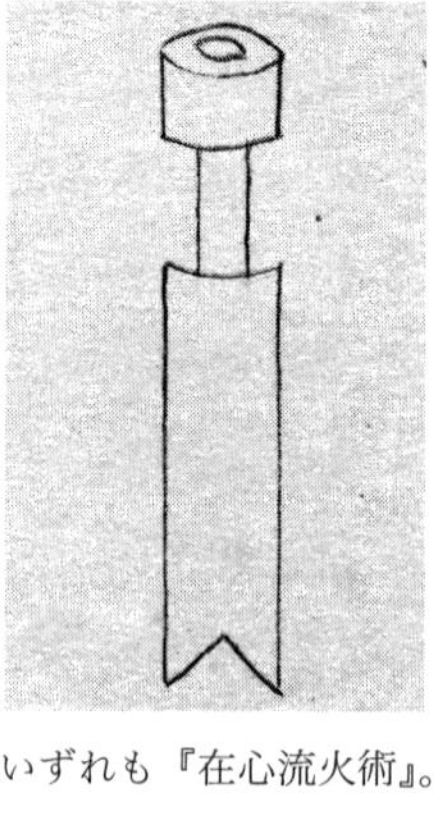

25　道火

いずれも『在心流火術』。

薬でできた八つの「星」を挽紙に包み、それを複数玉に入れて「業《わざ》」とする。「八つ包む時、「蒔薬」の内を八つの中に少しずつ蒔くなり」と、着火しやすいように蒔薬を入れると説明する。また、業は少なめにして玉の中に隙間を作らなければ、火が燃え移っても「破薬」の近くにしか着火しない。（逆に）蒔薬が多すぎれば、火は一気に玉内を巡るが、勢いのために火が吹き消されてしまって星に十分着火しない、と言う。このように打上花火の構造を前提に叙述を進めるとともに、物質の燃焼には適切な空気（酸素）量が必要であるという化学的知識も経験的に体得している。

次に、全体の構造を見るため「二段発（段発）」を見てみよう（図24）。その名のとおり、前段と後段に別の業を詰め、空中で開放する。図下部の玉皮から口薬の楕円形に刺さっているのが、竹で作った道火である。口薬を間に挟み、破薬（前段）があり、さらにそこから道火、口薬、破薬（後段）という構造である。『在心流火術』には二段の図しかないが、これが「一段」であれば打上花火の構造とまったく同一になる。

道火は詳細に説明されている。篠竹を加工し、玉皮分の厚みを削って先から口薬を詰め、尖った部分（矢筈）が口薬を介して破薬と接触する（図25）。

以上、破薬（割薬）、蒔薬、道火とも、現在の打上花火と同様の構造を有するのが在心流の相図であった。これまで見てきた宝暦年間の安盛流や寛政年間の荻野流も、木砲や玉、番組での名称など在心流と近似しており、一八世紀半ばには、武士の相図は現在の打上花火と同じ構造・技術によって作られていたのである。

昼花火の造形と評判

文政三年の狼煙稽古の事例では、象や唐舩、力士といったユーモラスな昼花火が番組に載っていた。これらの業の製作では、どのような点が留意されていたのか、「鯉」を例にして検討しよう。

第三等極意天之巻には、「八枚縫い、合わせ目に鰓《えら》と鱗《うろこ》を描いて彩色する」とまずは型紙が示される。下は頭、上は尾である。大きさは約四メートル二〇センチ。縫製後の図では、一重の背鱗を付け、左右とも一重のヒレを付け、頭から空気が入る場所を空けるなど、細かく指示する。総重量が三七五

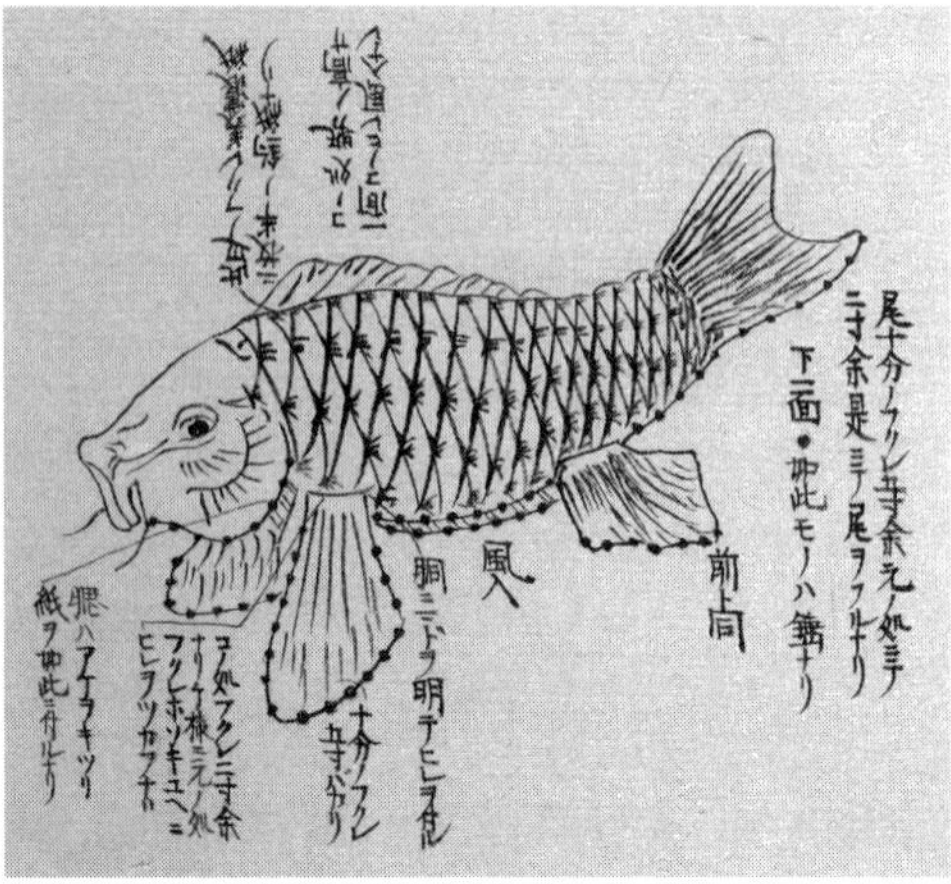

26 『在心流火術』極秘伝抄「鯉之事」では，風入やヒレの付け方などの説明が詳細である。

グラム（百目）ならば、一三〇グラム（三五匁）くらいの重りを口や内腹の辺りにつけて、ふんわり降りてくるようにする（カエラサル様ニスル也）。

極秘伝抄でも「鯉之事」の見出しを立てて、さらに細かい工夫を伝える（図26）。こだわりのポイントは、頭が少し低く、しかし全体としては水平に空中から降りてくるようにすることと、胸びれ、腹びれ、尾びれが膨らんで、ちゃんと魚の形に整っていることである。図の黒丸（●）は錘である。尾びれの先を太くして、元を細く膨らませることによって、尾を振り、連動してひれも動く。「（力士が）足踏みつゝ降り来る」の鯉版である。

大がかりな昼の相図には、このようなこだわりを持った技術的裏付けがあったのである。

相図の流派を自称するほどの者が、なにを重視していたのかを見ていきたい。

第一等「燭曜」という業の製作法に続けてこうある。「御府内にある荻野流の独曜という業はおそらく、これと同じものであろう。燭と獨の文字は草書体では篇が似ているので、火と犭の写し間違いであろう。しかし、その業を見て論ずるとき、獨ということは適切ではない。青・黄・赤・白の星一つこそが独曜というべきである」。要は、独曜という名称にするならば星は一つでなければならない、と荻野流に苦言を呈しているわけである。

第五等人之巻で、昼の相図の「赤煙」について「文政六年佃島沖で、赤煙の組み合わせ法として赤煙竜珠を打ったところ、人びとは赤煙を名乗った上で赤い煙を打った（出した）最初であるとか、昔から名前があってもその業はいまだ見聞していなかった、などと言ったものだ」と語る。義方が初めて赤煙を世に出したと主張している。番組に「赤煙竜珠」と記載し、その名前にふさわしい業かどうか、見物客たちが評価するのである。人々の関心がどの辺りにあったのか、よくわかる。

世間の評判は当然、弟子入り希望者の増加に直結し、流派の隆盛にもつながる。地味な船上横打よりも、相図に力を注ぐのは仕方のないことであろう。

『南蛮流火術花火伝書』の内容

もう一つ、火術の技術書を検討しよう。こちらも、『在心流火術』全九冊と同様、内容が極めて体系的で、検討する価値がある。この『南蛮流火術花火伝書』（以下、『南蛮流』とする）も文政六年（一八二三）に記された。宮坂勘左衛門尉藤原重光から井高孫兵衛に与えられた免許状である。「花火の巻」「流星の巻」「火術相図の巻」の三函に二軸ずつ入れられている。六軸の内題は、以下のようになる。

「花火の巻」函　①南蛮流火術花火目録　②南蛮流火術花火免許

「流星の巻」函　③南蛮流花火流星目録　④南蛮流火箭相図免許
「火術合図の巻」函　⑤南蛮流火術夜之相図免許　⑥南蛮流火術昼之相図免状印可

堂々と花火を免状の題名に謳っているのが第一の特徴である。火術・花火・火箭・流星・昼の相図・夜の相図と、これまで検討してきた花火と火術の重要分野がすべて網羅されている点にも興味がそそられる。

①では冒頭に、天文一二年（一五四三）大隅国種ヶ島に南蛮の船が到着し、島の者へ鉄炮目録を伝授して以来の由緒が述べられる。中の一条に「時の一二代将軍足利義晴は花火を好み、それは現在の六貫目玉昼夜相図であった、これは諸流にて秘するところの火術であるが、追々極意を教授し印可（免許）を与える」とあり、野敷（屋敷）花火の事、庭花火……と続く。巻末では「入門の一紙を守り、少しも背かぬこと」と念を押し、宮坂から井高への宛書で結ばれる。そのため①が最初に伝授されたことは疑いがない。そして文脈から、②が続いて伝授されたと考えられる。

④は「小流星四分の法」で始まる。これは、流星が伝授された前提であるため、③④の順になる。そして、⑥は末尾に「今において貴殿（足下）には一塵も残らず伝授した。以後も修行に励み、以降伝授を望み修行に励む者がいれば、相伝するように」と皆伝と相伝許可に言及しているので、これが最終巻であろう。以上から、①から⑥の順に伝授されたとしてよい。

花火は火術の役に立つのか？

この順序からは、何が読み取れるだろうか。まず平易な技術から身につけ、最後に難易度の極めて高い昼花火を伝授することがわかる。これまでの知識で置き換えれば、『秘伝集』から入り、最後に『在心流火術』に至るということである。

では、花火と火術はどのような関係にあるのだろうか。在心流では、相図は幽微を排すると明言し、観衆を楽しませる花火とは一線を画していたからである。『在心流火術』で唯一花火といえるのは、極秘伝抄の「十二提灯」だけであった。

①の末尾には「花火を以て実と為し、火術を以て花火と為すは、我流の本意、治乱の趣旨」とある。戦乱の世でなく治まった世では、花火を実質的なものと考えて、花火の中で火術の訓練をするのは、むしろ望むところである、との意味になろうか。⑥の末尾にも、「我が家の火術は治乱による、治まれば則ち花火と言い、乱れれば則ち火術に用いる、元は同じ（一致）である」と同趣旨の文言が見える。『南蛮流』は花火を排除するのではなく、花火を火術の訓練の一環とみなしていたのである。

そして、③の冒頭では「花火は火術のついで（序）である、よって中流という、中の学は筒矢の形である。偏らずおいて、火箭第一とす」という。やはり火術を本位としているのは疑いない。「よって中流という」の意味は判然としないが、実用的な火箭を第一とするのは、松浦静山や林述斎と共通している。ただし、「火箭相図」と目録にはあり、相図の一種として『南蛮流』では位置付けていたようだ。

平準化していく火術の技術

『南蛮流』各巻の構成をまとめると次のようになる（〔　〕は宮坂による分類である）。

①南蛮流火術花火目録

〔野敷花火の事〕　線香　縷イ　手牡丹

〔庭花火〕　鼠　葭詰薄　梅の折枝　塩窯桜

〔節吹物〕　水仙　白菊　石竹　八重楓　大梨子　雪柳　都忘

秋の野　蓮花　金茶花

〔唐操の事〕　住吉踊　藤棚　松島　（中略）　雙品玉　十二提灯

祇園祭礼　大山桜　三国一

〔川花火手筒〕　玉火　柳玉　赤光玉　紫玉　（中略）　花紅葉

玉火五ヶ入　同三ヶ入　水業金魚　同銀魚　綾玉

野敷花火の線香は、現在の線香花火と同じであろう。庭花火は江戸市中でおなじみの子供花火、節吹物は竹筒を用いた噴出し花火である。唐操は隅田川の仕掛花火でされていた。川花火手筒の玉火も隅田川で上げられていた玉火である。「水業金魚」は、「東都両国橋夏景色」に描かれた「大いたち」のような水中での業物《わざもの》である。そして、多くの「唐操《からくり》」（仕掛花火）が図解で示される。「住吉踊」と

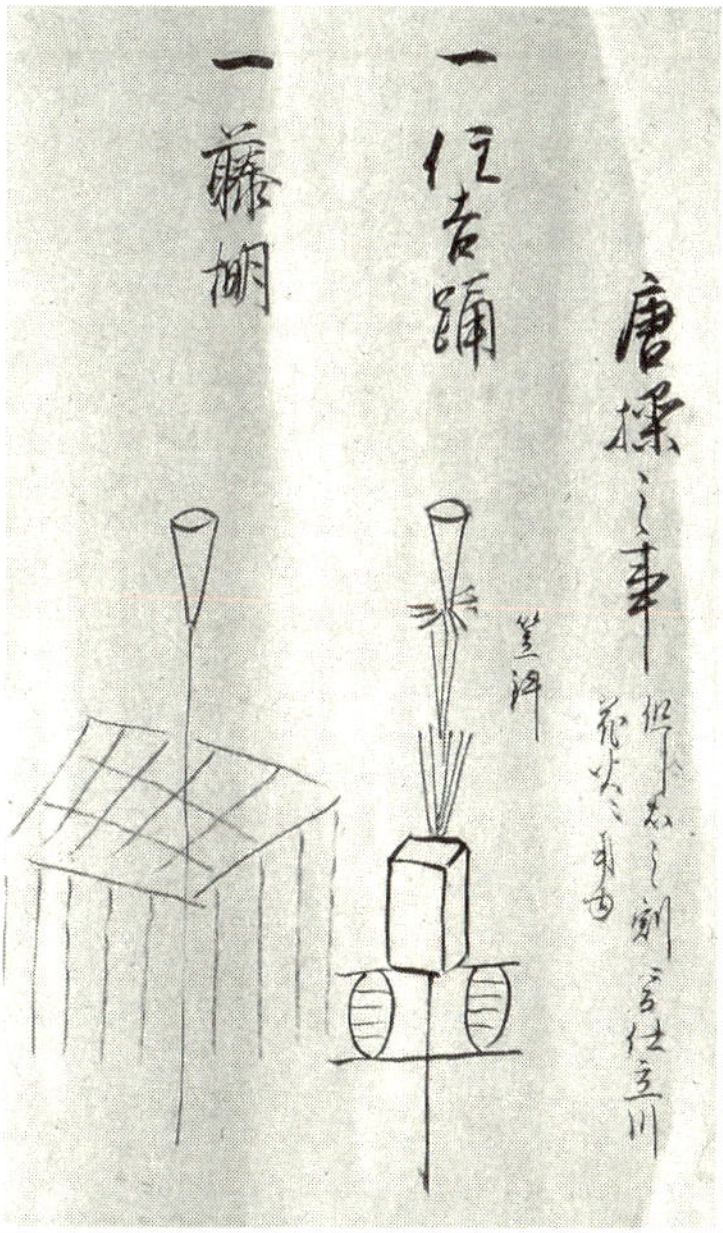

27　『南蛮流』唐操　住吉踊と藤棚

「藤棚」では、木枠の構造がよくわかる。頂点からは、火花が噴き出すのであろう（図27）。これらの作り方はほとんどが「口伝」となっており、詳しく記述されていない。

また、唐操の事には「川花火に用いる」と但し書がある。川花火手筒ともあり、両者は隅田川でのみ許されていたという触と一致する。江戸以外の都市でどのような規制があったかも検証しなければならないが、花火の巻は、あくまで市中や河川で上げる花火を想定していて、沖合でする相図稽古は念頭になかった。

②南蛮流火術花火免許

〔吹出緼玉二寸男竹筒并玉仕立〕　水玉　蜂巣立　唐織　咲分　柳火　打出し二寸玉

大水玉　千足温　時雨　群龍　垂柳　二つ分れ　三つ分れ　登り龍　下り龍

龍化星　玉吐龍　玉追龍　子母龍　月光　月光星　花乱星　赤光星　大錦

大柳　玉薄　金簾　金星　細柳火　紫星　銀河星　壁瓑《（歴）》玉　水晶簾

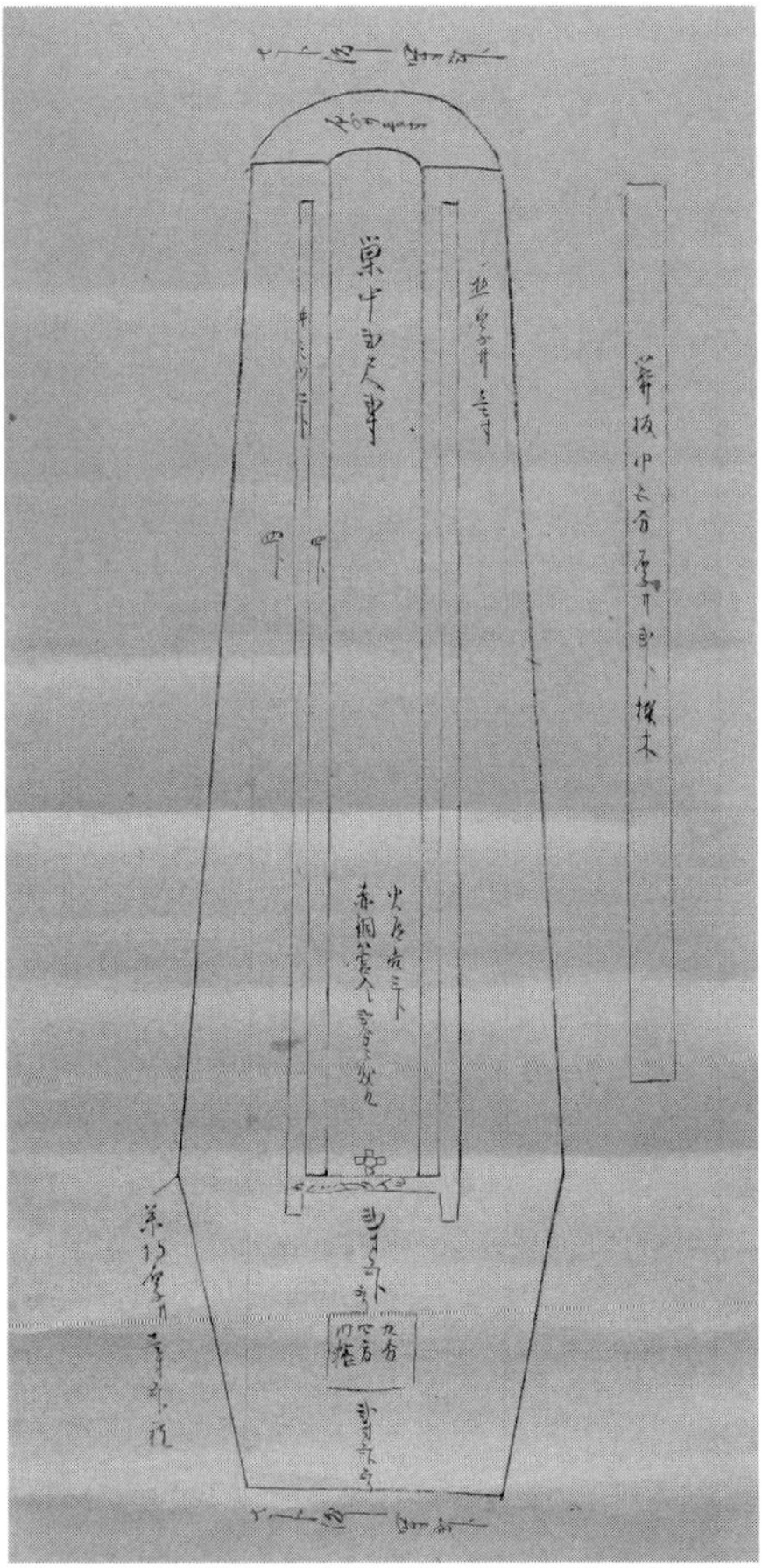

28　南蛮流火術花火免許では，２寸玉用木筒の製作法を伝える。

琥珀簾　引道紙　煎紙　黒道　道管竹

〔打薬の法〕　保印　夏印　嶮山　北斗　錦風子　大風

ここに挙げたほぼすべてが口伝もしくは内容の説明がない。「大風」の後に、二寸玉用木筒が大きく精密に描かれている（図28）。

そして、内轄、通し道穴、鏡板桂木、箇出来上りの図、筒掃除竹、玉張り候紙、二段玉四時紙六ツ切六篇張り、弐寸玉出来上り之図、縊り玉弐寸之図等の製作図が続く。花火名が列挙されたページに図がないので、どのようなものだったのかは明らかではない。しかし、花乱星や銀河星といった『在心流火術』にもあった名称から、昼ではなく夜向けの二寸玉の製作法であったのは間違いないであろう。二寸玉打上花火の筒と玉の仕立て方を伝授した巻だと考えてよい。

②の内容は、江戸町触にあった「相図同様大造の花火」そのものである。したがって、①と②で市中花火と隅田川花火の技術をすべて網羅したものと評価しうる。

③南蛮流花火流星目録

〔花火流星の事〕　人道一の法　半の事　女竹波を去り苧にて巻　薬込三折の事　半通しの事

上薬三分一の事　通し穴三一の法　釣合三の事　篠竹付半の事

子式紙奉書煎紙　筒持出し三分　風切り厚紙

〔目録番付〕　折返し流星　下り火　明星　二光　三光　四方引　五光　六曜玉蜂

七曜　八足虎　九曜　群龍　千筋　千足温　両頭引　三つ引（中略）

赤簾　紫簾　小斗星　昇降星　千本流星

〔上り薬の法〕　保印　粟印　朝嵐　利印　黒新印　黒木村印　白桑印

引道薬　煎紙の法

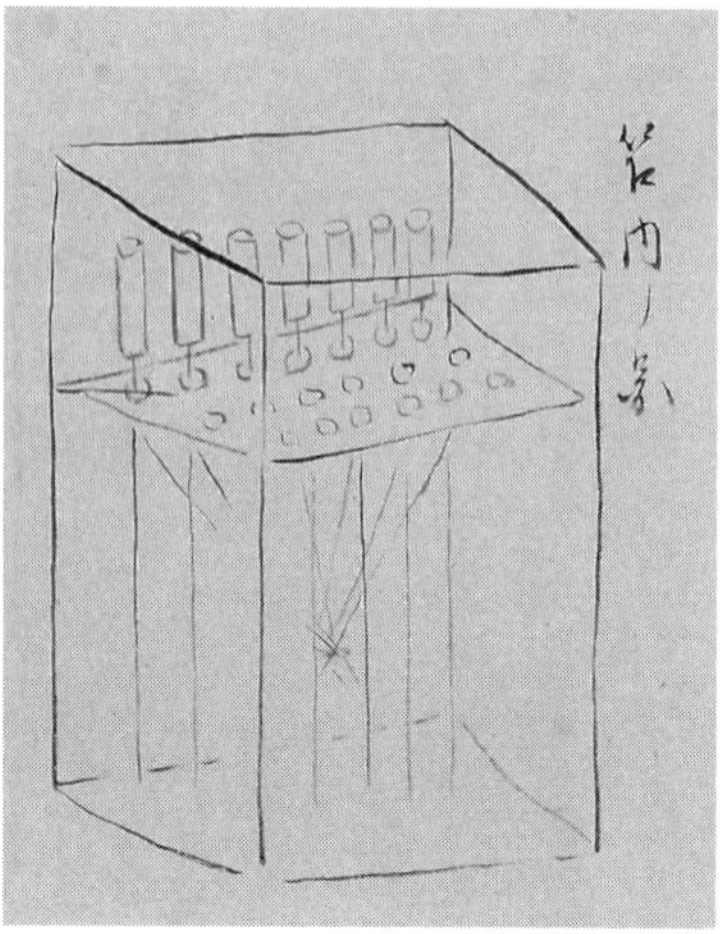

29 『南蛮流』「千本流星」箱内の図。20本ほどの流星が一斉に発射される。

花火流星の事は、流星の製作法だが、ほとんど「口伝」とされている。目録番付にも、流星の名称が五七種挙がっているが、「口伝」と付記されているのがほとんどである。千本流星には図があり、函に大量の流星を入れ、繋いだ道火で一斉に発射する形式のようだ（図29）。流星は、一七世紀半ばから江戸町触に登場するが、一度に複数発射したり、多方向に飛び出すなど時代を経るに従い進化していった。上り薬の法は発射火薬の成分や流星本体の材料についてだが、これも「口伝」と添えてあるだけだ。

④南蛮流火箭相図免許

この巻は宮坂が細かく分類しているので、まずはそれを示そう。

〔小流星四分の法〕〔中流星六分の法〕〔太図八分の法〕〔紙筒打波の法〕〔蝶火の法〕

〔下り火の法〕〔竹簾の法〕〔蜂火の法〕〔揚柳薬の法〕〔白玉薬法〕〔上ヶ薬の法〕

これに続けて「右の心得、流火矢・火箭・昼夜相図・流星の皆伝免許の心得として伝授（披見）す

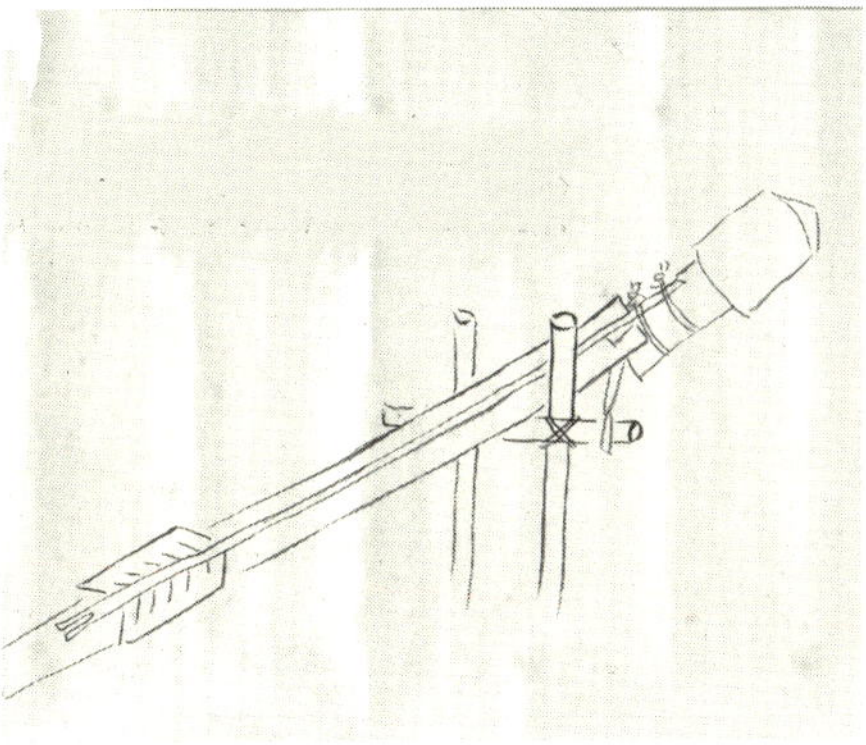

30　『南蛮流』では，殺傷兵器である「火箭《ひや》」も伝授された。発射台に装着された図である。

る」とある。

次に「山本軍戦陰陽相図三才流火箭極秘印可之巻」とあり、これは「山本軍戦陰陽相図」と「三才流火箭」という、『南蛮流』とは別流派の内容と思われる。いずれも相図の木炮や火箭が図入で示してある。最後に、〔薬法并昼夜の業〕を箇条書きしている。

注目すべきは、これまでの技術書にはなかった火箭が伝授されていることである。火箭の先に部品を付け、殺傷能力を高めている方法も伝授している。図30は、発射台に装着した状態である。

⑤南蛮流火術夜之相図免許

〔六貫目玉金筒玉揚夜の相図〕　玉連星　独曜星　集星　月光星　星　花乱星　星下り

火柳星　飛蜂星　庭月　日月　三光　七曜　九曜　二段発

通し道鉄物の図　古道の法　道薬の法

⑥南蛮流火術昼之相図免状印可

〔六貫目玉金筒昼相図玉揚〕　雲龍赤白　鳳礴　群龍　群鳥　雷火　赤雲

又張抜き波の事　赤雲龍　紫雲　紫雲龍　黒雲　煙柳　二段発　二段発発し玉の図
落葉　班龍
〔六貫目玉木筒の図〕
〔木筒鏡金の図〕　打薬の事　打薬の法　黒道　青火赤紫　黄柳
巣口にて目方を知る事

夜の相図の独曜星、月光星、花乱星、庭月、昼の相図の雲龍赤白、群龍、群鳥、紫雲などこれまで本書で目にした名称も多い。この二巻には「口伝」の文言は見あたらず、丁寧に解説しているのも特徴である（口絵15）。⑤と⑥は皆伝を与えられる者にしか伝授されなかった。師弟の信頼も深まっているると考えていいのだろう。

玉は径五寸三分を前提としており、六寸であった『在心流火術』とほとんど変わらない。技術水準も在心流と遜色ないと見られる。相図の流派に個性はあっても、各自の研鑽と技術交流によって互いに切磋琢磨し、全体に改良を遂げながら平準化していったと評価できる。

技術書の三つの型

本書で体系的であるとして検討してきた三つの技術書は、いずれも文化・文政期（一八〇四〜三〇）に出版・著述・伝授がなされたものであるから、内容の違いを同列で比較しうる。一覧にすると、

『花火秘伝集』「小型庭花火」「噴出し花火」「玉火」「流星」「仕掛花火」
『在心流火術』「夜の相図」「昼の相図」「流星」（「仕掛花火」）
『南蛮流火術花火伝書』「小型庭花火」「噴出し花火」「玉火」「流星」「仕掛花火」「打上花火」
「火箭」「夜の相図」「昼の相図」

となる。傍線は当時農工商にも認められていたもの、それ以外は武士が行うものである。
『花火秘伝集』は観賞用花火の典型的な技術書と位置付けることができる。これに「打上花火」を加えれば、農工商がしていたすべての花火を網羅する。

一方、『在心流火術』は、武士の相図に特化した書である。「火箭」がないが、佃島沖などで主になされていたのは相図稽古であったから、相図の技術書として典型的といえよう。

そして『南蛮流火術花火伝書』は、武士の技術書であるにもかかわらず、相図に加えて、将軍や藩主への観賞用花火、一部の海防に熱心な藩主などから高く評価されていた「火箭」を含む、花火・火術全般の技術書といえる。

第十一章　大名の花火観賞

田安徳川家文書

田安家は、享保一六年（一七三一）正月、八代将軍吉宗の次男宗武への賜邸に始まる御三卿筆頭の家柄である。同家の史料は国文学研究資料館に架蔵され、目録が作成されている。その中に「永代浜丁箱崎御花火番附」はあった。

この史料は、武士の花火の記録としては詳細で、また一〇か年分もあって分析する価値が高い。横半帳（横長の和紙を半分に折り、さらに半分に折って綴じた、ノートのような史料）は、次のような内容で始まる。

享和元年七月二九日
永代新田御花火番附

打揚　流星　手灯
　　白玉
　　虎の尾
　　赤熊

享和元年（一八〇一）に永代新田で披露された花火の番付で、打上花火・流星・手灯の三区分があって、白玉・虎の尾・赤熊の順になされた。永代新田には御三卿一橋家抱屋敷があり、庭園があったと考えられている。抱屋敷とは、幕府から賜った屋敷（通常、上屋敷・中屋敷・下屋敷）とは別に、自ら百姓地を購入し、年貢を村に支払いながら武家地として使用する屋敷のことである。

どうして田安家の史料に、一橋家屋敷での花火の様子が記録されているのか。この点を理解するために、当時の将軍家周辺の親族関係を見ていこう。

一橋家の隆盛

明和九年（一七七二）と安永四年（一七七五）、西の丸山里御庭で「大納言様」の花火上覧があるので「あかり」が見える予定だと市中で触があった。次期将軍に決定したら西の丸に入る慣例があり、上覧したのは一〇代将軍家治の長男家基《いえもと》（宝暦一二年〈一七六二〉生）であった。明和三年に大納言に就き、同六年西の丸に入った家基は、順調に将軍職を継ぐはずであったが、安永八年に死去した。

将軍家治が天明六年（一七八六）八月に死去したため、翌年四月に、一橋治済《はるさだ》の長男家斉が第一一代将軍に就任した。家斉は安永二年生であるから、就任時わずか一四歳であった。将軍補佐職に奥州白河藩主松平定信が就き、その後寛政の改革へいたる。

将軍実父の一橋治済は寛政一一年（一七九九）に隠居し、浜町に邸宅を賜る。文政一〇年（一八二七）に没するまで隠然たる力を持ったと考えられる。一橋家は治済の六男斉敦が相続し、神田橋邸と呼ばれた。

田安家は、二代治察《はるあき》が安永三年九月に没したあと、明き屋形となっていたが、天明七年に治済の五男斉匡《なりまさ》が入った。享和元年当時、将軍家・田安家・一橋家は、治済の長男・五男・六男が継いでおり、隠居の治済と強固な親族関係で結ばれていた。清水家は、寛政一〇年に家斉五男敦之助が継いだが、一年経たないうちに没し、文化七年（一八一〇）一一月まで明き屋形となった。さながら、一橋王国の観を呈した。

観賞による御三卿の交際

「永代浜丁箱崎御花火番附」は、「永代新田屋敷・浜町屋敷・箱崎屋敷の御花火番付」との意になる。「御」が付してあるので、田安家当主および同格以上の貴賓者の花火上覧番付ということになろう。永代新田は一橋家の抱屋敷、浜町は隠居した一橋治済の屋敷、箱崎は田安家下屋敷であった。

同史料は三冊に分かれており、花火の番付は合計で三二ある。期間は、享和元年七月から文化七年七月までの一〇年間で、平均年三回弱花火を上覧している。上覧のたびに内容を書き継ぎ、巻末に白紙が二〇枚付いているので、さらに記録するつもりだったのであろう。記載期間は、一冊目は享和元年七月〜文化三年七月、二冊目は享和三年八月〜文化五年閏六月、三冊目は文化四年八月〜文化七年七月であり、重なっている期間がある。各冊順に、神田橋、箱崎、浜町での花火の記録が多くを占めているので、場所や上覧者によって大まかな区分があるものと推察できる。

花火の記録は、次のように日付と場所を見出しにしている（丸数字は、記載順序を表す）。

①享和元年七月二九日　永代新田御花火番附

②（年月日不明）　神田橋様浜町御屋敷江被為　入候節

④文化二丑年七月朔日　神田橋　御庭

⑨享和二《（三カ）》亥年八月一〇日　箱崎於　御物見前　被　仰付　御花火順書

①④⑨は、それぞれ永代新田一橋家抱屋敷、神田橋一橋家上屋敷、箱崎田安家下屋敷での番付であることがわかる。②は、神田橋様（一橋斉敦）が浜町屋敷（一橋治済の邸）に入った際の番付である。これは田安斉匡も同席した親子三人での花火上覧と考えるのが自然であろう。他にも二回同様の記載が見られるが、場所はいずれも浜町屋敷である。一度は、田安斉匡自身は欠席した。

このように場所が判明するものは、永代新田一回、神田橋三回、浜町一二回、箱崎五回となる。永代新田・神田橋は一橋斉敦の、浜町は一橋治済の邸であり、兄弟・親子同席での上覧であったろう。花火観賞が御三卿の交際のために用いられていたのである。箱崎でも同席したかもしれないが、不明である。

武士山村喜十郎と玉屋の番付

一冊目の冒頭は合図の図で、赤提灯の絵の下に「小筒物・からくり」、青提灯の絵の下に「流星・打揚」とある（口絵16）。これは、花火を上げる際の信号の役割を果たしており、花火の番組もおおむねこの四種の組み合わせで構成されていた。当時の隅田川花火の浮世絵に描かれたものと変わらない組み合わせといえよう。

三二ある番付で、実施者がわかるものは八つ、うち年月日まで特定できるものは次の五つである。⑨山村喜十郎・鍵屋弥兵衛（先述）、⑪文化元年子年八月一一日　山村喜十郎・玉屋、⑬文化四丁卯七月二七日　鍵屋弥兵衛、⑮文化五辰年閏六月一八日　玉屋市郎右衛門、㉜文化七午年七月九日　鍵屋弥兵衛。

玉屋市郎右衛門と鍵屋弥兵衛は、隅田川花火で名を馳せた花火屋である。いっぽう、山村喜十郎についてはは関連史料を見いだせないが、姓名を記していることから武士であることは確実で、田安家家臣の可能性が非常に高い。なお、御三卿の家臣は、御三家や諸藩と異なり、幕臣から一時的に各家に出て家臣となり、また幕臣に戻ると一般的に言われている。

番付の記載の仕方は幾通りかある。花火名はすべての番付に書かれているが、番号、種別、本数はあったりなかったりまちまちだ。花火名だけではどのような花火なのか判断しづらく、種別の記載があれば役に立つ。その点で分析に適しているのは⑪である。一～七五番を山村が、七六～一四二番を玉屋が上げていて、山村の花火にはすべて種別が記してある。このような特徴は、他の番付にはなく、もっとも分析に適している。また、武士と花火屋の花火に違いがあるのかも比較ができる。

⑫の前半（一番～七五番）は次のように記されている。

一番　流星　柳火　　二番　流星　村雨星　　三番　打出　蜂巣立
四番　流星　武蔵野　　五番　打出　群光星　　六番　流星　柳火（中略）
十三番　流星　千筋　　十四番　打揚二段発　火乱星・群光星
十五番　流星　友別　　十六番　数玉火　一把　　十七番　流星　柳火（中略）
七四番　水唐操　飛乱虫　一本　　七五番　千本流星　大柳

一番の花火は、種別は流星、名称は柳火ということになる。一六番のように、種別と名称の混同、一四、七四、七五番のように種別が修飾されている場合もある。このような例外を除くと、打揚・打出・流星の三種になる。山村の全七五番のうち、打揚（一四番のように打揚の一種と判別できる場合は、それに含めた）が八、打出が一〇、流星が四九となる。

打揚の名称は二段発の火乱星・群光星、雷鳴、散乱星、昇降星、雷晴（二段発）、昇龍・降龍、群光星、村雨星だった（流星にも同名がある）。『在心流火術』で見てきた名称と似ているものが多く、夜相図の打上狼煙そのままか、手を加えたものを、花火として上げたと考えられよう。

一方、打出の名称は蜂巣立、群光星、乱虫、星下り、赤熊、連龍火、尾引、熊蜂であった。「星」と付いたものが一つ、「蜂」が付いたものが二つある。決め手に欠けるが、大がかりな噴出し花火と玉火の両方を「打出」と呼んでいたと考えておきたい。また、一六番のように、種別を書くべきところに名称を書いているものが、これを含めて八つある。数玉火、散玉火は玉火のうち玉が複数飛び出すもの、水玉は『秘伝集』のように大掛かりな玉火と思われる。このように、山村の番付は、打上花火と打出花火でリズムを刻み、その間に流星を上げるという構成が特徴である。

一方、玉屋の番付（七六番〜一四二番）は、次のとおり。

七六番　玉火　　七七番　玉火　　七八番　虎の尾
七九番　虎尾　　八〇番　星下り龍星　　八一番　千筋龍星
八四番　大からくり　車尽　　八五番　獅々の尾（中略）
九〇番　天川龍星　　九一番　大筒　大水玉　　九二番　玉火（以下略）

玉屋による後半は、八四番「大からくり」と九一番「大筒」の二つが種別と見なせ、大からくりは八つ、大筒は六つある。大筒は打上花火ではなく、山村の「打出」と同じものである。また、玉火が一五、八〇番のように名称に「龍星」を含むものが一七ある。その他は、虎の尾、獅々の尾など、流星か大がかりな噴出し花火によくある名前がほとんどである。玉屋は、大からくりと大筒でリズムを刻み、その間に流星と玉火を上げる構成にしている。

山村と玉屋は、打出（大筒）と流星の数が多いという点では共通するが、打上花火は山村、大からくりは玉屋と得意分野が異なっている。この違いは、宝暦年間（一七五一〜六四）以来の相図（打上狼煙）技術を基盤として打上花火が得意な武士と、一七世紀後半以来、隅田川花火でからくりの技を磨いた花火屋（玉屋・鍵屋）という両者の出自によるのであろう。噴出し花火と玉火、流星についても得意・不得意があっただろうが、それはよくわからない。

『甲子夜話』番付と物見櫓

松浦静山が『甲子夜話』に記している番付は、打上花火の初出史料として知られている。

享和子年に浅草川の下三俣の辺にて、一橋一位亜相卿煙火戯を観らる。其頃知る方より番付とて贈しを書写し置るものを見出せしまゝ、今こゝにしるす。定めて壮観にて有たらん。

享和子年は二月に改元され、文化になる。花火をした夏は文化元年になっているはずなので記述に疑問もあるが、ここでは文化元年（一八〇四）の夏と見なして分析する。浅草川（隅田川）下流の三俣のすぐ側に田安家下屋敷がある。一橋一位亜相卿とは、従一位大臣に昇った一橋治済その人を指す。

この花火も、一橋父子の親しんだのと同じ社交の場であった。

花火順

一番　流星　柳火　　二番　打出し　群光星　　三番　流星　　武蔵野

四番　打出し　蜂巣立　　五番　綱火移し金傘　　六番　流星　　銀河星

七番　打出し　粟散星　　八番　子持乱虫　　九番　流星　　村雨星（略）

全部で七〇番まであり、番号、種別、名称が記される。

この番付は「⑨享和三亥年八月一一日　箱崎於　御物見前　被　仰付　御花火順書」の山村・鍵屋共同による花火と特徴が非常に似ている。打揚とからくりの名称は完全に一致するし、構成もそっくりである。これらより、著名な『甲子夜話』番付も山村・鍵屋共同の花火と考えておきたい。

また、⑪の表題とともに、「箱崎於　御物見」とある。観覧者（田安斉匡ら）は物見櫓から隅田川で上がる花火を楽しんでいたと、考えられるのである。『甲子夜話』番付について、静山は「三俣の辺」としか書いていないが、船遊びではなく、目と鼻の先の箱崎下屋敷物見櫓からの上覧と考えてよいだろう。この三者には、さらに共通点がある。⑨では一三三番目（最後）に「水唐操　替散乱虫」が、⑪は七四番目（最後から二番目）に「水唐操　飛乱虫一本」があり、『甲子夜話』番付も六九番（最後から二番目）に「水中からくり　飛乱虫」がある。物見櫓から隅田川川面の水中花火を見れば、さぞ美しく水面に映えたことであろう。

打上花火の技術差

ところで、第五章で検討した文化二年（一八〇五）の触「花火之儀、家込之場所ニ而一切たて申間敷候、海手川筋ニ而も、大からくり流星等は停止之旨、前々より度々触置候処、近年相図同様大造之花美揚候類有レ之由相聞候」は、最近、打上花火（相図同様大造の花火）が上げられているという噂を耳にするが、と町奉行所が言っているのだが、これは何を意味するのだろうか。

田安家番付には、玉屋・鍵屋と花火師が明記された番付が六つあるが、そこには「打揚」という種別は見られない。六件とも箱崎田安家下屋敷内（御物見前以外）での事例になる。

本書では結論は出せないが、二つの可能性を提示したい。A鍵屋・玉屋には打上花火の技術がなく、文化五年の触は、田安家家臣山村など武士の技術が花火屋に広がらないよう規制するためのものだったという可能性。B鍵屋・玉屋に技術はあったが、山村ら武士よりも劣っていたので、一緒には上げなかったが、隅田川花火では上げていたという可能性。この説を採ると、文化五年触は単に隅田川花火の実態を表すと解釈することになる。

これまで触で禁止する事実が出てきた場合、それは実態がある程度広まっているという解釈のもとに論を進めているので、打上花火だけ立ち入った事情が判明するからAを採用するのは公平ではないが、以下の理由によりAを採用したい。それは、⑪の番付の後半に玉屋が打上花火をしていないからである。仮に、Bを採用し、打上花火を鍵屋・玉屋が上げていたとしても、武士はそれよりも五〇年も前から打上狼煙に携わっており、花火屋とは比べようがないほど技術力は高かった。これまでは、鍵屋が武士に打上花火について教えを請うたという話しか伝わっていなかった。しかし、田安徳川家文書によって武士の専売特許である打上花火の技術を、玉屋も鍵屋も目の前で見る機会があったことが判明した。鍵屋・玉屋は、なんとかこの技術を身につけようと模索し、浮世絵を見る限り、遅くとも天保期には打上花火を上げていたのである。

立体的な隅田川花火

水からくりは山村だけでなく、鍵屋弥兵衛も扱っているので、武士限定の花火ではなかった。川面で造形を作るタイプなので、船に乗ってほぼ同じ目線で眺めるよりも、両国橋の上や、茶屋（料亭）の二階から見るほうが楽しめる。このような水上花火を鍵屋（おそらく玉屋も）ができるようになり、同じ平面で楽しむ仕掛花火や、上空を見上げて鑑賞する噴出し花火や玉火、流星とは異なり、見下ろす花火という新しい局面を切り開いた。ここに至る過程は不明だが、浮世絵史料では「東都両国橋夏景色」の「からくり大いたち」がもっとも古く、以後も見出すことはできない。

隅田川の上空では高さ八〜二五間（一四・五〜四五メートル）までと定められ、大きく開けた空間で花火を観賞していたことになる。品目のバリエーションに富んだ隅田川花火は、江戸文化の一つの到達点と評価できよう。

松江藩の上覧花火

最近、渡辺浩一は、松江藩主上覧花火の様子を明らかにしたのでみていこう。宍道湖が大橋川に流れ出すあたりで、花火は上げられた。

享和三年(一八〇三)の詳細な記録によれば、藩から御目見町人の筆頭である伝右衛門に、瀧川屋敷の灘座敷で藩主が花火をご覧になりたいとおっしゃっていると六月一六日に連絡があった。そこから周到かつ詳細な準備が始まり、二二日を迎える。当日は、午後五時頃に側室のお縫・おかつとともに藩主が駕篭で瀧川屋敷の御成門から入り、瀧川は甘鯛一〇尾および柚子羊羹などが入った白木重箱を献上した。その後灘座敷(水に面した座敷)で瀧川は御紋裃(藩主家の紋の入った裃)を拝領する。

藩主はそのあと灘座敷で花火を「遊覧」する。灘座敷前の石垣御上り場(水際の石段)の幅は一〇間(約一八メートル)であり、西側はブドウ垣、東側は朝顔垣で囲われ、沖三〇間(約五四メートル)ばかり離れたところに東西方向に提灯が一〇〇張並べられていたという。そのような豪華な舞台装置の上空に三一種類の花火が打ち上げられた。

仕出し料理は藩の御台所から提供された。御供は、近習頭をはじめ御側役三名・御納戸奉行四名・御伽御納戸二名・御医者七名・御小姓一〇名といった人々。彼らは藩庁の御作事所からの「かし台」(貸し台か)で藩主とともに花火を見た模様である。また、御茶道頭・同組頭・御納戸坊主各一名、御茶道八名など茶道関係合計一三名、御台所奉行をはじめとする者たちなど、総計一〇〇人以上の供がその場にいた。

四六年後の嘉永二年（一八四九）六月二七日の瀧川本家での花火上覧の際の「御花火配置図」には、宍道湖上に「渡部小屋」「富村小屋」「林小屋」と、「富村小屋」の背後に「狼煙小屋」がある。渡部仁右衛門が天保一四年（一八四三）に、林甚右衛門が天保四年に、富村与右衛門が天保六年に火業師《ひわざ》役にそれぞれ就任したことが判明するので、藩の火業師が遠浅の湖上に仮小屋を設置して花火を打ち上げたものと思われる。

以上、渡辺が明らかにした松江藩の上覧花火の様子からは、将軍や田安家の花火では見えてこなかった近侍する家臣や、藩官僚機構の準備の実際がよくわかる。武士の上覧花火は、おおむね渡辺が明らかにしたような規模、段取りで行われたのではないか。一方で、観覧場所は町人の屋敷を用いており、完全に武士の花火というわけでもない。逆に、江戸両替商播磨屋中井家の献上花火では、場所は久留米藩下屋敷であるが、花火を上げたのは玉屋でスポンサーは中井家であった。武士の花火は、スポンサー、場所提供者、官僚機構・近侍者、花火屋の分業で成り立っていたのである。

松江藩の火業師は、幕府でいえば、享保期にケイゼルを隅田川の花火でもてなした、のちの大筒役佐々木勘三郎孟成や、田安家家臣山村甚三郎との共通点が多い。官僚機構に花火を手がける者が組込まれている例は、今後諸藩の史料で確認できるだろう。

嘉永二年の花火の種別は伝わっていないが、松江藩でも打上花火がなされていたことは間違いないであろう。渡辺が言うように、多くの武士や町人や百姓たちが、藩主と花火を通じて時空を共有していたということができよう。

あらかじめ日時と場所を決めて行われる隅田川の川開花火や松江藩主花火上覧は多くの者が身分を超えて楽しむ催しであり、現在のイベント型花火大会の淵源といえよう。

仙台藩三代藩主伊達綱村の花火観賞

岡田登『仙台花火史の研究』は、典拠史料を明示しながら同地域の戦国時代末期から明治期までの花火の概要を示した書である。伊達政宗による天正一七年（一五八九）の花火観賞ののち、延宝九年（一六八一）八月一六日と天和三年（一六八三）八月九日に三代藩主綱村が観賞した記録が残る。

西上刻、高屋喜安宅に入らせらる。河辺に於て、煙火御覧。亥上刻御帰（延宝）

高屋喜安宅に入せらる（中略）喜安に時服一領賜レ之、宅下の川原に於て、煙火御覧（天和）

延宝の記事は、午後五時頃に綱村が高屋喜安宅にお出でになり、（広瀬川の）河辺で花火を上覧し午後九時頃にお帰りになった、という内容である。天和の記事もほぼ同様であるが、喜安に時服を賜ったことが加わっている。観賞場所は、延宝記事と同様である。

伊達綱村《つなむら》は伊達騒動の混乱のなか、二歳で封を継ぎ、幕府の管理を離れて治世を行ったのは延宝三年（一六七五）から元禄一六年（一七〇三）の二九年間であった。延宝九年の観賞時は二二歳、天和三年には二四歳であった。

高屋喜安（宗甫）の祖父宗慶は、明国に渡り医学を学び政宗に仕えた。本吉郡柳津を所領として与えられ、代々医術を継いだ。岡田はこの花火を、喜安が医者であったことから自ら製作したものと考える。たしかに、花火は中国からの渡来技術であったから、明国と関係の深かった祖父の代からその知識を持っていた可能性も非常に高い。一方、天和期には江戸では花火は国産化されていたから、それが仙台（喜安のもと）に持ち込まれた可能性も否定できない。花火の全国的流通について、さらなる解明が待たれるところである。

また、広瀬川は仙台市中でこの後花火のメッカとなる。そこで上覧されていることも興味深い。仙台や松江のような城下町の場合は、領主の存在感が強い形で花火が広がっていったということが考えられよう。

明和・安永年間の伊達家

その後、第七代藩主重村の時代にも三度の花火の記録が残る。明和五年（一七六八）七月一一日「瀬川に遊漁す、中村源三郎邸に臨す、酒饌を奉享し、煙火戯及び一調物の興あり」と『伊達家治家記録』にある。重村は瀬川で魚をつかまえ、家臣中村源三郎（不詳）邸に御成した。源三郎は酒と食べ物を準備して迎え、その席で花火と楽曲でもてなしたという。

同史料の安永七年（一七七八）七月一八日にも「観瀧庵に瀑布を観る。近川遊漁し、夜煙花（煙火）戯を観る」とある。観瀧庵（龍宝寺の隠居實源）を重村が訪れ、滝を観て遊漁し、夜には花火を観賞した。いずれも、家臣や高僧との交際の場で、花火が重要な役割を果たしていたことがわかる。
二年後の安永九年、重村は七、八月に仙台藩領北部（現在の岩手県南部）を狩猟を兼ねて巡回した。随行した実弟堀田正敦の『かり場の記』によると、胆沢郡西根村の藤原朗頼邸に立ち寄ったとき花火を観賞した。重村は主人（朗頼）を召して、懇ろに物と禄（金）を賜った。朗頼からも果物を献上し、河岸で花火を御覧に供した。その後、酒をすすめ、かわらけ（盃）をも賜った。花火の描写は、以下のとおりである。

とりどりめもあやなる中に、星くだりとかいふは、玉をめきとめたらんやうに、空よりつれてくだる。
また、まろかに、まりのさましたるが、すずすずしうのぼるに、そのひびきさへ、沓の音めきたり。わきて、やうかはれるは、千本りうせいとかいひて、いなづまのごときもの、ひらめきいで、雲をつらぬく斗、高くあがるに、中より、横しまにをれて、ひだりみぎちりまようけしき、かみなりさはぎし、夕暮もおもひいでらる。

いろいろと技巧をこらされ、星下りという花火は玉を連ねたように、空からつながって降ってきた。また、丸く鞠の様子をした花火が、すすっと上昇する。その響きは沓の音に似ている。とりわけ様子の変わっているのは、千本流星という名称の雷のような花火で、閃きながら雲を貫くように高く上昇する。途中から、横に折れて左に右に散り迷う様子は、雷が鳴る夕暮れが思い出される、と。

岡田が紹介したこの正敦の文章は、江戸時代の人々が花火のどんなところに感激したのかがよくわかる名文ではないだろうか。「星下り」は流星の一種であろうが、上昇したあと、玉を連ねたように空から降ってくる。鞠の様子をした花火は、玉火の一種であろう。これも沓の音のようなリズムを刻んで上がった。千本流星は、複数の流星を同時に上げるもので、右に左に方向を変える。その際、雷のような煌めきと音が耳に届いたとも書いている。

正敦は重村の実弟であるから、藩主のすぐ側の特等席で観ることができた。花火の造形や上昇・降下の軌跡だけでなく、間近でこそ感じ取れる音の迫力が印象的だったのである。普段は雷の時にしか聞くことがない爆発音は、現在の花火でも一番迫力を感じるところである。正敦の感性は、今の私たちとそれほど隔たってはいない。

また、ここで上げている花火は、隅田川の流星・玉火が発展を遂げたものと同様のタイプであろう。一八世紀の後半は玉火も流星もさまざまな工夫がなされていたことは、第四章で見てきた。仙台でも江戸でも、同じような技術レベルの花火が実施されていたことは、列島全体に花火文化が広まっていたことの証左である。

藩主の狼煙御覧

「台ノ原狼煙御覧の図」は嘉永期頃の成立である『仙台年中行事絵巻』の一場面である(図31)。画

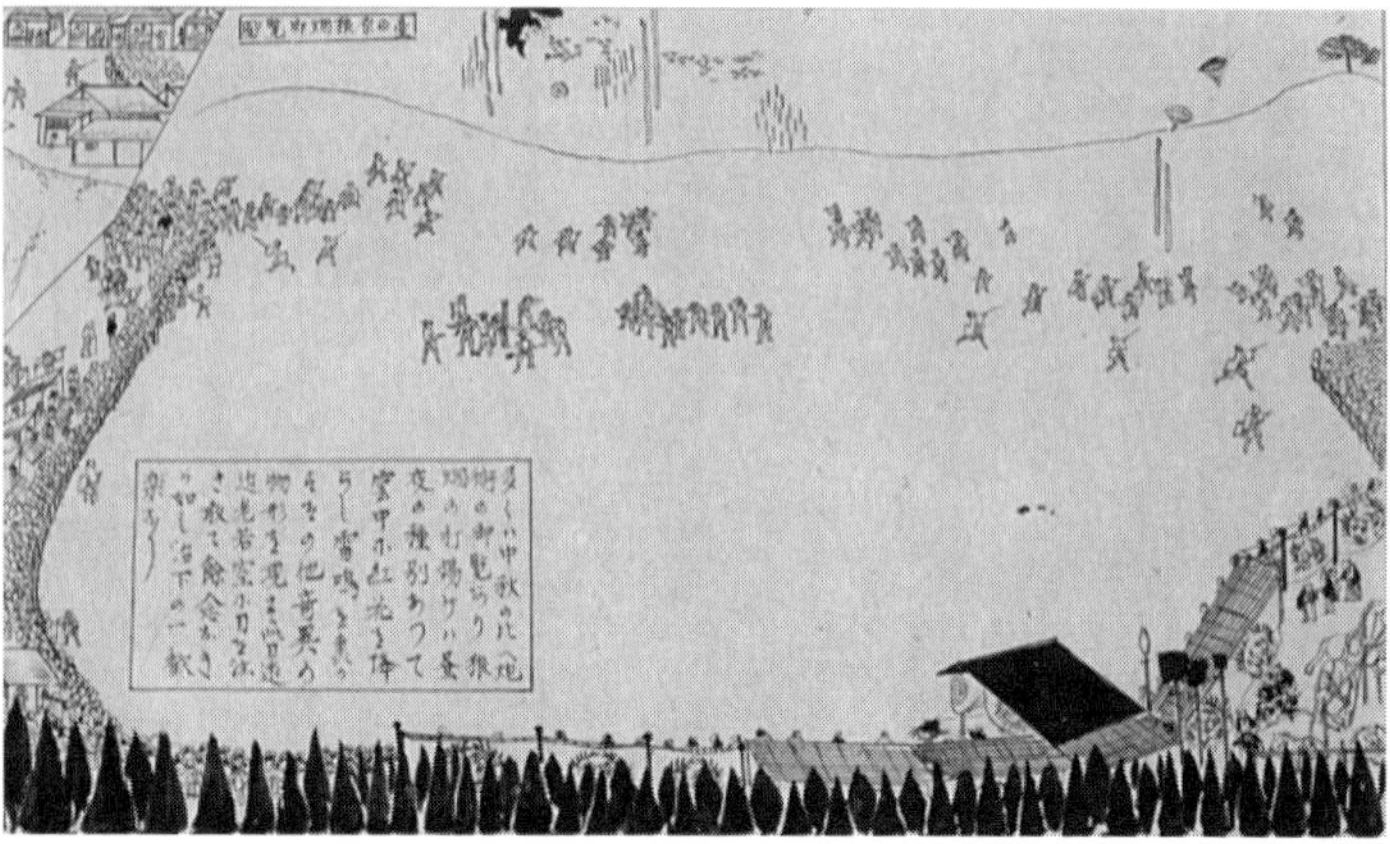

31　仙台藩では，藩主の砲術御覧が年中行事となっており，打上狼煙も昼夜行われた。『仙台年中行事絵巻』（仙台市立博物館蔵）。

中には、「多くは中秋の頃に、藩主による砲術の御覧があった。狼煙の打上は昼夜の種別があって、雲の中に紅花を降らせたり、雷鳴を轟かせるものがある。その他にも、変わった物の形を表現するものもある。この日には、老若男女は空をじっと見て、集中して見逃さないようにしている。平和な世の中の一大歓楽行事である」という説明がある。

昭和一五年（一九四〇）に出版された際、さらに詳しく解説されている。この説明のうちで画中の詞書にはない点を摘記すると、

・仙台藩の砲術は、外記流、櫟木流、統一流、坂本流などで、狼煙は砲術稼業人によって行われた。

・台ノ原（現在の台ノ原元射撃場）は青葉城の北にあり、図の手前に黒く一列に見える杉林は台ノ原の南端で、右下に藩主の見物所がある。

・左右に幔幕を張り渡し、周囲に竹矢来を結い、

（囲われた）埒《らち》の外には見物人が雲集して、（左下には）露店も多く見える。埒の内には、足軽・小人らが警固している。

・空には、打ち上げられた、吹流し、短冊、散らし紙、風船、傘の類が見える。地上に落ちるこれらを、子供が取ろうとして埒の内に入ろうとするのを、警固の足軽・小人などが制止しようと忙しい。

・場内には二つの筒が立っている。陣笠の砲術稼業人らは、二つの筒を立てて、次の打上準備に取り掛かっている。

打上狼煙を手がけているのは、仙台藩の公的な砲術諸流のうち、とくに狼煙に秀でた流派であろう。岡田によると、櫟木流の著名な砲術家井上可安の後裔の可長《よしなが》は、明治維新後煙火製造師として有名になる。武士が花火師に転身した事例である。

藩主が御覧になる稽古ではあるが、町人や百姓にも開放されていることが注目される。露店も出ているので、江戸での佃島火術稽古と両国広小路の賑わいを合わせたような光景である。この点は、隅田川花火と近い。

描かれているのは昼の狼煙で、佃島沖での火術稽古で見てきたものや『在心流火術』『南蛮流』の技術書に載っていたものと変わらない。花火と同じように、江戸時代の後期には武士の狼煙も全国的にほぼ平準化している。

第十二章　町と村の花火

第三章では、村の花火の始まりについて検討したが、ここでは、城下町を含む町と村の花火について、一八世紀後半から様子を見ていこう。

城下町仙台での禁令

前章に続いて岡田登が明らかにした史料に基づき、城下町仙台の事例を検討する。享保一四年（一七二九）二月朔日、御屋敷奉行へ宛てて出された侍町に住む家臣宛の禁令には「一、木鳥中星打候義、并花火相立候義、屋敷小路共制禁之事」とある。木に止まっている鳥を撃つことと、花火をすることは、武家屋敷だけでなく侍町の路地でも禁止するという。二月に出た触なので、花火よりも主に狩猟を対象としていたのだろう。

およそ四〇年後の宝暦八年（一七五八）七月にも触が確認できる。

御城下にて、花火相立候義、先年より御禁制の処、御城下屋敷内にて花火相立候者有レ之様相聞得、不都合至極に候条、侍丁町方共、先年相触候通、急度可二相守一候
流星玉火の類、川原の明地に於いても、堅相立間敷候、此旨、御城下不レ残如二兼而一可レ被二相触一候、以上

家老から目付に出しており藩士向けの触であるが、内容には町方も含むので、城下町全体に触れられたと考えてよい。前半は、城下では花火を禁止しているにもかかわらず上げている屋敷もあるとの噂があり、侍町・町地とも厳守するようにと言っている。後半では、流星と玉火は川原の明地でも禁止する、以上の内容を城下町全体に触れるようにという。ここでの川原とは、広瀬川のことである。

失火の防止という観点から、全国的に城下町内では花火は禁止され、川原のような開けた場所では種類に制限を設けて許可されていたのであろう。市中では玩具花火のみ認め、河川では流星・玉火を許可するといった程度の差異が存在したと考えられる。城下町はふつう内堀・外堀を設け、その一部に自然の河川を一部組み込む。そういった共通した街の構造により、花火の法制が全国的に類似したのである。

仙台藩領広瀬川

岡田によると、大崎八幡宮の神官で俳人でもあった大場雄淵が文政一二年（一八二九）に著した

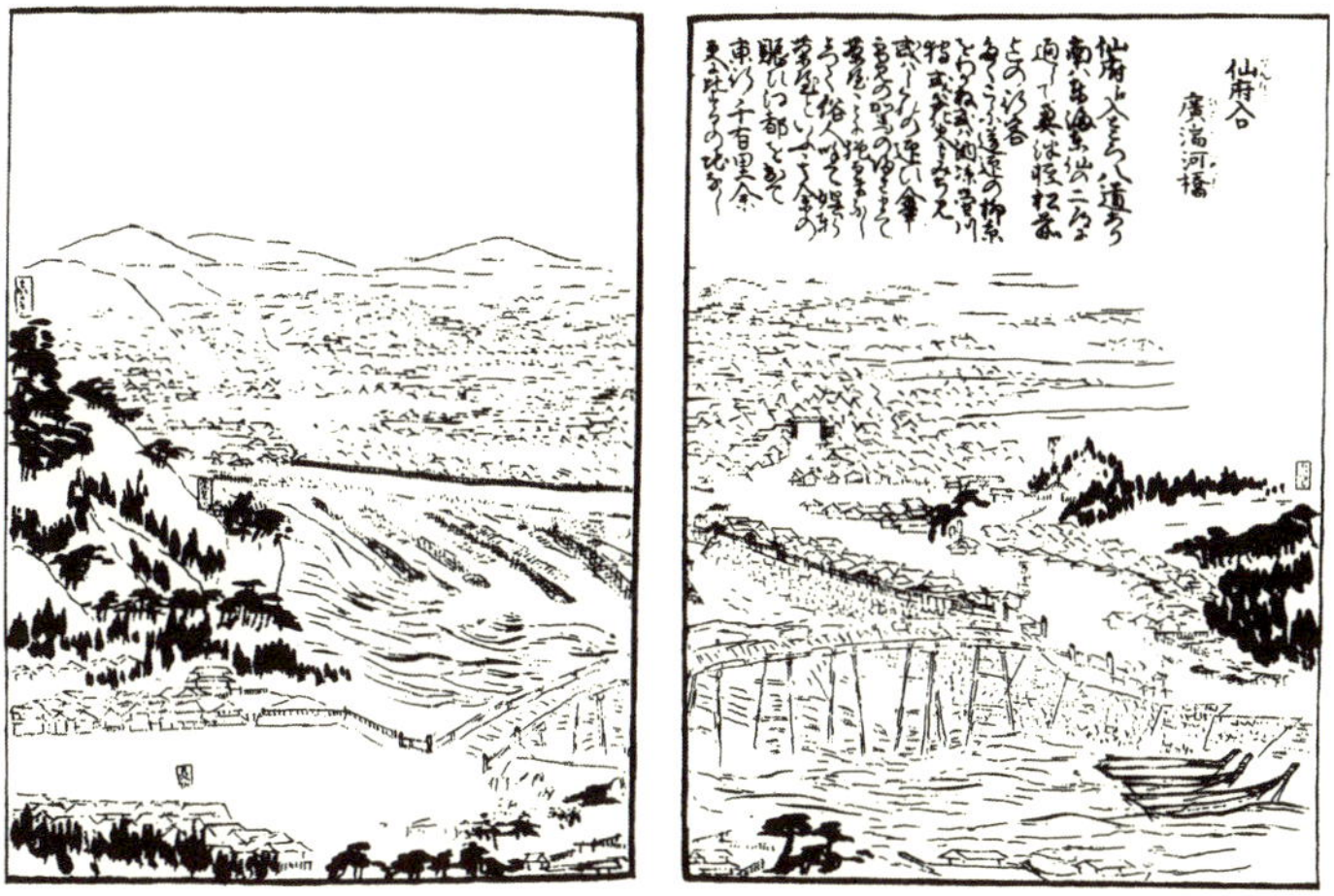

32　仙台の入口広瀬川橋。夏は花火が行われた。季節毎の楽しみは，江戸の隅田川とよく似ている。『奥州名所図会』（出典『日本名所風俗図会』）。

『奥州名所図絵』（図32）では、広瀬川は広湍河とも青葉川ともいい、花火が行われたという。

仙府入口　広湍河橋

仙府へ入ところ八道あり、南は東海・東仙の二道に通して、奥津軽松前までの行客、多くここに送迎の柳糸をわかね、或は納涼蛍川狩、或は花火、もみち見、或はしくれの迎ひ傘、雪見の篭の帰さまで、茶屋こゝに絶るまなし、よつて俗人呼て娯軒茶屋といふ、其余の賑ひ江戸を出て東行千百里余、更に比するの地なし

仙台入口の広瀬川橋は、奥州街道の結節点で、夏は納涼蛍狩や花火、秋は紅葉、時雨の迎い傘、雪見を迎えの駕篭が来るまで楽しむように（多くの人々が集い）、多数の茶屋がならんで世間で

は「娯軒茶屋」と呼ばれるほどであった。このような賑わいは、江戸を出て東北を下るなかで、仙台に並ぶものはない。

画を見ると、青葉城と城下が描かれ、広瀬川橋を渡ると街道沿いに町屋が、川沿いには茶屋が並んでいる。ここから蛍や紅葉、雪景色を楽しんだのである。川原に葦簀張りの小屋が建ち並ぶ。右下には二艘の屋根船と思しき船が見える。花火は、この川原で行われたのであろう。

季節ごとの楽しみは、江戸の隅田川とよく似ている。隅田堤の桜、夏の納涼船と花火、冬の雪景である。城下町そばの川は、季節を感じ取る絶好の場所であった。花火はそのなかでも重要な楽しみの一つで、仙台でも江戸と同じく花火屋が手がけたものだったと思われる。

信州飯田藩領での制禁

江戸時代に村々でどのように花火がなされていたのか。第二章では信州飯田藩領での花火の様子を検討したが、古川貞雄の研究により、江戸時代後期の同地方の様子を見てみよう。天保一二年（一八四二）七月、次のような触が出されている。

一、大宮・今宮両宮祭礼の節、町方より花火奉納の儀、打上狼煙・大流星の類兼て御停止候所、近頃紛敷火業これ有るかに相聞こえ、不埒の至りに候、向後花火奉納相願候はば、その品柄・員数追々増長致し多分の入費これ有る由、員数町々書面を以て申し出、当日限り始り終り一町限り出役の者へ届け出るべく候、員数減らし候とも奉納の志は相叶う事に候間、町役人共申し談じ手軽に致させ申すべく候、もし御停止の花火致し候はば急度お咎めの上、其の町長く差し止めに申し付けるべく候

この触をまとめると、大宮・今宮の祭礼の際、飯田町々の奉納花火では打上狼煙と大流星は禁止しているのにもかかわらず、近頃紛らわしい花火があるそうで、けしからん。品種と数が増えて費用も多額なので、今後花火を奉納する場合は、事前に書面で内容を伝え、当日は開始と終了を出役の者へ町ごとに届けるように。数が少なくても、「奉納」の志は神様に届いているのだから、町役人で相談し簡素にするように。もし禁止された花火を上げた場合は、厳しく問い質し、長く花火を差し止める、となる。

禁止されているのにもかかわらず、実際には奉納花火が盛大に行われ、打上花火も上げているようだ。これに対して藩は事前と開始・終了の届け出を、奉納する町ごとに実施させている。花火を簡素にと命じたのは、倹約のためであった。

神事祭礼の盛行

幕府による奢侈風俗取り締まり令は、寛政改革や天保改革がよく知られているが、関東の村々に対しては文政一〇年（一八二七）に改革組合村の編成、関東取締出役を設置する文政改革が実施された。

幕府領と所領の小さな旗本領等が入り交じる関東地方では、犯罪人が別の領主の村に入ると取り締まりに不便をきたすため、警察権を強化した関東取締出役を置き、改革組合村に触や回状の伝達、治安維持などさまざまな面で機能強化を図るため数村から数十か村単位で村を連合させて、自治的な機能も付与したのである。信州は関八州ではないが、組合村機能も一部で充実するなど、関東と似た地域支配構造が構築された。

このような幕府の寛政・文政・天保改革が、諸私領（大名・旗本領）を巻き込んで、奢侈風俗取り締まり令の一環として、神事祭礼興行をきびしく制禁した。こうした興行でもっとも多かったのは村芝居（操り人形や狂言、歌舞伎）で、地芝居とも呼ばれ、村人自身が演じた。一方、角力（相撲）や歌舞伎は、江戸から力士や役者を呼ぶこともあった。花火も、このような神事祭礼の一環で上げられた。従って、触によって統制される場合は、これら村芝居や角力と一緒になされた。どの興行を行うか、複数ある場合は何を目玉にするのかは、村や町によって異なり、それが地域の個性となった。

演劇史や民俗史では、村芝居が広く農村に普及したのは文化・文政期（一八〇四～三〇）以降とされている。信州でも、江戸時代前期の導入、中期の漸増を受けて、村芝居が一気に普及するのは明和・安永期（一七六四～八一）以降、なかんずく化政期以降とみて間違いない。花火については、具体的に時期を区切って検討した研究成果は現在のところないようだが、村芝居と同じく、普及するのは明和・安永期以降、とくに化政期以降と考えてよいだろう。

祭礼をになう若者組

祭礼は、村の一五～四〇歳くらいの男性が構成する若者組が主体となり、世話人などと呼ばれる後見人らの保証と指導をもって、村役人の承認を得るのが通例であった。若者組の活動は祭礼の運営が中心で、用具備品の管理・相伝、さらに演目の技法や芸能の継受と新規導入も含まれた。

松代藩領の水内郡平林村（現長野市）には、文政六年（一八二三）から昭和三六年（一九六一）まで書き継がれた『若者連永代記録』がある。産土神（村社）の安達神社の六月御祭礼・七月盆踊り・八月御神事の祭礼興行が記録の主軸で、その運営資金に「若者永代不易金」を積み立てたりして獅子舞・花火・相撲等を興行した様子がうかがえる。とりわけ目を見張るのは、近隣村々の若者組との交流である。松代藩領の三輪・吉田・下越・中越・東和田・西和田・荒屋・桐原・妻科・南堀・千田・返目・南長池等々の村々や、幕府領の権堂村、善光寺領の善光寺諸町など、ひろい範囲を交流圏とする。年々、祭礼はじめ軍談・相撲・芝居等の興行のつど、たがいに「手紙」（招待状）と花代をやりとりしている。

地芝居の事例を取り上げよう。幕府領佐久郡海尻村（現南牧村）の若者組は、嘉永五年（一八五二）の祭礼で、忠臣蔵・三日太平記・姫小松子日の遊・妹背山婦女庭訓・伽羅先代萩を上演した。その総出費は金四三両三分余、一両一〇万円として換算すると、現在の金額にして四〇〇万円を超える規模であり、驚くばかりである。興行二日間に、近隣の一二か村の村々若者中が花代を持参し、計二両三分余、甲州村々を含む三〇余村からの観客四〇三人の花代が計六両三分余、村民からの御祝儀金五両等が収入となった。差引き不足金二八両三分余は若者一五人の割賦負担となった。地芝居とはいえ、専業と思しき師匠や三味線師、かつら屋への高額の支払いを見ると、もはや素人芸ではなく、近隣からの観客もそれを楽しみに足を運んでいる。平林村と同様、近隣若者組との交流も盛んである。村をこえ、所領の違いをこえて、若者組が祭礼興行の交流・支援をきわめて盛んに交わし、毎年替わるがわる芝居・相撲・花火等を興行するところに、村独自の興行を単に支援しあうだけでなく、いわば連合遊興の場が意図的に交代制でしつらえられた様子をうかがうことも可能と思われる。

以上、古川が明らかにしたとおり、村ごとの若者組が主体となって奉納花火を行い、それが村同士のつながりを強固にしたことは重要である。農業や漁業などを生業とする共同体が基礎となっていた点は、隅田川花火や仙台広瀬川の花火が領主による場の設定と花火屋の商いに重点が置かれていたのと著しい対照をなしている。

飯田の豪商「綿五」原家

飯田（南信州）の花火を語るうえで欠かせないのが、飯田大横町の「綿五」原家である（綿五は屋号）。再び櫻井弘人の研究で、その特徴を検討していこう。

飯田藩の御用商人をつとめた四代目五郎兵衛為仁は、嘉永四年（一八五一）に美濃の煙火師青木太平を自宅に招いて「袋物」の秘法を受けた。これは、昼の打上狼煙の一種と思われる。そして、五代目の為栄、六代目の為隆は原家が蓄えた秘伝を門弟たちに授けた。

原家では、煙火の達人を自宅に迎えて教えを受け、習った口伝を書き留めた秘伝書を、漆塗りの木箱と綾織りの包みに収めて大切に保管してきた（口絵17）。『青木流』と大書された横帳は、代々が先生から教わった煙火製法の秘伝を書き留めたもので、濃州長間村の青木太平にはじまり、安政三年（一八五六）には川瀬一九郎口伝、文久三年（一八六三）には青木嘉七、明治二二〜二五年（一八八九〜九二）にかけては美濃の久保保吉、明治四一年には名古屋市の田中伊作と続いた。

また、原家も門弟を取っている。明治三年に林弥七が六代目原為秀に提出した誓書の文面は次のとおりで、末尾に血判が捺されている。

誓　書

一、今般火術御伝授下され候処、有り難く道を得仕る。右方に付天地神明に誓い、他伝更に仕り間敷く候。万一違変仕り候節は八百万神の御神罰者なり。依って起請件の如し

明治三庚五月

林弥七言文〈血判〉

原五郎平殿

火術を伝授された礼と、他の者に伝授しないことを天地神明に誓う内容である。

原家は三代目五郎兵衛為従が、大横町出身で江戸の御金座改役となった後藤三右衛門の援助を背景

とする飯田の好況時代と、文政六年(一八二三)の床屋火事という全町焼失の変革期に大いに財を成し、味噌醬油の飯田藩御用商人として苗字帯刀を許される家格となった豪商である。跡を継いだ四代目五郎兵衛為仁も、藩主が命名した「養老」という醬油を北信地方(長野県北部)まで販路を広げるなどした。その一方で若連(若者組)時代から煙火にとくに熱心で、美濃の青木太平を自宅に招いたときは三五歳であった。

花火の創始ともいえる四代目為仁は、四〇歳前後で若者組を抜けたあとも花火の技術を磨いた。これには、遠く美濃から煙火師を自宅に滞在させることのできる豪商としての財力が大きな意味を持ったことは間違いない。

以上のような櫻井の成果を古川が明らかにした当時の若者組のあり方とあわせて考察しよう。豪商はその技術を、地域のなかで弟子を取り伝授し、その者が自分の村の奉納煙火の技術向上に寄与する。若者組は秩序の維持に腐心する村役人と対立する局面もあったが、地芝居や角力、花火といった芸能の側面では相互に補いあって地域に貢献した。若者組の依頼を受けて原がみずから製作した花火も奉納されたであろう。地芝居の事例で、佐久郡海尻村の若者組が岩村田町から招いた師匠坂東又三郎へ謝礼金を払っていたように、花火において原が坂東と同様の立場を築いていてもおかしくはない。

また、門弟の取り方が武士の狼煙の師弟関係と同様であることも興味深い。江戸の鍵屋・玉屋の場合は、狼煙技術を身につけるのに苦労したようだが、原為仁が青木太平から伝授された「袋物」は狼煙の一種であるから、この両者は武士ではないが、武士と町人・百姓間の師弟関係があった可能性もある。師弟関係の形が、身分を越えて同じだったことも大変重要である。

江戸時代の越後片貝花火

片貝の花火は現在、長岡、柏崎と合わせて越後三大花火とも呼ばれているが、江戸時代中期以降の同時代史料がよく残されている。ここでは長谷川健一の研究により検討していこう。

宝暦九年（一七五九）生まれの太刀川喜右衛門著『やせかまど（秋）』は文化六年（一八〇九）、喜右衛門が五〇歳のときより執筆が開始された。花火の思い出を振り返って、次のように記す。

> 昔より若き者共の華火を焼きしに、幼年の頃は縄火・車火・草花なとを拵へし、たまたま竜星なとあけしかとも、何国より伝授せしこともなければ下手にて、今思ひ合すれば笑しきこと也、夫より玉火・犬竜星・火乱星なとの揚もの巧者になりて、草花・車火ならは、いろいろの仕掛、藤棚・蒲萱・三本傘・竹に雀・十二提灯に火を付、縄火の六段返り、竜星の孔雀の尾、千丈ケ滝・火竜の上り下り、玉火五段刎、火色の善悪なと、種々に工夫して拾本の一本も不出来なるはなし、去る文化三寅歳か、戸波の寺院宝物の弘□《（めカ）》に来たり、大竜星の伝授せし故とか、大竜星は筒のさしわたし二寸はかり、尻尾は大名竹を付る也、凡目方七百匁位を上ること妙也、仕様は爰に略す、古へと下手上手のことは雲泥の如し、今日我家には強飯を炊也、火乱星は長岡浪人の伝授せし也、三寸位は常々上る也（ルビは筆者による）

喜右衛門が幼い時は未熟であったが、その後は、玉火、流星の発展したもの（犬流星）、打上花火（火乱星）などを得意とするようになった。文化三年だったたか、戸波（越中の砺波ヵ）の開帳の際、大流星の伝授を受け、打上花火は長岡浪人から伝授され、三寸玉（約九センチメートル）くらいは当たり前になったと、周辺地域との交流の意義を述べている。

ここで示された花火技術の発展は、これまで隅田川花火や信州、仙台で見てきた内容とほぼ一致する。一八世紀前半は、簡易な仕掛花火や流星が中心で、後半に玉火・流星の工夫、発展が見られる。一九世紀になると打上花火（狼煙）が少しずつ広がっていく。その技術は武士（ここでは元長岡藩の浪人）から伝授された。『やせかまど（秋）』の記述からは、いつから打上花火が片貝でなされるようになったのか判然としない。おおむね、文化〜文政期に広がっていったと考えておきたい。全国的には、天保期になると当たり前のように打上花火が上げられるようになったと言えよう。

長谷川によると、花川屋久右衛門の『諸珍鋪永代帳』には、文政四年（一八二一）に長岡藩主が武衛流門人の順打ちを上覧したとの記録が残っている。六〇番のうち、鉄砲、火矢、炮碌、昼の相図、夜の相図が行われた。夜の相図には、銀河星、満天白、飛蝶火、玉簾星との名称があり、これらは慶応三年の花火目録（後述）にも載っている、と述べる。上げられた花火の種類から、これは武士の火術稽古のなかでも、松浦静山や林述斎が評価する質実なタイプであったことがわかる。片貝との関係は不明であるが、地域の打上狼煙（花火）の技術状況を伝える貴重な傍証である。

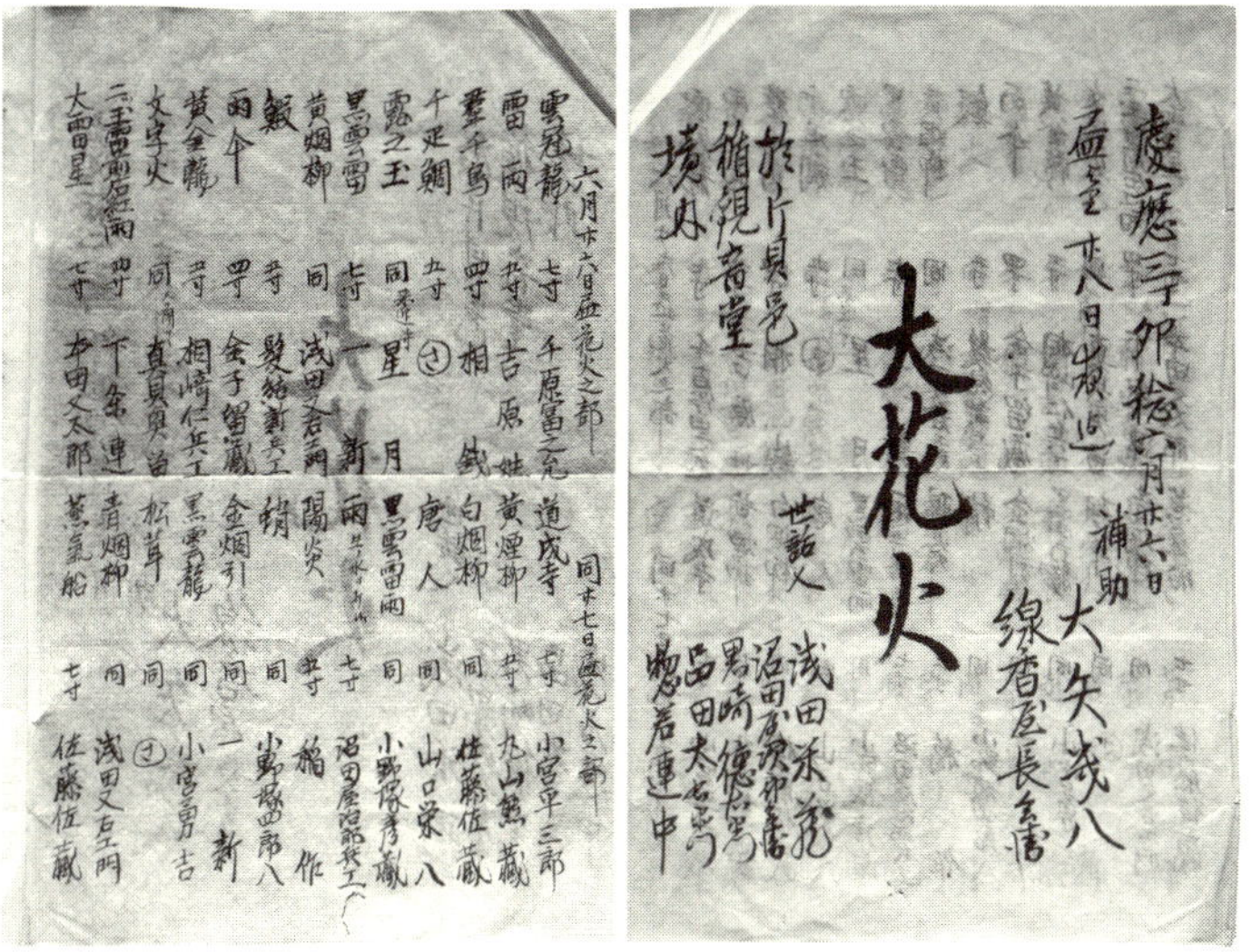

33　慶応３年（1867）の片貝花火の目録。昼花火と夜花火が行われた（長谷川健一氏より提供）。

慶応三年の片貝花火目録

片貝では、花火の打上や種類を記した番組を目録と呼んでいるが、長谷川によると慶応三年（一八六七）のものは現在四点見つかっている。三冊は版刷り、一冊は手書きで、手書きのものは版本の原稿もしくは原稿に近い存在ではないか、と考察がなされている。版刷りが複数あるのは、広く配布されたことを意味し、非常に興味深い。

目録は竪帳四丁仕立てで、上下二か所がこよりで綴じられている（図33）。史料内容を検討していこう。表紙には、「大花火」と大書されており、「慶応三丁卯稔（年）六月廿六日昼より廿八日夜迄　於片貝邑（村）楯観音堂境内　世話人　浅田米蔵・沼田屋次郎兵衛・黒崎徳右衛門・品田太右衛門・惣若連中　補助　大矢幾八・線香屋長兵衛」とある。世話人五名と補助者二名の個人名が記されているが、これはいずれも片貝村の若者組の後見的役割を果たす、村の有力者であろう。また、世話人に惣若連中とある。片貝村内にいくつかある若者組のメンバー全員が世話人という意味である。片貝の花火は楯観音堂において毎年行われる若者組が主体の奉納花火であった。これは、信州の事例と同様である。

目録は二段に分かれ、上段は六月廿六日昼花火之部、下段も同廿七日昼花火之部として、花火名、大きさ、名前（奉納者）が書かれる。

六月廿六日昼花火之部

雲冠龍	七寸	千原富之允
雷両	五寸	吉原姓
葦（カ）千鳥	四寸	相鐵（カ）

（中略）

同廿七日昼花火之部

道成寺	七寸	小宮平三郎
黄煙柳	五寸	丸山熊蔵
白烟柳	同	佐藤佐蔵

二六日は一三発、二七日は二三発を上げている。注目されるのは、大きさはすべて四寸以上で最大一尺である。二七日の花火名を一部あげると、道成寺、黄煙柳、白烟柳、唐人、黒雲雷雨、雨、陽炎、蛸、金烟引、黒雲龍、松茸、青烟柳、蒸気船となる。唐人、蛸、松茸、蒸気船は造形を形取った、武士の狼煙相図に由来する技術であり、その他も煙の色に工夫を凝らしたものである。大きさも四寸以

上であり、すべて打上花火と考えて間違いない。蒸気船は時勢を反映したものでもある。

二六日夜の部は六六発、二七日の夜は五六発である。大きさは昼と同じで四寸以上、最大一尺である。二七日の花火名を一部挙げると、柳火、黒紅引、三玉発業入、七曜星、火龍、白玉、紫光星、柳蝶、雷火、満月電、玉引、太白星、柳火五段別、千丈庵となる。花火名だけでは決め手にはならないが、筒の大きさからこちらも打上花火として問題ないであろう。二八日夜は、地雷火と大仕掛が披露された。地雷火は、地面から火花が噴出する仕掛花火の一種である（口絵18）。この二つも大きな呼び物になったと考えられる。また、末尾には「右之外、入組玉多分御座候得共、紙数余り相嵩候ニ付、略す」とある。花火は目録に載っているもの以外にも、複数の奉納者による玉（入組玉）も多くあったが、紙数に限りがあるので省略する、とのことである。目録に掲載された数よりさらに多くの打上花火が上げられていたことになる。また「入組玉」という表現にも注目したい。これは打上花火であるからこそ、用いられる表現だからである。

第七章で天保期（一八三〇〜四四）の鍵屋・玉屋の花火の値段は、高いもので銀六〇匁（金一両）であった。ここで上げられた昼・夜の打上花火一五八発の一玉が平均金一両程度としても、一五〇両程度の興行となる。奉納花火なので自作玉もあるだろうが、縁日の茶屋なども含めると相当大規模なものであったことは想像に難くない。村の若者組が主体の奉納花火の一つの到達点を、慶応三年の片貝花火目録は示してくれる。

第十三章　旧武士たちの参入と西洋の化学薬品

嘉永六年（一八五三）のペリー来航から一四年、明治維新によって新政府が樹立され、日本は近代社会へと歩み始めた。西洋文明と接触する機会が増し、政治体制も身分制社会から天皇を戴きながらも四民平等の市民社会へと大きく変化する。社会全体が根本的に変わっていくなかで、江戸時代に築かれた花火文化も変容を迫られるが、花火に関わる人々は、積極的に対応を図ることによって、新たな花火文化を確立するに至る。これから明らかにしていこう。

明治二年から始まった招魂祭花火

招魂祭とは、東京招魂社（明治一二年からは靖国神社）で行われていた祭礼のことである。招魂社は、元治元年（一八六四）から慶応三年（一八六七）の間、王政復古（明治維新）のために国事に関わり、殉死した人々を慰霊する目的で創設された招魂墳墓・招魂場に由来する。これらの場所は、各藩それぞれで設けていたが、明治元年（一八六八）に新政府により京都東山霊山に祠が建てられた。そして、明治二年六月二九日に東京九段坂上に東京招魂社が建立されたのである。これに先立つ六月二四日に、軍務官から新政府軍を構成する二二藩に対して、祝砲と花火の献納（奉納）を希望する者は六月二六日までに申し出るよう布達されている。招魂祭は二九日から五日間の日程で催され、五日目には昼夜花火が予定されていた。以上が明治二年招魂祭の概要であるが、これ以上の詳細は不明である。

翌明治三年の招魂祭では、花火の目録《プログラム》が伝わっており内容がわかる。目録は「庚午五月　招魂祭花火」と書かれ、花火筒をデザインした袋に入った横綴じ五丁の板刷りである。これには、五月一六日昼は五九発、同夜六四発、一七日昼五六発、同夜五七発の打上花火、一八日（番外）は仕掛花火一三回と「手花火種々」とある。のちに見るように、打上花火は旧田安邸（田安門内）で上げたが、一八日の番外は招魂社の一画でなされたのであろう。

目録は、花火名と奉納者を「白菊　奉納　有栖川宮」のように記載している。奉納者の記載には三つのランクがある。文字が一番大きく、そして高い位置にあるのは「有栖川宮」であり、二番目は「武庫司」「久我」のように官庁部署名と苗字のみの個人名、三番目は「内田義政」「鍵屋弥兵衛」のような姓名や屋号・名前である。

有栖川宮は戊申戦争の東征大将軍熾仁親王で、兵部省の最高位である兵部卿であった。二番目の書き出しの官庁部署名は、武庫司、会計司、造兵司、第四大隊がある。初期兵部省の機構は明らかになっていないようだが、これらはその部署名であろう。苗字のみの個人名は、久我、川村・船越、蟻川、前原、沢、木戸、三宮、平尾、広沢、石井、佐野の一二名である。前原は、当時兵部大輔の前原一誠（山口藩）で、暗殺された大村益次郎の後任であった。後に萩の乱の首謀者となる。久我は兵部少輔の久我通久（公家）。川村は明治四年七月に兵部少輔となる川村純義（鹿児島藩）であろう。その他では、外務卿沢宣嘉《さわのぶよし》（公家）、のちの太政官参議木戸孝允（山口藩）、当時太政官参議広沢真臣《さねおみ》（山口藩）が判明する。兵部省の卿・大輔・少輔と山口藩と公家の顕官が苗字のみの奉納者である。不明者も半数いるが、兵部省の公的色彩が非常に強い奉納花火であったと思われる。

三番目のランクである姓名や屋号・名前のグループでは、何人か姓名に肩書きを付している。豊橋藩知事、豊橋藩製作人（七名、省略）、社司（一二名、省略）、山口藩知事藤井庫太である。山口藩は顕官の奉納者が何人もいた。社司は招魂社の神官である。不明な者は兵部省官吏もしくは山口藩関係者と考えておきたい。

屋号・名前には、鍵屋弥兵衛、銭屋卯兵衛、車屋七兵衛の三者がいる。銭屋と車屋は兵部省の出入商人であろう。鍵屋弥兵衛は花火師の鍵屋である。花火を請け負った場合、自身も奉納者となる場合が明治期の新聞記事に見られる。この花火も三回を奉納したのである。また、車屋七兵衛は一〇回奉納しているが、そのうちの一度分には「車屋七兵衛・製作人花屋米吉」とある。花屋は、当時の隅田川花火の資料にも登場するので、花火師と考えてよいだろう。車屋の花火は花屋が請け負って上げたので、一回分（半回分）を奉納したのである。

花火師といえば、「豊橋藩製作人（七名）」が奉納しているのも興味深い。彼らは豊橋藩の砲術担当

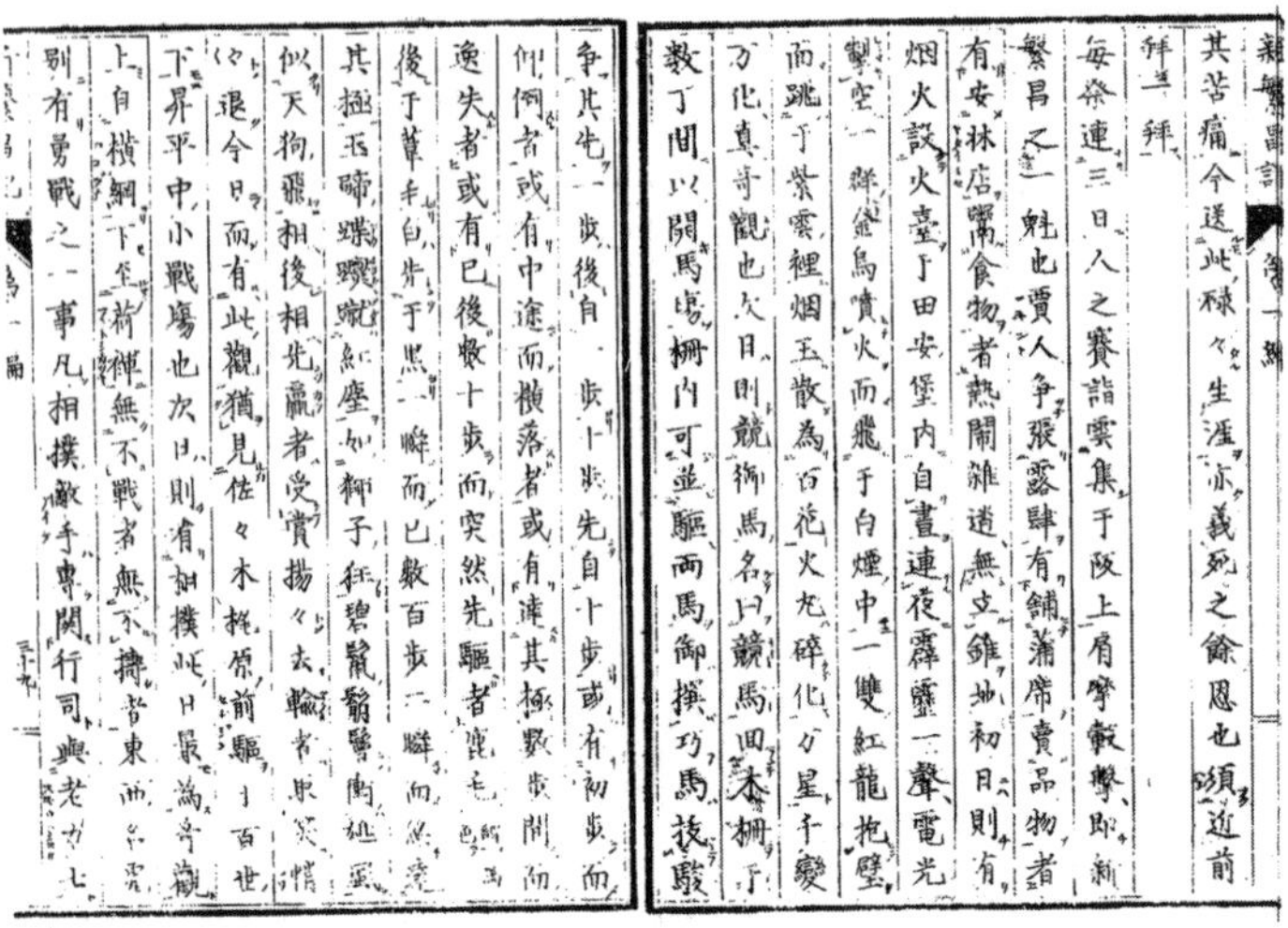

34　『東京新繁昌記』（国立国会図書館蔵）は，昼夜大がかりな花火を上げた招魂祭の様子を詳しく記す。

の者たちで、狼煙技術でこの花火を上げたのである。うち二名はのちに花火師になっている。鍵屋弥兵衛と花屋の奉納花火は昼夜上げられ、とくに鍵屋は「三階傘」「黄烟柳」といった名称の、かつての打上狼煙のような花火を扱っている。明治三年時点では、武士と花火師の間で打上花火の技術的な差は、ほとんどなくなっていた。

『東京新繁昌記』に見る招魂祭花火

服部誠一による『東京新繁昌記』は、明治七年四月に三九丁仕立（七八頁）で出版され、東京の新しい文物を紹介した。項目は、学校、人力車、新聞社、貸座敷、写真、牛肉店、西洋目鏡と続き、最後は招魂社に三丁（六頁）割かれている（図34）。都下に新築された官社では招魂社が一番よいという記述から始まり前半ではその景観や祀っている霊を紹介し、後半では年四回の大祭について詳しく説明している。招魂社についての先行研究はいくつかあるが、大祭については言及がないので『東京新繁昌記』の記述は貴重である。

各祭は三日間で初日は花火、二日目は競馬、三日目は相撲が行われる。賽詣する人々が雲集し、肩と肩がぶつかるほどで、物や食べ物を販売する商店が建ち並び、雑踏は立錐の余地もない。花火は「火台」を宮城内旧田安邸に設け、昼夜上げられる。

霹靂一声電光空を掣し　　一群の金烏火を噴ひて白煙の中ちに飛び
一雙紅龍壁を抱きて紫雲の裡に跳ば　　烟玉は散て百花と為り火丸は砕けて万星と化す
千変万化真に奇観なり

一行目と四行目は夜の花火、二・三行目は昼花火の情景である。昇斎一景「東京名所四十八景　九段さか狼火」は黄色い煙を出した昼花火と、旧田安邸の火台を描いている。手前には提灯と幔幕を下げた葦簀張りの店と集まった人々が見える（口絵19）。

市中で昼夜大がかりな花火が実施されたことは、花火師の活躍の場を広げた点で招魂祭花火は画期的であった。江戸時代、市中では防火のため大がかりな花火が禁じられていたからである。以降東京では、上野や浅草、不忍池といった広場で花火が上げられるようになり、開会式や開業式などのイベントに花を添えるため、昼の花火も普及していった。

旧豊橋藩士平山甚太の煙火製造所開業

明治維新により職を失った元武士たちは商人や教師などさまざまな仕事に就いたが、花火製造に携わる者もなかにはいた。そして明治時代から昭和戦前期にかけて、横浜港からの輸出品に花火があった。上田由美の研究によって、見ていこう。

平山甚太は三河国吉田藩士中村哲兵衛の次男として生まれ、同藩平山清助の養嗣子となって勘定方を務めていた（明治二年に吉田藩は豊橋藩になる）。平山の兄中村道太は実業家で、横浜正金銀行初代頭取も務め、福澤諭吉の門下生だった。平山も福澤やその門下生と接点があり、同郷の福澤門下生鈴木東一郎がアメリカ合衆国から帰国し、「西洋の様々な技術には巧妙なものが多いといえども、花火の技術においては遠く日本には及ばない、内外の文明を競う際、花火の技術を試みれば、必ずや外国人の耳目を驚かせるにちがいない」旨を平山に話したという。それを聞いた平山は、国内でも花火で有名だった故郷豊橋から職人を呼び寄せて、花火を製造することにした。

平山が横浜の内田町（横浜市中区）に工場を設け、平山煙火製造所を開業したのは明治一〇年のことであった。一〇月三〇日の『横浜毎日新聞』に掲載された広告（図35）には、神奈川県庁の許可を得て花火製造業を始めるにあたり、日本人をはじめ外国人にも宣伝するため、一一月三日天長節に、横浜公園で花火を打ち上げると書かれている。「烟火放発目録」によると、昼花火は三二発、夜花火

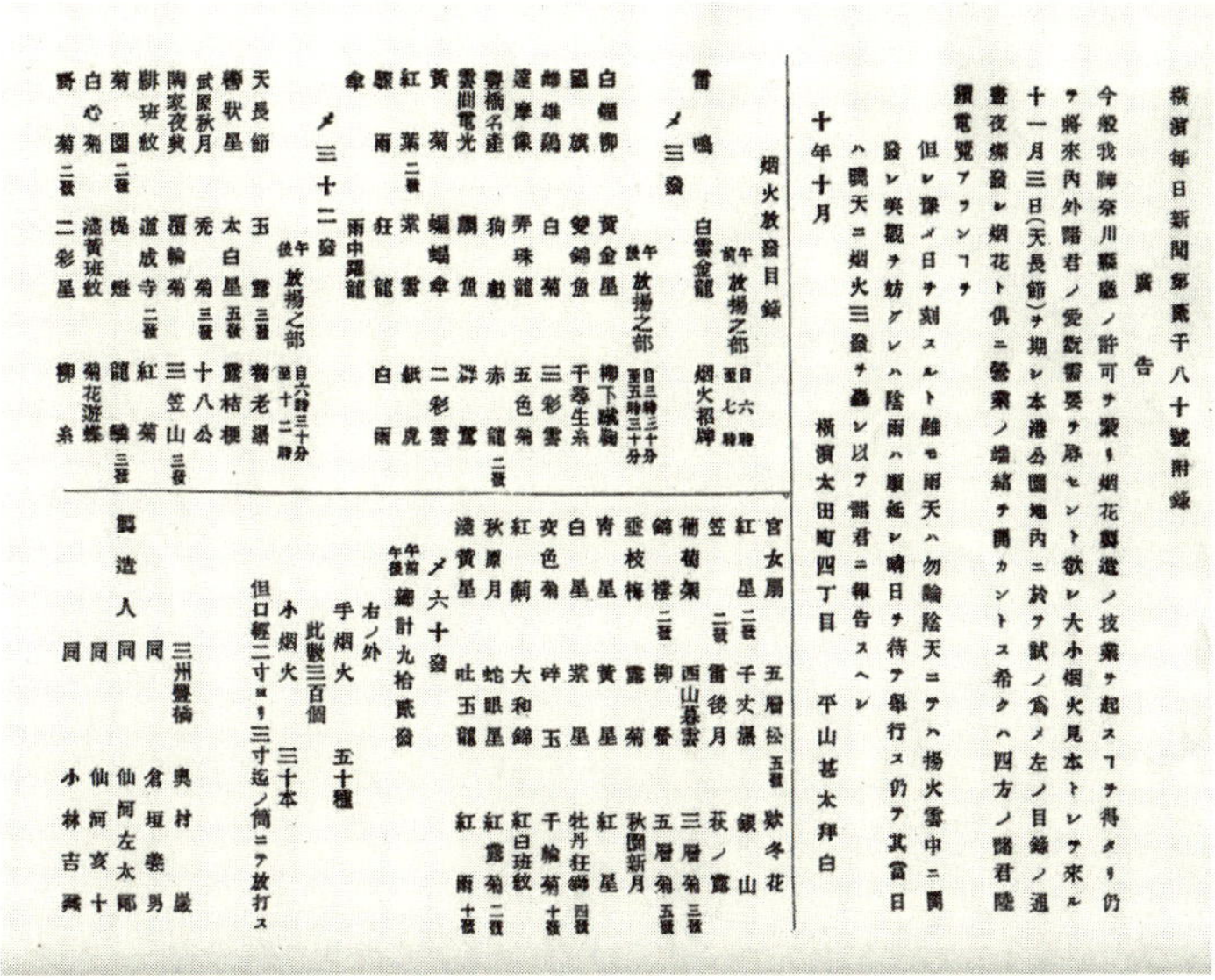
横濱毎日新聞第貮千八十號附録
廣告
今般我神奈川縣廳ノ許可ヲ蒙リ烟花製造ノ技業ヲ起スコヲ得タリ仍テ將來内外諸君ノ愛翫需要ヲ辱セント欲シ大小烟火見本トシテ來ル十一月三日(天長節)ヲ期シ本港公園地内ニ於テ試ノ爲メ左ノ目録ノ通晝夜煉發シ烟花ト倶ニ發業ノ端緒ヲ開カントス希クハ四方ノ諸君陸續電覧アランコヲ
但シ豫メ日ヲ刻スルト雖モ雨天ハ勿論陰天ニテハ揚火雲中ニ開發シ美觀ヲ妨グレハ陰雨ハ順延シ晴日ヲ待テ舉行ス仍テ其當日ハ晴天ニ烟火三發ヲ轟シ以テ諸君ニ報告スヘシ
十年十月　横濱太田町四丁目　平山甚太拜白

烟火放發目録
午前放揚之部　自六時至七時
雷鳴　白雲金龍　烟火招牌
〆三發
午後放揚之部　自三時三十分至五時三十分
白銀御　貴金星　柳下蹴鞠
國旗　變錦魚　千尋生糸
錦雄鶏　白菊　三彩雲
達摩像　弄珠龍　五色菊
豊橋名産　狗戯　赤龍二發
雲間電光　鯛魚　浮鷺
黄菊　蝙蝠傘　二彩雲
紅葉二發　紫雲　紙虎
驟雨　狂龍　白雨
傘　雨中躍龍
〆三十二發
午後放揚之部　自六時三十分至十二時
天長節　玉露三發　海老瀧
櫻狀星　太白星五發　露桔梗
武原秋月　禿菊三發　十八公
陶家夜興　覆輪菊　三笠山三發
麒斑紋　道成寺二發　紅菊
菊園二發　提燈　龍鱗三發
白心菊　淺黄斑紋　菊花遊蝶
野菊二發　二彩星　柳糸
宮女扇　五層松五發　款冬花
紅星二發　千丈瀧　銀山
笠二發　雷後月　荻ノ露
葡萄架　西山暮雲　三層菊三發
錦樓二發　柳營　五層菊五發
垂枝梅　露菊　秋闌新月
青星　黄星　紅星
白星　紫星　牡丹狂獅四發
變色菊　碎玉　千輪菊十發
紅蘭　大和錦　紅白斑紋
秋原月　蛇眼星　紅露菊二發
淺黄星　吐玉龍　紅雨十發
〆六十發
午前午後　總計九拾貮發
右ノ外
手烟火　五十種
此數三百個
小烟火　三十本
但口徑二寸ヨリ三寸迄ノ筒ニテ放打ス
製造人
三州豊橋　奥村巖
同　倉垣義男
同　仙河左太郎
同　仙河亥十
同　小林吉藏

35　横浜公園での花火打ち揚げ広告。『横浜毎日新聞』明治10年10月31日（横浜開港資料館蔵）。

は六〇発の合計九二発、その他に手烟火五〇種三〇〇個、小花火三〇本であった。昼夜の花火は打上花火であり、手烟火は玩具花火であろう。小花火は但し書に「口径二寸より三寸迄の筒にて放打す」とあり、流星や玉火の類と考えておきたい。

製造人として三州豊橋の奥村巌、倉垣義男、仙河左太郎、仙河亥十、小林吉蔵が記されている。このうち、仙河左太郎と亥十（郎）は明治三年「招魂祭花火」目録の「豊橋藩製作人（七名）」にも名前が見える。平山が故郷から呼び寄せた職人は旧豊橋藩の武士たちであった。

一一月五日の『横浜毎日新聞』によれば、天長節当日の朝六時、市内の人々は「残月をつらぬくばかり」の花火の音で目覚めた。これは「招聘」と呼ばれる、当日の実施を告げる合図であろう。午後には花火の打上会場である横浜公園内外に多数の見物客が詰めかけ、午後三時半から午前一二時までに一七〇発余の花火が打ち上げられたという。目録との相違は数え方によるのであろう。

この夜、横浜の町会所楼上では、神奈川権令・裁判長・税関長が各国領事とともに花火を観賞した。外国人にも好評で注文を受けたのが、輸出のきっかけとなった（口絵20・21）。権令が観賞したり横浜公園で花火を許可していることから、県が平山を積極的にバックアップしていたことが伺える。花火は、生糸や茶、陶磁器のような輸出品育成と、廃藩後の士族授産という当時の日本の方針と合致する産業でもあった。

西洋からの化学薬品の導入

花火の原料に化学薬品を用いたのは、武蔵国埼玉郡羽生村（現埼玉県羽生市）出身の商人清水卯三郎が最初と言われる。清水は一八六七年に開催された第二回パリ万国博覧会で見た西洋花火に感激し、化学薬品を日本に持ち帰った。そして、明治二年（一八六九）東京日本橋に店（瑞穂屋）を開き、化学薬品の販売を開始したという。清水は文政一二年（一八二九）の生まれで、舎密学（化学）を学び、文久二年（一八六二）には入門書も出版するほど英語が堪能であった。薩英戦争の折にはイギリス軍艦に搭乗し砲撃の様子を実見した唯一の日本人としても知られている。彼は生涯を通じて、舶来製品の移入と知識を伝える多くの翻訳を手がけた。西洋歯科技術を真っ先に導入したとして、その功績を称えられる人物でもある。

　西洋から化学薬品を移入する意義は、二つあった。一つは玉内の燃焼温度の上昇である。江戸時代以来の黒色火薬の花火（和火）は、燃焼温度がせいぜい一七〇〇度前後でオレンジ色しか出せなかった。しかし塩素酸カリウムを使用すると燃焼温度が二〇〇〇度くらいまで上がり、これまでに比べて明るく白色がかった花火が作れるようになった。

　第二の意義は、全体として明るくなった花火に色を出す化学薬品を加えると、緑や赤も発色できることである。油絵に喩えるならば、薄暗かったカンバス自体が明るくなって、さまざまな絵の具が引き立った。

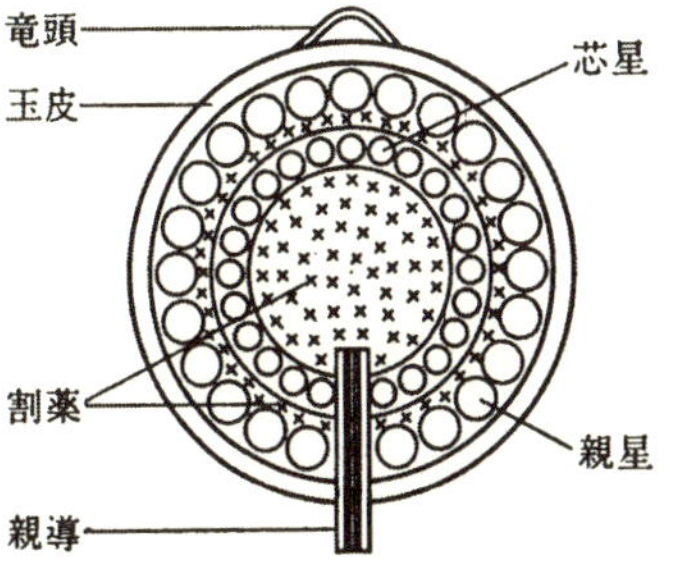

36　日本の代表的打上花火である割物の構造。

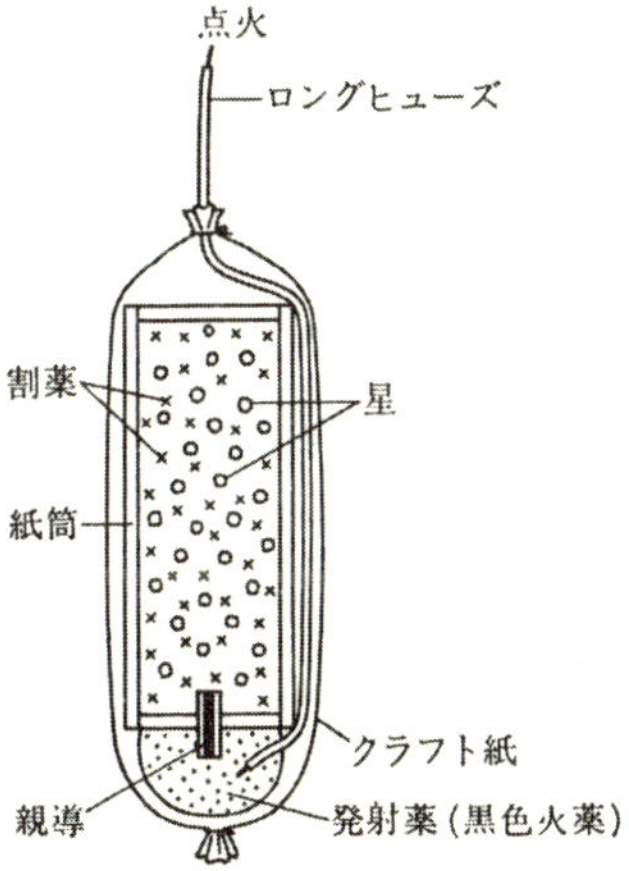

37　欧米の長玉の構造。いずれも，小勝郷右『花火』(岩波書店，1983 年)より転載。

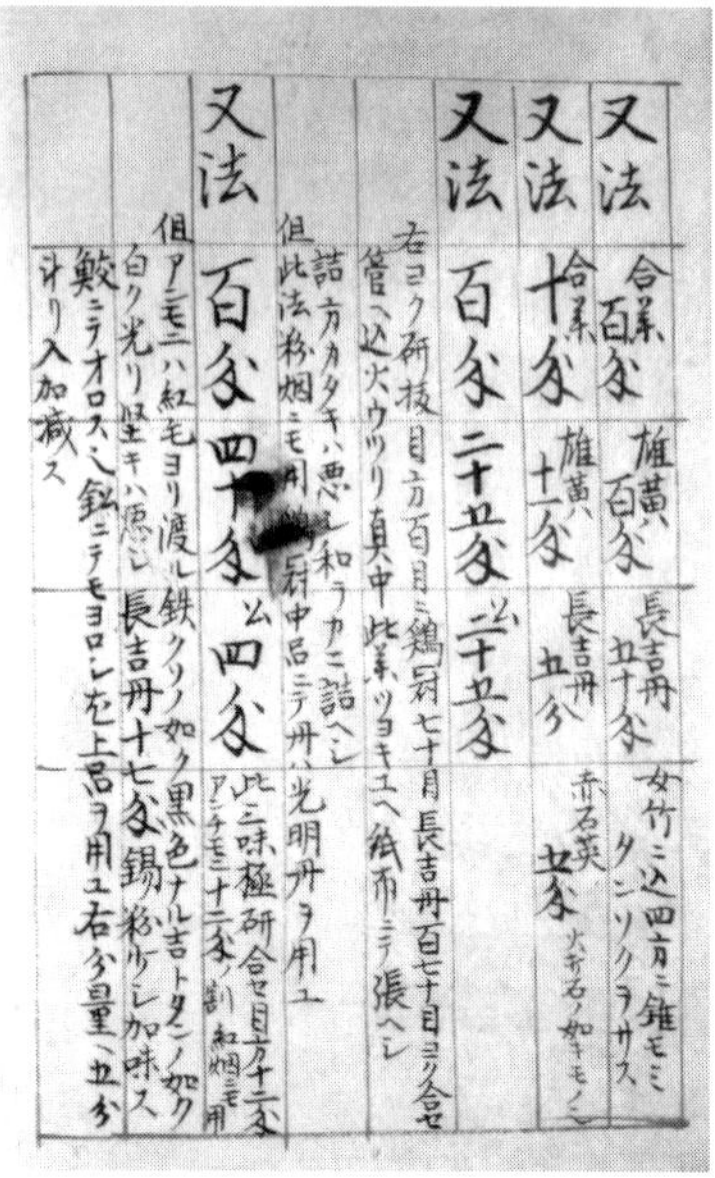

38 『東京打揚花火仕伝書』（すみだ郷土文化資料館蔵）には，化学薬品「アンモニア」が見える。

もうひとつ忘れてならないのは、西洋諸国と日本では花火の構造が異なることである。筒から上空に打ち上げ、空中で爆発する点は同じだが、玉の構造が異なる。日本のは球形で中央に割薬があって同心円状に星が配されている。西洋のは球形ではなく缶の形をした紙筒に割薬と星が一緒に入っている（図36・37）。上空で爆発後、同心円上に星が軌跡を描く日本のものに対して、西洋のは重力によって星が降りてくる形となる。日本の花火が西洋で高い評価を得た理由は、この点にあった。

『西洋煙火之法』の翻訳と受容

こうして従来にない色彩の花火を総称して洋火と呼ぶようになった。上田によると、戦前に発行された『横浜市史稿　風俗編』では、西洋花火が横浜で初めて打ち上げられたのは明治三年で、横浜入舟町（横浜市中区港町五、六丁目）の埋め立て地固め祝いのため、六月一一日夜に東京の鍵屋製造の花火を打ち上げたという。しかし、純粋な西洋花火ではなかったという。そして、明治一〇年に平山甚太が横浜公園で打ち上げたのが西洋花火の始まりだとする。

　明治三年の鍵屋は、きっと燃焼温度が十分上昇に至らず発色効果が確認できなかったのであろう。化学薬品を扱う知識も身につけなければ、洋火はうまく作れない。だとすれば、技術書の内容の変化を調べれば、化学薬品の普及や技術的進展の度合いがわかるかもしれない。明治二年一一月と表紙に書いている技術書『東京打揚花火仕伝書』には火薬の配合が記されているが、「赤烟之法」の一つに「アンモニア」を用いている（図38）。花火名が赤烟なので、昼花火の火薬にまぶして製作したのであろう。清水の自伝には、日本橋の店の前でフランスから輸入した花火に火を点けたら赤く燃えた、と書かれている。まずは完成した花火玉と化学薬品の輸入が先行し、花火師が試行錯誤を繰り返していたのが、幕末開港から明治一〇年くらいまでの状況であった。

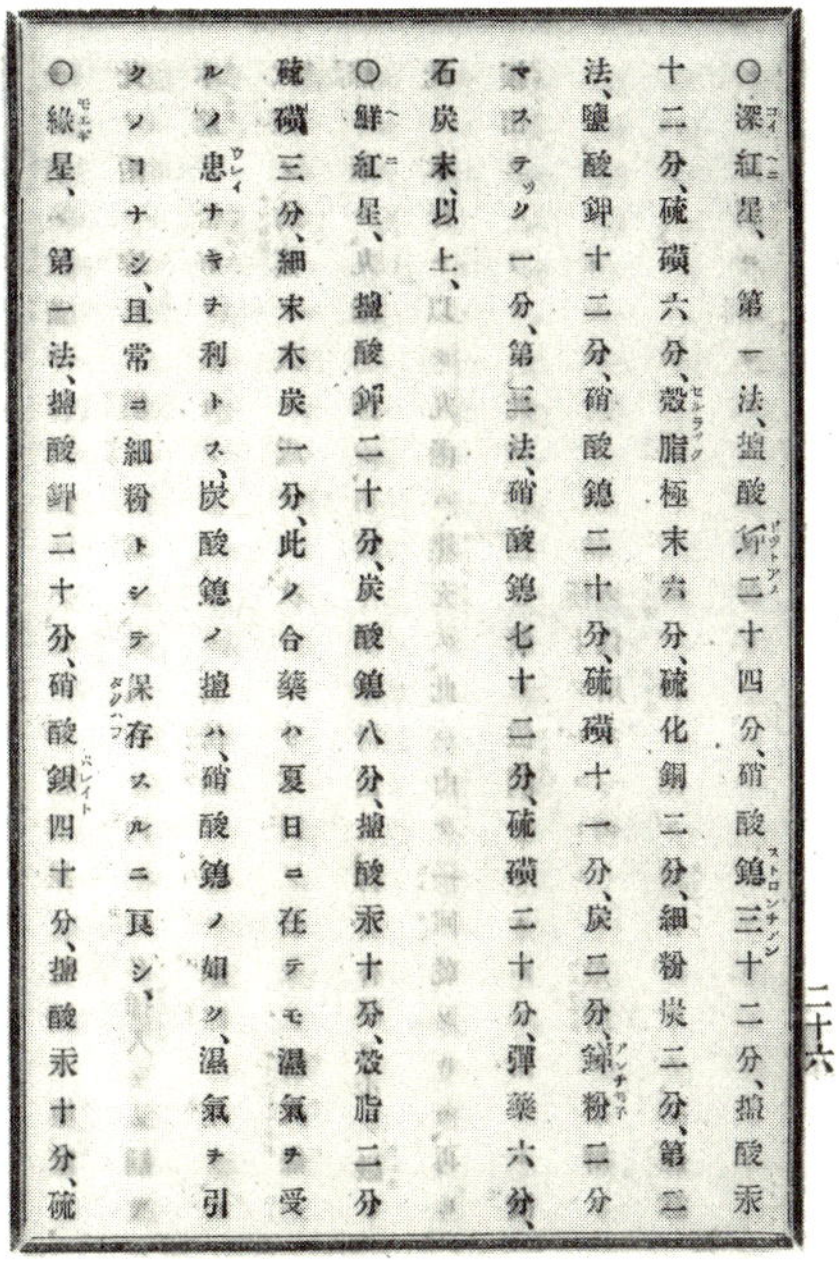
二十六
○深紅《コイベニ》星、第一法、鹽酸鉀二十四分、硝酸鎴《ストロンチアン》三十二分、鹽酸汞
十二分、硫磺六分、殼脂《セルラック》極末六分、硫化銅二分、細粉炭二分、第二
法、鹽酸鉀十二分、硝酸鎴二十分、硫磺十一分、炭二分、銻粉二分
マステツク一分、第三法、硝酸鎴七十二分、硫磺二十分、弾薬六分、
石炭末以上、
○鮮紅星、鹽酸鉀二十分、炭酸鎴八分、鹽酸汞十分、殼脂二分
硫磺三分、細末木炭一分、此ノ合薬ハ夏日ニ在テモ濕氣ヲ受
ルノ患《ウレイ》ナキヲ利トス、炭酸鎴ノ鹽ハ、硝酸鎴ノ如ク、濕氣ヲ引
クノコナシ、且常ニ細粉トシテ保存《タクハフ》スルニ良シ、
○緑《モエギ》星、第一法、鹽酸鉀二十分、硝酸銀四十分、鹽酸汞十分、硫

39　『西洋煙火之法』（すみだ郷土文化資料館蔵）は，化学薬品の知識を伝えた。

　そうした状況に大きな影響を与えたのは、またしても清水であった。彼はイギリスで発行された『オクエンシオップ』を翻訳した『西洋煙火之法』を明治一四年に出版した。原書の刊行からわずか三年であり、当時としては極めて早い翻訳といえよう（図39）。

この書は、日本でどのように活用されたのか。時期は不明ながら、武州新里村矢島が記した『煙火方』という技術書に、『西洋煙火之法』を一部筆写してある（図40）。『西洋煙火之法』の二六頁で、「深紅星」「鮮紅星」「緑星」といった、洋火らしい色を出すための配合割合が書かれた箇所である。『西洋煙火之法』は、イギリスの花火技術を学ぶのではなく、化学薬品の取り扱いを学ぶために読まれた。玉の構造は従来のやり方を踏襲し、化学薬品だけを導入した経緯がよくわかる。

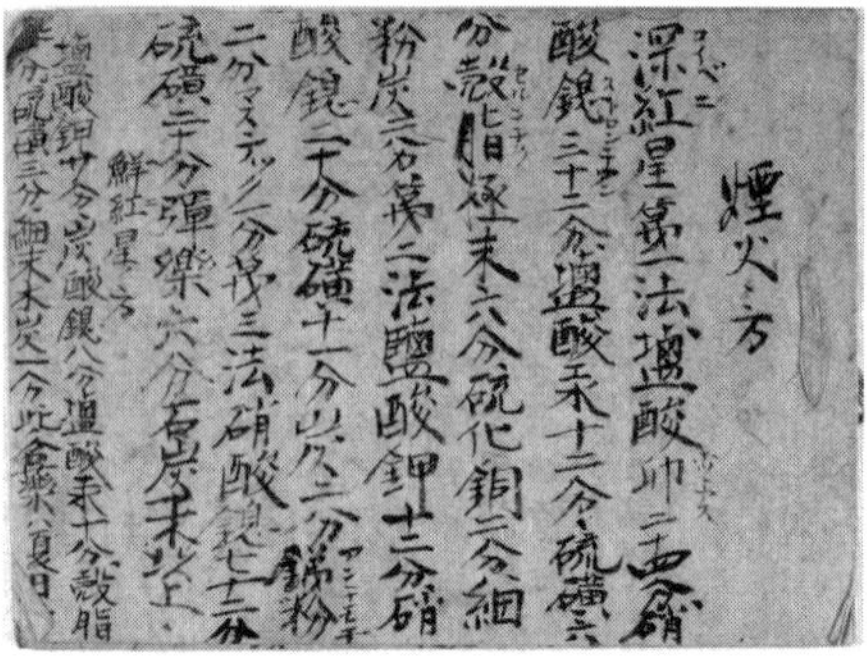

40　明治期に武州新里村矢島が記した『煙火方』には，「深紅星」「鮮紅星」の部分が『西洋煙火之法』（すみだ郷土文化資料館蔵）から抜き書きされた。

洋火の定着

明治一六年刊行の『西洋花火の種書』は静岡県静岡町の森文吉による一枚刷り（現代のチラシのような出版物）であるが、赤や紫、緑といった色彩を出すための配合割合に特化した内容となっている

（図41）。塩素酸カリウムなど取り扱いに注意が必要な薬品について、他の材料と一緒に研末（薬研で粉末にすること）すると大害を被るので、個別に粉末にしてから混ぜ合わせること、と適切な指示がされている。研末という花火作製の工程に即した内容を盛り込んでおり、経験を踏まえた記述と評価できよう。明治一五年前後に、化学薬品が十分な知識と経験をともなって社会に定着してきた様子が伺える。

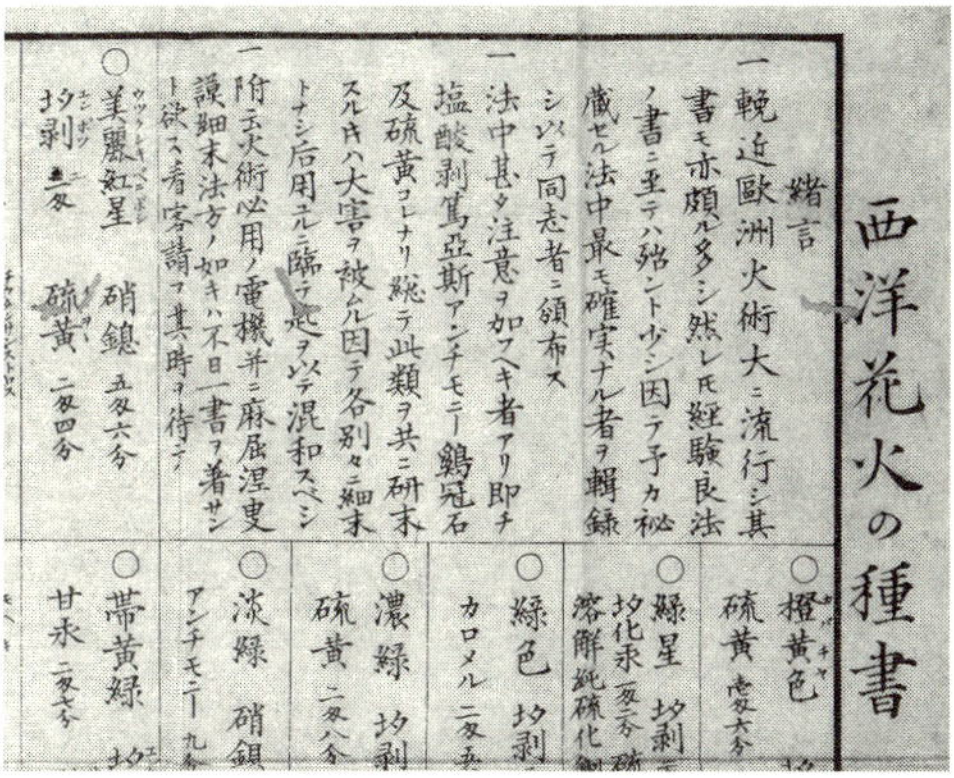
西洋花火の種書
緒言
一輓近歐洲火術大ニ流行シ其書モ亦頗ル多シ然レ氏経験良法ノ書ニ至テハ殆ント少シ因テ予カ秘蔵セル法中最モ確実ナル者ヲ輯録シ以テ同志者ニ頒布ス
一法中甚タ注意ヲ加フヘキ者アリ即チ塩酸剥篤亞斯アンチモニー鶏冠石及硫黄コレナリ総テ此類ヲ共ニ研末スルトキハ大害ヲ被ル因テ各別々ニ細末トナシ后用ユルニ臨テ是ヲ以テ混和スヘシ
一附云火術必用ノ電機并ニ麻居涅曳識細末法方ノ如キハ不日一書ヲ著サント欲ス看客請フ其時ヲ待テ

41　『西洋花火の種書』（一部）には，化学薬品の取り扱い上の注意点が記されている。美麗紅星、緑星の配合が見える。

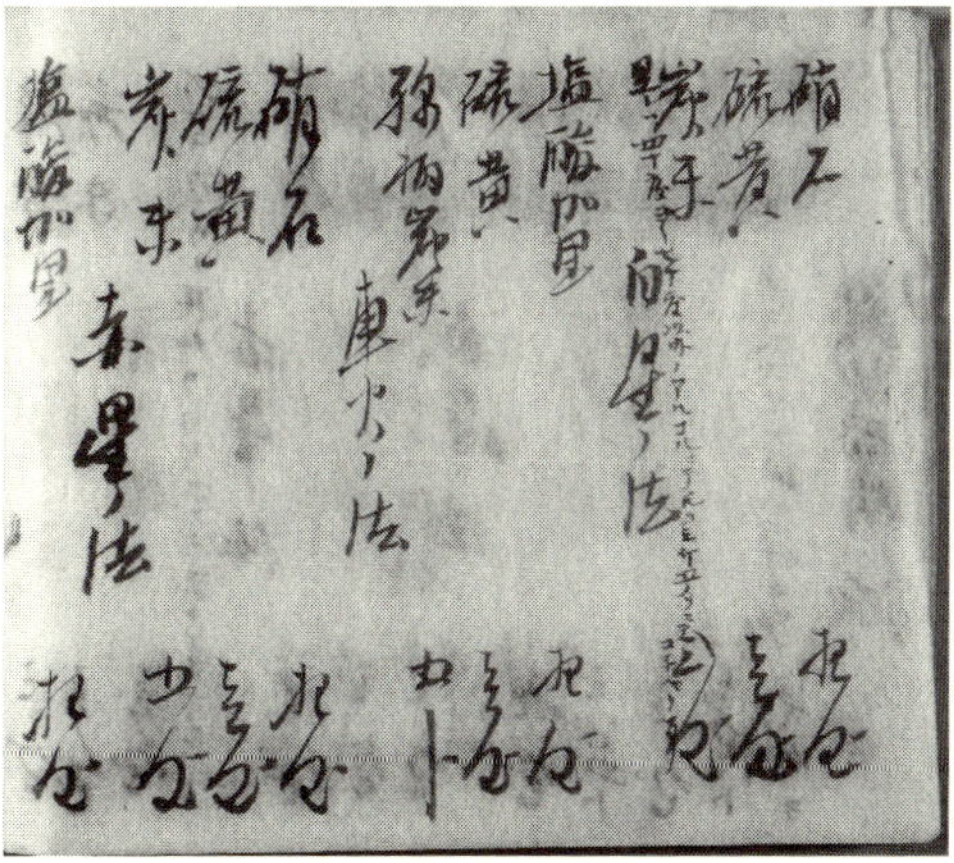

42　『火薬調号量記』では，塩酸加里（塩素酸カリウム）が配合されている様がうかがえる。いずれも，すみだ郷土文化資料館蔵。

明治一九年に中頸城郡池村坪井詳が記した『火薬調合量記』を見ると、江戸時代以来の硫黄、炭に加えて、

白星の法
塩酸加里　一〇匁　硫黄　一匁　綿柄炭末　五分
紫星の法
塩酸加里　一〇匁　硫黄　五匁　茄子柄炭　一匁　鉄粉　二匁
硝酸抜里篤　二匁

と塩素酸カリウムと硝酸バリウムが見える。これは打上花火の星の配合割合である（図42）。このようにして、化学薬品は硫黄や炭といった従来おなじみの材料に加えられた。

流通についてはどうだろうか。『西洋煙火之法』では、奥付に「烟火の薬品弊店にて発売する」とあった。瑞穂屋は舶来の物品を扱う商店だったので、花火の材料は化学薬品のみを販売していた可能性が高い。少し後だが、明治三二年に鶴盛社々員中山善治の残した『花火薬品買入帳』という史料は面白い。鶴盛社は花火の製造販売会社で、この史料は花火の原材料の購入記録である。「硝石五〇〇匁　六〇銭、硫黄二〇〇匁　八銭、鶏冠石五〇匁　七銭五厘」のあと、「硝酸加留膜（硝酸カリウム）三包　四五銭、塩酸加里（塩酸カリ）一包　一五銭」とあり、化学薬品を材料として買い入れている

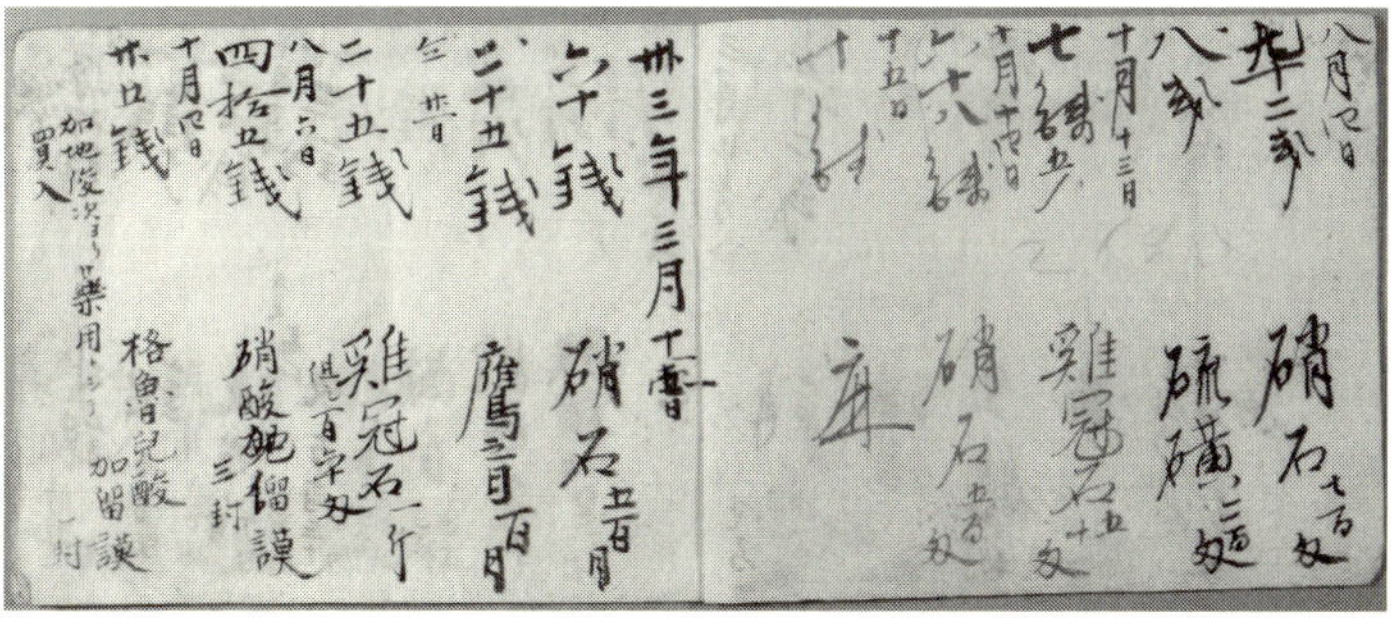

43 『花火薬品買入帳』（すみだ郷土文化資料館蔵）では，化学薬品がそれほど高価な材料でなかったことがわかる。

（図43）。明治三七年に二〇発請け負った合計三円の材料費のうち、塩酸カリは二五銭で全購入額の一〇％に満たない。明治三〇年代には化学薬品が特別に高価な材料ではないことが明らかである。

第十四章の隅田川花火についての新聞記事では、明治二五年頃は「打上花火の種類は数十で、色つきの洋火もあり」と紹介されている。洋火は、明治初年から三〇年くらいかけて、ゆっくりと定着していった。

近代的法整備の開始

法整備の過程を新聞に掲載された法令により検討していこう。東京府は明治二年には武家屋敷内での花火の禁止、市中での竹筒花火の禁止を定めている。これは旧幕府の都市のきまりを踏襲したものである。一方、明治六年には事前届出制を布達している（玩具花火は除く）。これにより隅田川で日常的に親しまれていた船花火はできなくなった。他方で、届け出さえすれば市中でも花火を上げられることになり、明治時代になって催しに花火を用いる素地となった。

その後、大阪府では明治一四年七月六日に花火打上願の届出先を警察本署から所管警察署へ変更（格下げ）する旨布達した（東京府は不明）。同じ布達で、火薬買入については従来どおり警察本署に願い出るとしている。翌一五年三月八日には、花火製造所を設立する者は人家から離れた場所を選んで図面を添えて所轄警察署に願い出ることとし、製造・販売・卸売をする者も同様の手続きによった。これに伴って、すでに許可を得ている者も再度受けるように布達している。大阪府の二つの布達は、事前届出制と火薬原料の管理と製造・販売・卸売者の免許制が明治一〇年代には法令整備されていたことを前提に発令されている。条例上では、製造者はすべて免許が必要となっているが、町や村の奉納花火を作っていた者が果たして届け出ていたのか実効性には疑問が残る。

明治一七年に自由民権運動の激化諸事件が頻発して政府は火薬管理の必要性を痛感し、同年一二月二七日、「火薬取締規則」を制定する。総則で、火薬・激発火薬は人民に於て製造することを禁ず。但し烟火・マッチの類は此限りにあらずとしており（第一条）、その他烟火に関する条文は、火薬類営業者は烟火の職業用に限り売り渡すべきものとし（第九条）、烟火製造の免許を得た者は、その免状を示して五貫目を限度に購入することができた（第一〇条）。貯蔵に関しても、管轄庁の許可を受けて五貫目を限度に倉庫に貯蔵することになった（第一三条）。

火薬類の供給から流通の末端までを管理の対象としているが、第一条の但し書で烟火製造人が自ら火薬製造することは例外として認められた。また、明治一九年一〇月二〇日の勅令第六七号で、第一〇条の免状呈示および購入限度規程が廃止された。このように明治一〇年代までは、届出と許可が主体で花火製造の過程にまで踏み込んだ法令整備は行われなかった。

烟火取締規則の制定

明治二〇年六月二九日、警察令第一二号で烟火《えんか》取締規則が定められた。同規則は全一七条で構成され、烟火の製造、販売、貯蔵、製造上の注意、火薬類の管理、興行および罰則について包括的に規定した。これ以前に出された烟火・火薬に関する法令内容を踏襲したうえで、花火に関する細かな内容にまで踏み込んだ点で画期的であった。

まず、烟火製造の営業を行う者は、所管警察署を通して警視庁から免許を受けることになった（第一条）。これまでは製造と表記していたが、今回の条文では烟火製造の営業、となっており、自分の作った花火を自ら上げる場合は対象にならない。免許を受けなくても、町や村の奉納花火などで自作の花火を上げる余地は残された。

販売についても、製造と同様に免許が必要だが、「小児の玩弄に止まる線香花火の類」（玩具花火）は除外された（第二条）。これまでは手遊びの花火から打上花火まですべての花火が販売免許の対象であったが、区分を設けて玩具花火を対象から外した。自作花火の容認と玩具花火の販売許可の免除は、規則の立案者が法令と現実との関係を十分考慮した結果と評価できよう。また、玩具花火という言葉が近代法令に登場したのはこれが初めてである。寛政年間の都市のきまりが法令に引き継がれ、現在に至っている。

実効性が高かったのは、興行について定めた第一三条であった。

烟火を興行せんとする者は、その願書に日時・地名および烟火の種類・員数を記し、興行地の警察署を経て警視庁に指出し許可を受くべし

江戸時代から続く奉納花火はもちろん対象となる。種類と員数の届け出を求めた点で、明治一四年布達から一歩踏み込んだ内容となった。

自作した玉を奉納する場合は製造者として届けなくてもよいが、代金を受けとって他人の名で上げた場合は、規則第一条の営業を行う製造者に該当する。町や村主体の奉納花火で、村や若者組から代金をもらっても販売に該当し、法令に抵触する。烟火取締規則の制定は、自作花火の余地は残すものの、免許を受けた専業化を後押しする結果につながった。

第十四章　市場の拡大と専業化

川開と花火の今昔

隅田川の川開は幕末に中断し、その後復活したが、歩みは平坦ではなかった。明治三六年（一九〇三）八月七日の朝日新聞には、「川開と花火の今昔」と題した記事が載っている。

維新前後一時衰退したるを、明治の初年諸藩の留守居公用人等が豪奢より茶屋花火に若干の補助を与へ再び盛況を呈したるも、廃藩の後是等豪遊者の跡を絶ちし為め再び衰へて、単に川開きの花火のみ年二回づゝ催し居たり、斯くて去二十二三年頃より川開きと茶屋花火と合併し以て今日に至りしが、一方には花火製造も時勢に伴ふて大に変化し、明治四年七月宮内省観月の宴に御上覧あり、爾来諸種の宴会其他に広く余興として用ひられ、昔時の狼煙風の物を改良して洋風の火技を折衷し、終に五彩燦爛の妙を示すに至りし慶応四年（一八六八）の川開花火はにぎわったものの、幕末の政情不安と混乱の影響は大きく、花火屋船や茶屋花火などは全体的に不景気だったようだ。その状況を憂えた各藩江戸藩邸の留守居などが茶屋花火に少し援助したので盛況になった、とある。各藩の留守居は、情報交換のため集まることが多く、その一環として料亭を用い茶屋花火を所望した、と解しておきたい。後年の史料ではあるが、旧幕府時代にもそのような集まりで隅田川沿いの料亭を利用していたことになる。

それが、明治四年七月の廃藩置県のため再び活気がなくなり、衰えてしまった、という。参勤交代制度で全国の武士が江戸に集まることで経済を支えていた部分は大きかった。江戸が幕末の人口を回復するのは明治一〇年になってのことである。そして、川開花火のみ年二回ずつ催していたが、明治二二・三年頃から川開花火と茶屋花火が合同開催となり、一度のみになってしまった。

他方、明治四年七月の宮内省観月の宴で天皇が上覧し、その影響もあって諸種の宴会などに余興として用いられるなど、新たな分野が開拓されていった。また、花火自体も時勢に合わせて変化を遂げ、武士の狼煙風のものや西洋の技術を取り入れ、色彩も豊かで華やかになったという。

川開花火への新興勢力の進出

明治八年七月二二日の読売新聞は、昨晩の川開花火が盛況であったと伝えている。両国橋と両岸は群衆で身動きできないほどで、川面には屋根船などがひしめき、両岸の料亭の提灯も星のように連なっていた。花火の打上場所は二か所で、玉屋・鍵屋の賞賛の声は天まで響くかというほどであったという。

注目したいのは、花火の打上場所が二か所になっていることである。江戸時代後半は、両国橋下流の川中央で上げると決まっていた。だが明治になると両国橋の上流でも上げるようになった。神田川が隅田川に合流するこの一帯には、多くの船宿や料亭があった。

また、鍵屋だけではなく、花屋・南部屋といった新興勢力が、川開花火にも進出した。このうち南部屋は、天保一四年（一八四三）の花火屋書上にある「芝田町七町目　家主　南部屋善六」であろう。花屋は招魂祭でも花火も上げていた。江戸幕府の町奉行所史料を見る限り、江戸時代の隅田川花火は玉屋が江戸所払いとなるまで、玉屋・鍵屋がほぼ独占する状況であった。明治維新は、この独占市場に風穴を開けたのである。

花火屋船の禁止

新聞記事には痕跡はないが、東京府の花火政策の変更は、鍵屋の商売に致命的な環境の変化をもたらした。東京府は当初は隅田川の花火にかんして旧幕府の方針を踏襲していたが、次第に川開花火だけではなく茶屋花火にも申請・許可の手続きを求めるようになった。そして、明治六年七月二七日から九月二四日まで六〇日間、両国あたりの川中で小舟によって花火を販売したいという鍵屋の願書を、その都度願書と許可が必要であるとの理由で却下した（図44）。

江戸時代の隅田川では納涼花火が主で、川開花火（鍵屋の自費）と茶屋花火（料亭・船宿が出費）は

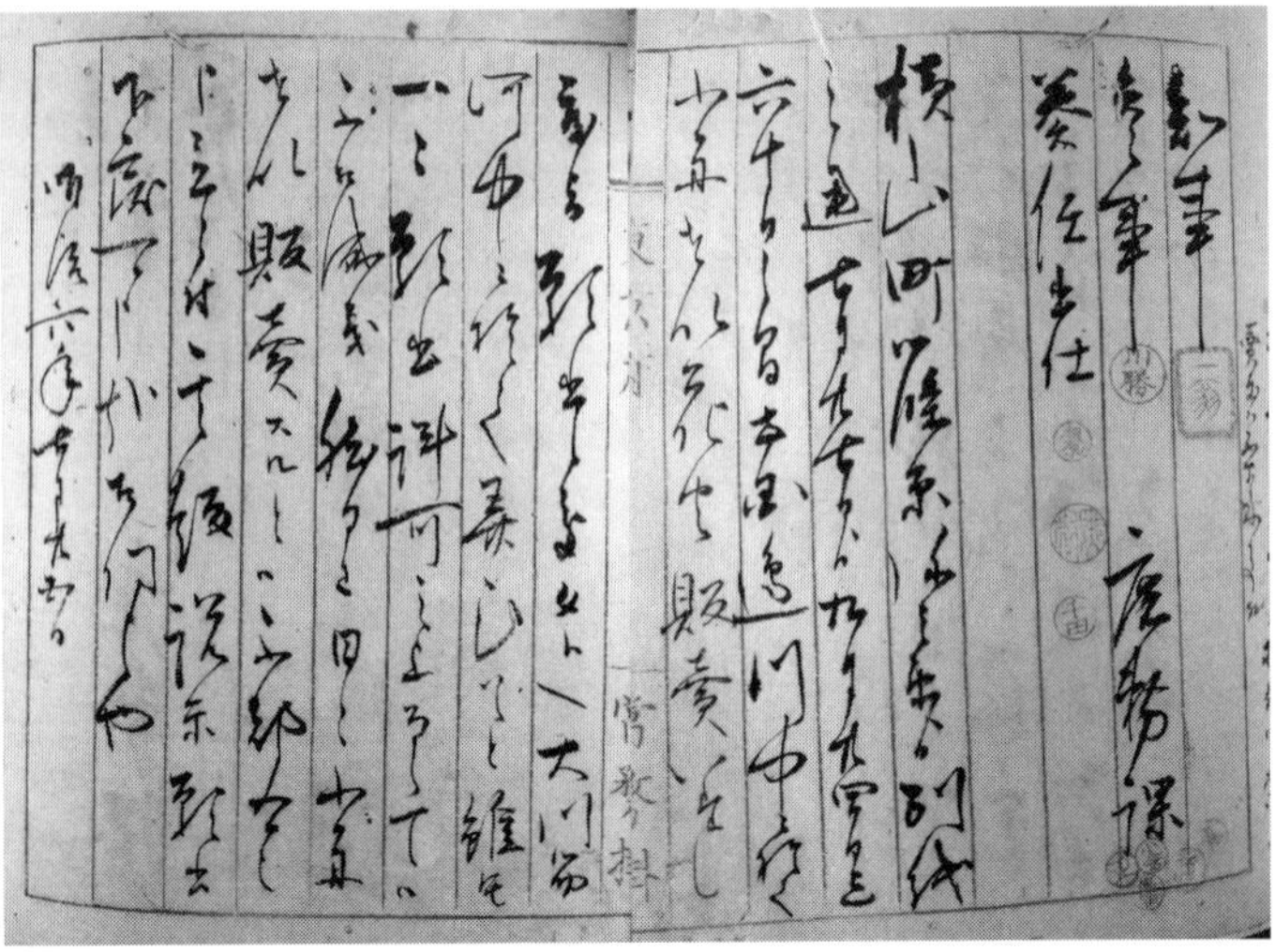

44　鍵屋の願書を却下する東京府の稟議史料（東京都公文書館蔵）。延宝2年（1674）から認められてきた花火屋船は，ちょうど200年目で幕を閉じた。

従の位置づけであった。とくに川開花火は納涼期間の開始を知らせるお披露目のようなもので、あとの三か月間でその投資を回収すればよいと考えられていた。夕涼みを楽しむ屋形船や屋根船からの需《もと》めに即座に応えるのが花火屋船の商売だった。隅田川花火の沈滞は、東京府の政策変更が原因であった。

　現存する東京府の公文書を見る限り、姿勢が変化した理由はわからない。同時期には、東京府の布達により明治四年に両国橋東西広小路から床店（屋台）も一斉に撤去されている。天保一三年に隅田川花火が廃止されなかったのは、夏に川筋で生計を成り立たせている者も多く、納涼のための船遊山は昇平の余《よ》沢《たく》でもあるからだった。東京府は江戸幕府と違って細民の生計を慮らなかった。花火屋船の実質禁止も、その姿勢が表れたにすぎない。

年一度の川開

料亭が主導して川開花火が年に一度の開催となった経緯を、明治二五年八月一三日の読売新聞で確認していこう。

〇昨日の川開（中略）近年に至り旧習を一変して川開きハ同所の割烹店発起者の如くなり、遂に待合・割烹店等より鍵屋に注文する様になりたり（以下略）

旧習とは江戸時代の川開花火は、毎年の手続きかは確認できないが、鍵屋が町奉行所に町名主を通じて実施を願い出て自費で行っていたことを指す。これに対して茶屋花火は、料亭が鍵屋に代金を支払う、料亭のための花火である。この二つが合体して、茶屋花火のような実施手続や支出の川開花火になったのである。

鍵屋は、このような変化に対し複雑な思いもあったようである。これと同時期の新聞には、直前の日程変更に対応できないとして、さらに日程の調整を料亭側に申し入れるなど、「下請」のような扱いには異議を唱えている。一方、料亭の側も、明治一〇年代以降、別の花火屋には発注せず、鍵屋のみに依頼して、川開花火が鍵屋の専売特許になるよう協力した。年一度の川開はこのような形で定着していった。

花火市場の広がり

上田によると、明治一〇年一一月、平山煙火製造所は上野で開催された第一回内国勧業博覧会閉場式で使う花火の依頼を受けた。内国勧業博覧会は、欧米からの技術と在来技術の出会いを目的とした産業奨励会であった。事前の新聞記事によると打上予定は五二本で、昼花火の「賊軍」と「開化野蛮」が注目された。当時、まだ西南戦争中で、賊軍とは西郷軍のことである。江戸の市中、上野で昼花火がなされていることが印象的である。

明治一一年一月二六日の読売新聞には、明日、千葉県で行われる招魂祭に東京から鍵屋が出張し、花火を上げる、という記事がある。各地での招魂祭も維新での殉難者の霊を祀る厳粛な祭祀であったが、出店があったり、お祭り的な側面も大きかった。鍵屋の盛名は千葉にまで届いていた。

同一六年一〇月一日の読売新聞は、来月三日の天長節に、外務省で例年以上に盛大な宴会が催されるようで、鍵屋にも花火数百本を注文済みである、と報じた。一方、平山煙火製造所はその翌月に鹿鳴館の開館式のあった日比谷の練兵場で昼三〇発、夜七三発を打ち上げた。有栖川宮ほか、参議、大輔、府県知事、各国公使等来賓列席のもと夜会が開かれ、帰宅する人々のために、夜一時に新橋から横浜まで臨時列車が走った。

鍵屋は、明治二二年二月の大日本帝国憲法発布式の際の注文御詑広告を新聞に出した。

憲法発布式御注文煙火御詑

憲法発布式御祝賀に付、宮内省御用其他諸方様より前々御注文にて当店混雑致居候故、諸方様方より御注文被二仰付一候処、御請も不レ仕候段、平に御詫び（中略）

日本橋区横山町壱町目　諸官省御用煙火師　鍵屋煙火商店

大日本帝国憲法の発布は、天皇を君主、国民を臣民として位置付けるなど、現在の私たちからすると大きな問題を残しながらも、明治維新以来の課題である「万機公論に決する」という国のあり方が決着した画期的出来事であった。宮内省や官庁だけでなく方々からの注文が多いのでこれ以上の注文には対応できません、との「御詫」広告である。鍵屋は「諸官省御用煙火師」を堂々と名乗っている。上田によると、発布された二月一一日には、東京では丸ノ内、日本橋、柳橋亀清楼前の三か所で花火が上がった。紀元節と重なり、大勢の人が街に出てにぎわった。横浜でも、市街は国旗と球灯で飾られ不夜城のようであったという。横浜港に停泊する内外軍艦は祝砲を撃ち、夜間には色炬火などを携えた学校の生徒が行列して練り歩いた。横浜区役所の依頼により、平山煙火製造所は区内二か所で花火を打ち上げた。

明治二三年四月一日の内国勧業博覧会開幕の際は、上野弁天境内で昼間煙火数百本の打ち上げを鍵屋は出願しているし、同年一〇月一八・一九日の浅草公園凌雲閣の開業式でも、余興として鍵屋が大花火を打ち上げると記されている。また、皇室との関係もあった。同二四年二月一七日の読売新聞には、皇太子（後の大正天皇）が伊豆熱海で滞在中に「御慰みの為め」、宮内省から軽気球一二と打上花火一〇発が送られ、この花火は鍵屋製であったと書かれている。明治になって花火は招魂祭や国家行事、祝賀会などで楽しまれるようになった。これは、昼花火の普及によるところが大きい。

鍵屋は、隅田川で規制が強まって花火屋船が斜陽になった頃、花火市場の広がりに乗って、江戸時代は手がけなかった昼花火の技術を身につけ、東京での第一人者の地位を確立した。一方、横浜港では、幕末から明治期にかけて国際的な催しや外国人使節の離着任の際に礼砲が放たれたが、花火も用いられるようになった。さらに、居留外国人たちは、それぞれの母国の記念日などに花火を打ち上げている。平山煙火製造所の花火もよく使われた。第一八代アメリカ大統領グラントは、引退後世界を漫遊中、明治一二年七月に横浜港に立ち寄り、鉄道で東京に向かった。横浜港に到着したときも出発するときも、花火が上げられた。

明治の花火の浮世絵

江戸時代の花火の浮世絵については何点か見てきたが、明治時代になると川開花火の変化が浮世絵でよくわかる。

明治一〇年「両国橋夕涼之図」(口絵22)には、打上花火から、ダルマ、ふぐ、たこなど、ポカ物と呼ばれる造形物が飛び出した様子が描かれ、武士の狼煙(相図)の鯉や力士の造形を思い起こさせる。情景は夜になっているが、この花火は武士の狼煙(相図)技術を取り入れているのだ。隅田川で江戸時代とはまったく異なる花火が上がりはじめたことに敏感な構図である。

明治一三年「両国花火之図」（口絵23）は、小林清親の著名な作品である。中央の花火は深紅で、これは明治時代に入ってきた洋火の赤色を表している。右側の空から降りてくる気球型の花火は、武士の狼煙技術を取り込んだポカ物である。左側には、仕掛花火の提灯（二〇提灯）が描かれている。手前には屋形船と屋根船も見え、江戸時代と変わらない風情も残る。料亭に向かってではなく、川の中央部で上げているので、川開花火の様子を描いたのであろう。

明治二一年「東京名所之内川開之図両国橋大花火」（口絵24）は、夜の川開花火の情景であるが、明るい色彩で描いている。両国橋を挟んで、上流・下流の二か所で台船が川中に設けられているのが、明治時代の川開花火の特徴である。右側の仕掛花火は「鯉の滝登り」であろう。中央の洋式木橋となった両国橋は、明治二〇年に洪水で流され吾妻橋が鉄橋となるまでは、独特のシルエットをした橋として多く描かれた。右手前には、端艇（ボート）を漕ぐ様子もみえる。

同じく明治二一年「東京両国花火打上之景」（口絵25）にも、二か所の打上場所が描かれている。暗闇に浮かぶ両国橋にはぎっしり人が集まり、左手の打上花火は二重の菊である。右手の台船には仕掛花火の三つ車が回転し、上には分かれ流星であろうか、江戸時代からある花火が夜空を彩っている。もう一つ、左に向かって太い尾を引いているのは、流星の一種の登り大龍で、新聞記事には「鍵屋の得意」と書かれている。このような伝統的花火も人気があった。

明治二六年「郡司大尉千嶋占守嶋遠征隅田川出艇之実況」（口絵26）は、郡司大尉の千島列島遠征出発式典の様子である。上空から昼花火のポカ物として、ふぐやパラシュート、日章旗が降りてくる。

明治時代になってさまざまな式典や行事などで用いられた様が見てとれる。左手には、隅田側左岸（東側）に連なる墨提の桜並木、右奥には浅草凌雲閣が見える。

川開花火の番組

川開花火の番組には、名称と打ち上げの順番、開始時間などが記してある。隅田川花火では、大正八年（一九一九）のものが現存する。新聞紙上で紹介されたのは、明治二一年（一八八八）七月一五日付の朝日新聞が最初である。

花火ハ左右にて、打上百四十本、仕掛三十本、就中「川開」「両国」の二本ハ当年初ての仕掛にて、鍵屋が頗る念を入て製造せしもの

花火は左右とは、両国橋の上流・下流二か所に打上場所を設けていることを指す。打上花火一四〇本、仕掛花火三〇本とだけ書かれており、流星などは省かれている。仕掛花火のうち「川開」「両国」の二つが今年初めての登場で、鍵屋の力作と述べている。

次に掲載されたのは、明治二五年七月二二日の読売新聞と朝日新聞で、花火の内容については両紙ともほとんど同じ内容である。

鍵屋の花火船は都合四艘にて、始まりハ午後三時三十分なるが、其花火ハ昼夜打揚げ数十種、五色花火合計二百本、登大龍数本、水中入乱鼬、水中入金魚等数十種、手筒数本、其外又仕掛花火ハ左の通り

とある。鍵屋の台船は四艘。上下流に二か所、二艘ずつ。台船の数の記録は、これが初めてである。午後三時三〇分から昼花火は始まり、夜にかけて行われる。打上花火の種類は数十で、色つきの洋火もあり、合計二〇〇本。流星の一種である登大龍数本、水中入乱鼬と水中入金魚など数十種、これは「東都両国橋夏景色」(七七頁)の「からくり大いたち」と同種の、水中で動き回る種類のものである。手筒数本は江戸時代以来の玉火の類である。

次に、仕掛花火を見よう。

上手の部

一 川開萬歳　　二 花見の宴会
三 弥次郎花笠　　四 籬の花
五 淀の大車　　六 井出の玉川
七 舞蝶々　　八 鼓ヶ瀧
九 玉見車　　十 狂獅子

下手の部

一 川開萬歳　　二 夕凉
三 隅田川　　四 十入変提灯
五 桜川　　六 五色花車
七 瀧見車　　八 玉簾
九 花見車　　十 熊野の狂遊

台船を用いた仕掛花火は、両国橋の上流・下流それぞれ一〇本ずつで、これ以降、明治三五年までほぼ同じ毎年、上下流一〇本ずつの仕掛花火が行われている。車・提灯のように明治初期から引き継がれたものであった。明治二一年七月一五日付朝日新聞と同じで仕掛花火の紹介が多く、川開花火の呼び物であったことがわかる。

広告花火の登場

明治の中頃に、「広告花火」という新しい種類の花火がお目見えし、定着していった。明治二五年七月二二日の朝日新聞には「益田第一堂が広告のため、人の出る頃を見計らって、「便利お歯黒ぬれがらす」と幾張もの提灯が打上花火からあらわれる」と書いている。

一方で、この頃には川開花火の沈滞を憂慮する記事が見られるようになる。七年後の明治三二年七月二九日の朝日新聞を見てみよう。

●花火こゝと　（中略）例の広告という風雅殺しを商業発達と書替えて仕掛花火に打現し、自画自賛の拍手喝采其響き両岸に震ふぞかし、本年も此広告花火を打揚げんと申込むもの頗る多く、鍵屋にても時間と打上数に限りあれバ、其断り方に困じ居る

記者は広告花火は風雅がなく、あまり観衆の喝采を博すものではないと批判的である。それでも、

宣伝効果を見込んだ申し込みが大変多く、鍵屋の側で断るのに困っているというのである。

そして、料理店はともかく、遊船宿は昔と比べて船客が減ったので、江戸時代のときのように料理屋並の出費をしたがらず、その影響は鍵屋に及んでいる、と続ける。遊船宿の客が少なくなったというのは重要な事実である。花火屋船の衰退は明治七年の東京府の通達がきっかけであったが、隅田川の船遊びが全体的に沈滞していったことが伺える。明治時代の川開花火は、江戸時代の茶屋花火の出費方法を踏襲しており、料亭と遊船宿が組合を作って金を出しあった。料理店と遊船宿の景気が、川開花火へどれだけ出費するかに反映するのである。

記事によれば鍵屋にとって川開花火は、近年は利益が見込めないが、昔からの「土地への義務」のために製造を引き受けているようなもので、広告花火でいくらか損失を埋めようと考えるのも当然だろう、という。江戸時代とは異なり花火代金は料亭等から受けとるものの、どのような花火を上げるのかという「番組の編成」については、なお鍵屋に権限があったことになる。鍵屋としては、たとえ受けとる金額が十分ではなくても、損失覚悟でそれなりの花火を実施するが、広告花火でもって埋め合わせざるを得ない状況であった。

この点は、広告花火を一般の観客がどう評価していたかに関わって重要であるが、記者は「広告花火にわざわざ足を運ぶ客はおらず、年々魅力的な花火は少なくなっており、料亭や遊船宿の事前申し込み客が大変少ない。関係者が努力して目新しい花火を作って回復を図らなければ、川開花火の前途も明るくない」と憂慮する。

鍵屋が広告花火を引き受けているところを見ると、明治時代以来の川開花火が、花火屋船と遊船宿の不況という構造的問題に直面していたことは確かであろう。だがすぐに、この記者が期待する目新しい花火が登場した。

スターマインの導入

明治三六年八月八日に予定される川開花火の番組が、六日の読売新聞に掲載された。仕掛花火の順番は次のとおりである（図45）。

仕掛花火（川上の分）

一 祝川開　二 五色乱玉大車
三 弥次郎花傘　四 籬の花
五 博覧会正門前夜景　六 桜の花■
七 水持大車　八 伊勢の玉川
九 昔噺
十（大切）ツターマイン連発

同上（川下の分）

一 祝川開　二 五ツ花車
三 ■■部■　四 曲提灯五色車
五 博覧会正門前夜景　六 亀戸天神社内の景
七 五色乱玉御所車　八 昔噺
九 龍田川
十 ツターマイン連発

明治二五年の仕掛花火と同様、「祝川開」といった文字の入ったもの、車・提灯などがある。また、五の博覧会正門のように、そのときの時事を題材にするのも仕掛花火の特色であった。この特色は、昭和にまで引き継がれる。

仕掛花火は、明治三八年一一本（川上・川下それぞれ）、同四〇年一三本、大正二年一四本、大正三〜六年一三本と、少しずつ増加していく。鍵屋の力の入れ方と、観客の人気が伺えよう。

ここで隅田川花火に初めて登場したスターマイン（連続噴射花火）はいまでも健在だが、大変評判が高く、新たな名物となっていった。これは、鍵屋当主がフィリピンで花火を上げた際に、現地の方法を学び持ち帰ったと後年語っている。明治三八年八月五日の朝日新聞は、「スタマイン連発といふのは、舟の両舷へ十数本の筒を並べて、一時に点火して五色の玉を無数に発せしむる最も美麗の仕掛である」として、少し後の大正六年七月六日の読売新聞は「彗星の乱舞する如きスター、マイン等がある」と評価している。

七月二二日の同紙観覧記では、

△煙火の中の王ともいふスターマイン

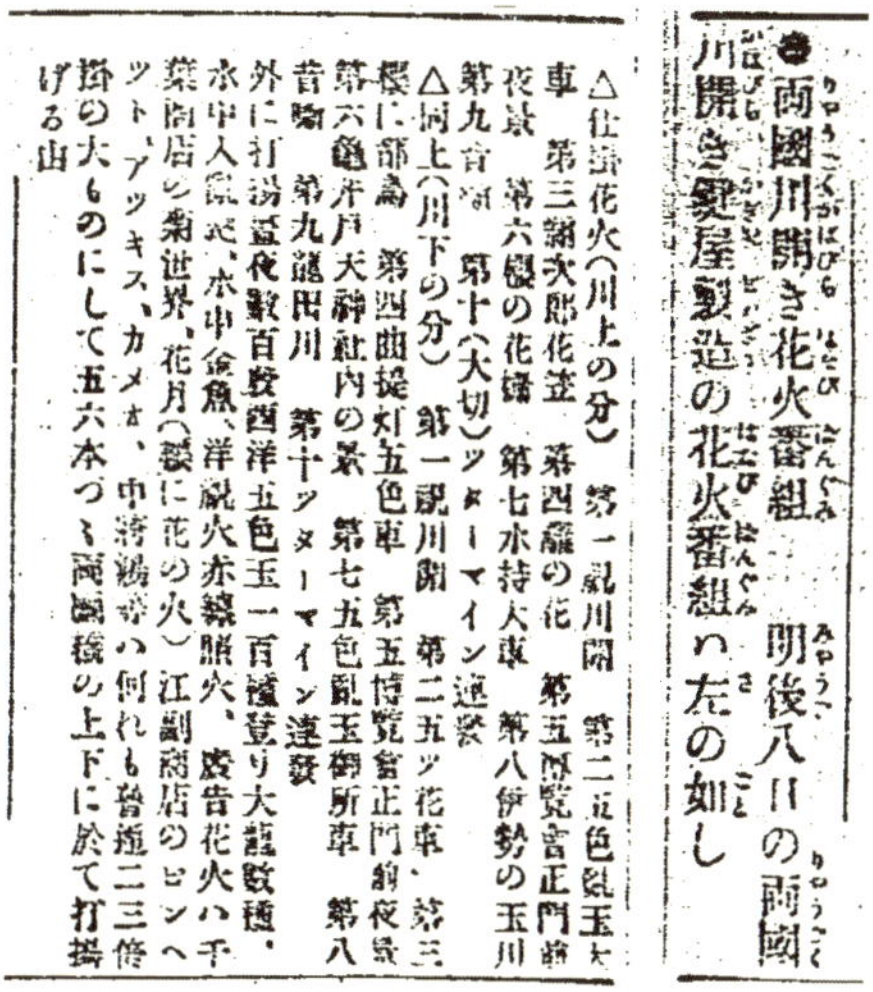
●両国川開き花火番組　明後八日の両国川開き鍵屋製造の花火番組ハ左の如し
△仕掛花火（川上の分）第一祝川開　第二五色乱玉大車　第三鶴次郎花笠　第四羅の花　第五博覧会正門前夜景　第六櫻の花篭　第七水持大車　第八伊勢の玉川　第九音羽　第十（大切）ツターマイン連発
△同上（川下の分）第一祝川開　第二五ツ花車、第三櫻に郭公　第四曲提灯五色車　第五博覧会正門前夜景　第六亀井戸天神社内の景　第七五色乱玉御所車　第八音輪　第九隅田川　第十ツターマイン連発
外に打揚昼夜数百数西洋五色玉一百種登り大龍数種・水中人気光、水中金魚、洋式火赤線照火、広告花火ハ千葉商店の菊世界、花月（蝶に花の火）江副商店のヒンヘット、アッキス、カメオ、中村商店ハ何れも普通二三倍掛の大ものにして五六本づゝ両国橋の上下に於て打揚げる由

45　明治36年（1903）8月8日に予定される川開花火の番組。仕掛花火にツターマイン（スターマイン）が見える。

が、太い金砂地の火線を曳いて、最後に珊瑚瑪瑙、翡翠の数々を散らす、五色が小波に砕けて大きく水面へ錦繍の鮮やかさを投げる辺り、美観中の美観であった

と最大級の賛辞を贈っている。そのスピード感と迫力が強い印象を与えたのである。「五色」とは、江戸時代以来のオレンジ色に、白や深紅、緑といった西洋化学を取り入れた成果がスターマインにも反映されていることを表す。

さて、明治三六年の花火番組の後半を、改めて見てみよう。

外に打揚昼夜数百発、西洋五色玉一百種、登り大龍数種、水中入■■、水中金魚、洋祝火赤緑照火、広告花火ハ千葉商店の菊世界、花月（■に花の火）、江副商店のピンヘツト、アツキス、カメオ、中将湯等は何れも普通二三倍掛の大ものにして、五六本づゝ両国橋の上下に於て打揚げる由

明治二五年との違いは、手筒がないことである。江戸時代から親しまれてきた玉火は、明治三〇年頃に川開花火から姿を消したと考えられる。広告花火も六種類判明する。明治二五年の「ぬれがらす」と同様、製品名のＰＲに最適と広告主は考えていたようである。

町や村の花火の専業化

江戸時代の若者組が主体となった奉納花火は、明治期にどのような変貌を遂げたのだろうか。

明治二三年一〇月の信越線の開業と長野駅開通式の様子を描いた一枚刷り「長野停車場権堂間新設道千歳町開通式花火之図」を見よう（口絵27）。上空には昼と夜の打上花火が描かれており、青と白の六つの幔幕によって、大字長野町・石堂有志・問御所・遊郭・遊郭・権堂と打上場所を区切っている。遊郭以外は江戸時代の村の単位であり、江戸時代と同様に村単位で行っていたのだろう。櫻井弘人によると、飯田の奉納花火の際に神社の境内で各集落や若連中ごとに設けられた囲い櫓は花火の打上場所であったと同時に、その順番を待つ控えの場所でもあったという。そして、この一枚刷りにもその様子が伺えるという。大字長野町の提灯には一陣・二陣と染め抜かれている。順に、一二陣まであり、打上順を表すと思われる。

同じく長野の「延喜式内妻科神社九月三十日例祭煙火番附広告」を見よう（図46）。番付広告の発行者は、神社の「産子有志者」である。右側に大きく「製造人流別種別表」とあり、妻科流・長池流・太政流・天狗流・西海流を名乗る近隣五名の花火師が昼の部、夜の部それぞれで順に打上花火を上げたことがわかる。番外の部は数百個、取組の部は一五〇個とあり、江戸時代から続く盛大な奉納（例祭）花火であった。

ここで挙げた二例はいずれも、若者組が主催者に名を連ねていない。明治中期以降、若者組は村（大字）の中で存在感を低下させていく。幕末の片貝花火目録でも若者組の後見を務める世話人が名を連ねていたが、このような傾向は若者組から村（大字）へと主導権が移りつつあったことを示す。

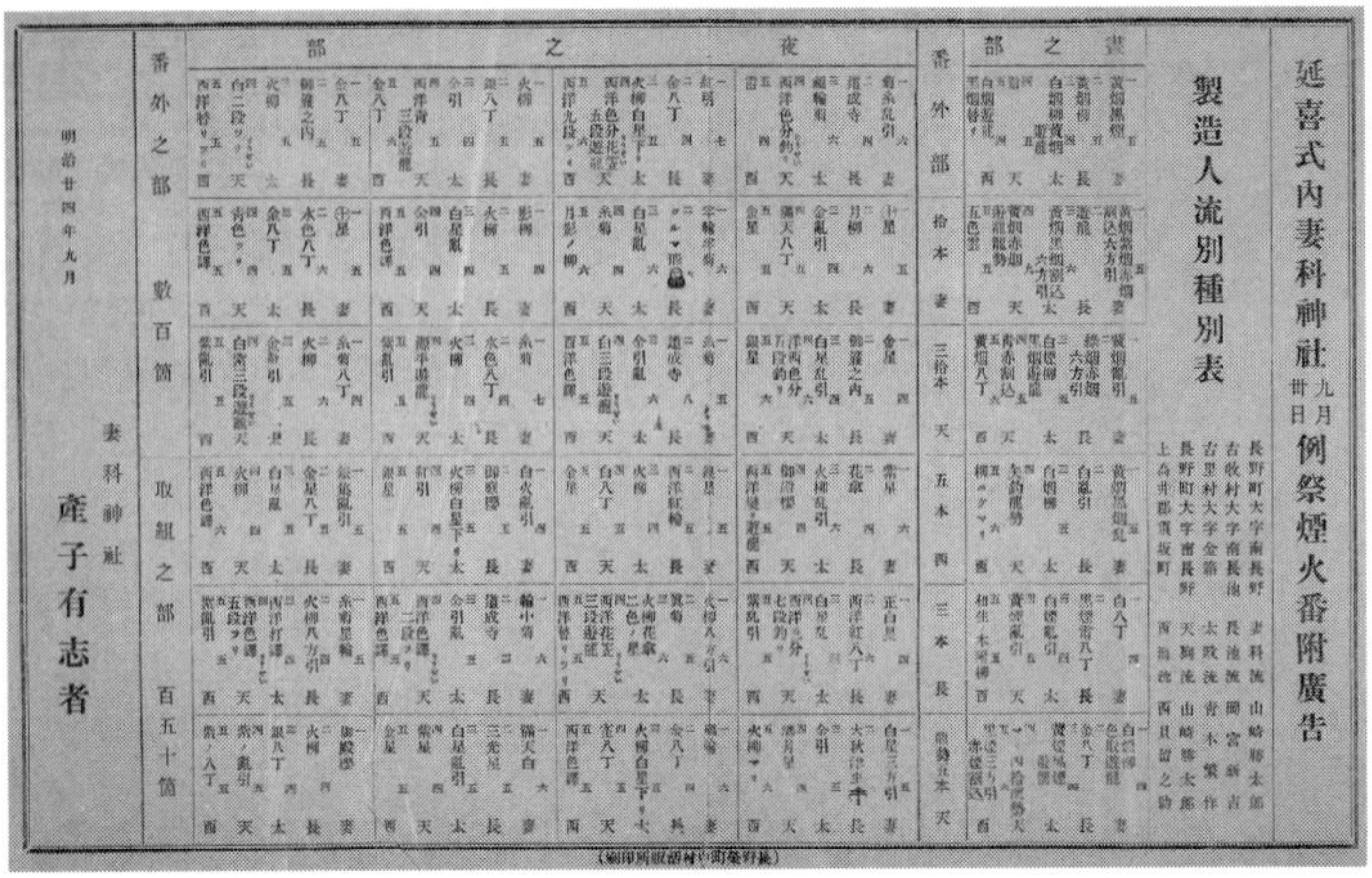
延喜式内妻科神社 九月卅日 例祭煙火番附廣告

製造人流別種別表

晝之部

番外部

夜之部

番外之部 數百箇

取組之部 百五十箇

明治廿四年九月

妻科神社 産子有志者

46　明治24年（1901）9月30日の妻科神社の奉納花火では，5人の花火師により昼と夜の部で上げられた。両国花火資料館蔵。

また、妻科神社では奉納者は氏子であるが、流派を名乗る五名が上げている。花火専業か、兼業ではあるが花火の経営が主となった者たちであろう。現在の花火メーカーは、明治中後期に各地の農村で創業した例が非常に多い。町や村の奉納花火を請け負う者たちのなかから、花火専業者たちが現れ始めたのである。

第十五章　新しい観衆と花火大会の誕生

日露戦後の花火ブーム

明治三〇年代の前半、川開花火が花火屋船と遊船宿の不況という構造的な問題に直面していたところに、スターマインという内からの技術開発と、日露戦後の花火ブームという外部環境の変化が起きた。新聞は「戦後快活なる遊戯の流行すると共に、花火の興業も大に流行となった、既に明後三日を以て挙行さるゝ両国川開き花火の如きは、各茶屋の附込多数で前景気は頗る上々であるとの事だ」（明治四〇年八月一日の朝日新聞）、「花火といへば玉屋鍵屋といふ、その玉屋はずつと昔になくなって鍵屋だけが日本橋横山町に繁昌している、当主は十一代の弥兵衛、尤も日露戦後の当時は花火全盛で茨城や信州の百姓達がお手作りの花火を抱へて上京しては、只でもいゝから揚げさせてくれといふ勢ひだったので、花火の値段もグツと下がった、この連中が浅草や深川に店を出して「玉屋」の名を冒したのだが、今日ではそれもまるでなくなってしまった」（明治四三年七月七日の読売新聞）と伝えた。

日露戦争は、当時の国家予算のおよそ八倍もの戦費をかけた戦争であった。街では戦勝が報じられるたびに、提灯行列が繰り出された。戦後は、戦費の支払いのため増税がなされ庶民の生活に暗い陰を落としたが、花火興行は大流行し、川開花火も料亭の事前予約は上々であると明治四〇年（一九〇七）の記事にある。ただ、このブームも明治四三年にはいったん落ち着いた様子が伺える。

この花火ブームは、茨城県や長野県など近県の花火業者が東京に進出するなど、花火市場を全国規模にした。それでも鍵屋は江戸時代以来の商況を保ち続けていたようだ。

花火ブームが落ち着いても、川開花火には影響はなかったようである。明治四二年八月九日の読売新聞では、「日本で初ての物　内最も大仕掛なるは五間に七間の「膳所の城」にして」と新趣向の花火が紹介されている。石田三成の膳所の城攻めをモチーフにした趣向は、日露戦争の余韻が残るなかで戦国時代のテーマが好まれたからであろう。また、先ほども見た明治四三年七月七日の読売新聞には「両国の川開きの花火は、鍵屋から花火船を十二艘も漕ぎだして、一夜のうちにすっかり揚げてしまふのだから、金にすると非常なものだが、これは鍵屋が旧例を尊重してすべて只でやる、尤も亀清・柳光亭などが年番で附近から謝金を集め、それを鍵屋へ送ることになつてをり、小さな氷屋果物屋などまでが多少づゝ徴されるのだといふ」とある。明治二五年は台船四艘であったが、ここでは一二艘と三倍に増えている。また、費用については広告花火からの収入などが割愛されているが、全体の書きぶりが、とても景気がよいことを伺わせる。

警備と保安体制

明治三〇年八月一一日、川開花火の最中に両国橋の欄干が落ち、一〇〇数十人が川に放り出される事故が発生した。翌年から警備体制が強化され、路上に「佇《たたず》む」ことが禁止される。明治三二年八月七日の朝日新聞には、警察官を大量動員した警備体制が詳報されている。

> 日本橋本所の両署にてハ、予記の如く午後より部署を定めて本署員及び各署よりの応援巡査を其々要所へ配置して警戒をさ〳〵怠らず、就中両国橋上に両署よりの警部十数名・巡査一百二十余名各自提灯を携へて両側に並列さしハ、宛然警官の垣を作りし如くなりき、斯くて午後六時頃よりハ市川本所署長・大庭日本橋署長も橋の東西に出張して、其々部下を指揮する所あり、橋上ハ往復の区別を為して通行せしめしが、同夜八時過ぐる頃の人出ハ、実に名状すべからざる程にて、然しも警戒厳重なりし橋の上ハ、人の山人の海、但見る人を盛りたる長方形の板かと怪しまれぬ

川開花火の所管は、日本橋警察署と本所警察署の両方である。そしてこれだけでは足らず、周辺の警察署から応援に来てもらい、要所に配置した。事前に綿密な警備計画と打ち合わせ、署同士の連携があったことが伺える。とくに二年前に事故のあった両国橋の警備には、警部・巡査合わせて一三〇名以上が提灯をもって垣を作ったという。上流・下流に配したとすると、約三メートルごとに一人が

欄干そばに立ったことになる。いかに厳重な警備かがわかるだろう。

橋上の往来は、行きと帰りを区別したとある。行きと帰りを時間で区切ったのか、橋上を半分に分けたのかの、どちらかであったのだろう。しかし、午後八時ごろの「名状すべからざる程」の人出によって、長方形の板のようにぎっしり人で埋まってしまったようだ。幸いこの年に事故があったとは報じられておらず、手厚い警備が安全につながったようだ。以降、観客の警備は主催者にとって最重要課題であり続けた。

花火を上げる際の安全確保（保安）でも、大きな変化があった。昭和九年に第一二代鍵屋弥兵衛が花火について振り返った史料に、次のような記述がある。

併し昔は花火船を遊船が悉皆取巻いて了つて、見渡す限り水面など見られないと云う混雑でしたが、丸山鶴吉さんが保安部長時代、明治四十年から、万一の為と両国橋から百五十間づゝ船を離し、中へ廣い水道を開けることになりましたので、花火の技巧の方はそれ以来思ひ切つた事が出来るやうになり（中略）、この点、丸山さんは全く最近の花火技術発達の恩人と申上げて宜いと思ひます。

明治四〇年に両国橋から一五〇間（約二七〇メートル）ずつ、川の中央に侵入禁止区域を設け、見物の遊船は左右の岸に繋いで見物することになった。隅田川中央に広い水道ができ、鍵屋は周囲を気にせず思い切って花火ができるようになった。そして、それを前提にした技術開発に勤しんだ。川開花火は、芝浦や多摩川河川敷の花火大会よりも打ち上げの条件が悪かったが、これでかなり改善された。こうして、江戸時代初期以来の花火屋船を屋形船や屋根船が取り囲んだ情景は、過去のものとなった。明治三六年から導入されたスターマインも、まったく周囲の船を気にせず行えるようになった。

また、明治四三年七月七日の読売新聞には、二・三年前から両国橋の上・下流約二七〇メートルの川岸に繋留している遊船に対して、氷屋や果物を販売する船も禁止されたとある。江戸時代の浮世絵にある、西瓜や饅頭を屋形船などに販売する情景も、昔のものとなった。逆に、鍵屋はこれらの者たちから花火の「謝金」を集めることができなくなったので、大打撃を受けたともある。

鍵屋の側から、危険なので台船に近付いてほしくないとは言いづらかっただろう。この点は、警視庁が公共的な観点から指導力を発揮したと評価できよう。江戸時代の納涼花火のスタイルが明治六年に禁止されてから、徐々に川開花火は年一度のイベント的性格を強め、この頃には現在行われている花火大会と変わらない形となった。

鉄道網の充実と新しい観衆

鉄道網の充実は、川開花火に新しい観衆をもたらした。明治三八年八月五日の朝日新聞を見てみよう。

総武鉄道会社小岩・佐倉間各駅より両国へは、三等五割引の往復券を発売す、因に午後四時三十分佐倉発の汽車は、同六時五十分両国駅に着する由、又同会社構内川沿ひの方に設けし桟敷へ無料にて案内し、花火を見物せしむると云へば、同夜十時発の臨時汽車にて帰郷するを得べし、又東武鉄道にても粕壁・両国間に臨時汽車を運転し、二日間通用の割引往復切符を発売し、帰りの切符所持の乗客に限り、総武鉄道同様、特に設けたる桟敷にて、花火の無料見物を為さしむる由

総武鉄道株式会社の総武線佐倉―両国橋駅（現在の両国駅）間の開通は明治三七年四月で、東武鉄道も同月に曳舟―亀戸間が開通し、総武線に連絡された。どちらも、川開花火のために臨時列車を運行し、往復割引切符を発売、臨時列車乗車客や帰りの切符所持客には、無料の桟敷を設けるサービスぶりである。千葉県佐倉や埼玉県粕壁（春日部）は両国から三〇ないし四〇キロメートル以上離れている。川開花火は、鉄道路線網の広がりに合わせて、千葉県や埼玉県といった近県居住者も観客にしていった。

もう一つ、東京府民の足としては路面電車を忘れてはいけない。明治初期に軌道の上を走る鉄道馬車の路線網が広がったが、馬力の限界があった。明治三六年、東京では電気鉄道が本格的に実用化し、同三九年時点で、両国橋東岸の現墨田区内では、三田線（本郷・本所回り、築地本所回り）、青山線（本郷・本所回り、築地・本所回り）、江戸川線（本郷・本所回り、築地・本所回り）が走っている。また、これと並行して両国橋も明治三七年一一月に鉄橋化され、欄干が落下して橋が崩落するような心配は

なくなった。
大正三年（一九一四）八月二日の読売新聞には、「江戸の面影　火の錦絵　盛んな両国川開き」と題して、花火の開始を待つ観衆の様子が記されている。

昨日は東都年中行事の一つなる両国川開きであった、赤い旗を振り翳した電車が人並を破つて両国橋を乗つ切ると、両岸三十萬の見物が「それ電車が仕舞つた、はじまるぞ〱」と首を差し展べてる

両国橋を花火開始前の最後の電車が渡ったころには、両岸三〇万人を数える観衆が花火を待っているのである。人数に誇張はあるかもしれないが、この数字が川開花火の観衆を数えた一番古い記録である。

料亭顧客の変化

明治四三年（一九一〇）の新聞記事では、川開花火の運営形態について「亀清・柳光亭などが年番で附近から謝金を集め、それを鍵屋へ送ることになつてをり」とあった。このように、川開花火と茶屋花火が合体して年一回開催になったころから、春以降に料亭・待合・遊船宿の重立が集会を開き開催の可否、実施要領を定め、代表者複数を料亭から選ぶ形をとり、これを両国花火組合と称した。料

亭は別に柳橋料亭組合を組織しており、両国花火組合とほぼ組合員が重なっていた。なかでも亀清楼と生稲は柳橋の、柳光亭は浜町河岸の料亭の老舗として、中心的な役割を明治中期以降果たした。川開花火の事業規模などの史料は見出していないが、柳橋料亭組合員からの拠出金が大半を占めていたと考えられる。料亭の盛衰はすぐさま川開花火の盛衰につながったのである。両国花火組合にとっては、単なる伝統行事の継承というものではなく、全国に知られた花火大会に普段の「御得意さん」を優先的に案内し顧客満足を図り、府内の新橋など他地域の料亭との違いを出すという、料亭業の景気づけを図る目的もあった。

普段の料亭顧客の姿は明らかでないが、花火屋船が「武家方重」と天保改革期の史料にもあったように、江戸時代の料亭顧客を武士が一定層占めていたことは間違いなかろう。では、明治時代はどのような変化があったのか。川開花火の料亭の予約客（付け込み客）の新聞記事で検討していこう。

明治一八年八月四日の読売新聞によると、旧彦根藩主井伊家が叙勲の祝いを両国中村楼桜上を貸し切りで旧藩士を招いて行い、その下座敷では改進新聞社が新聞改題一周年の祝宴を開いた。旧松山藩久松家は、井生村・亀清楼・生稲・深川亭という四つの大料亭を借り切っての大祝宴を催した。明治二一年七月一五日の朝日新聞では、東西両岸の割烹店はすべて付け込み客で塞がったと報じている。主なものは、

生稲………日本鉄道会社員および英米人
亀清楼……松方蔵相・旧仙台藩主伊達家・華族五辻・第百銀行員

柳光亭……旧松山藩久松家・旧丸亀藩京極家・旧酒井家（藩名不明）の三華族
青柳……フランス公使
鷗遊館……（大蔵省ヵ）印刷局員
深川亭……旧大村藩大村家・旧彦根藩井伊家・旧松平家（藩名不明）・旧岡山藩池田家等の諸華族

とある。旧大名家が多く、大会社、官吏、外国人一行と続く。

だが、花火ブームを迎える頃には顧客の柱は旧大名家から大会社へと変わっていった。大正四年（一九一五）七月二三日の読売新聞は、客足を伸ばそうと川岸の割烹店が珍しい趣向を凝らす様子を詳しく描いている。

亀清楼……楼の上下に球灯を灯影し、涼しく見える岐阜提灯を連ね、水上には大伝馬船二、三艘を浮かべて、楼の壮観を一望できるようにしている。すでに、浅野セメント、高田商会、その他華族・大商人などの申し込みで満員
柳光亭……川に面して三間に七間（四・八メートルに一二・八メートル）の張出し桟敷を設けて、数百の赤い灯を点じ、大伝馬船四艘の用意がある。桜ビール、御園白粉が付込
深川亭……屋上庭園の他に、二間に一〇間（三・六メートルに一八メートル）の張出桟敷を作り、瀟洒な装飾を施している。株式仲買、炭坑会社、帝国ホテルや横浜在留の外国人などが付込
高砂倶楽部……趣向を凝らし、東京菓子商組合、横浜商館、書画商組合など迎える
福井・生稲……素晴らしい人気

日本では、明治二〇年代に軽工業、同三〇年代に重化学工業を中心とした産業勃興が起こった。隅田川左岸（東側）の現在の墨田区・江東区あたりは、旧大名屋敷跡や田畑など比較的大きな敷地があったことと、海運から接続した舟運も便利であったため、多くの企業が進出した。料亭の繁昌もこうした企業の勃興・繁栄と無関係ではないだろう。

そして、大正六年七月六日の読売新聞は、第一次世界大戦下の好景気の様子とともに、川開花火の付け込み状況を、「成金の簇生と配当賞与の多い各会社の意気組は、世の中を素晴らしい景気にして、各料理店とも最も満員ですなぞと鼻息が荒い」と描写する。料亭を支える顧客は、会社の重役たちと誕生しつつあったサラリーマン上層となりつつあった。

東京での花火の第一人者・鍵屋

番組や浮世絵、写真でこの時代の変化を見ていこう。

大正八年「両国川開大仕掛大花火番組」は、長かった第一次世界大戦の終戦を祝し、全体の主題を「平和の女神」としている（図47）。日本は参戦して戦勝国となり、一等国としての地位を固めた。枠外に記した「帝国万歳」には、そのような感慨が込められているのであろう。

番組の製作は鍵屋で、宛先は割烹店・遊船家御中となっている。花火の費用は料亭・遊船宿が出したが、鍵屋が自費で上ヶ初を行っていた江戸時代の枠組みを踏襲・堅持した。鍵屋の矜持といえよう。

鍵屋は、御用花火調整師と東宮職花火御用達・諸官省花火御用達・海外輸出業と名乗り、宮内庁や

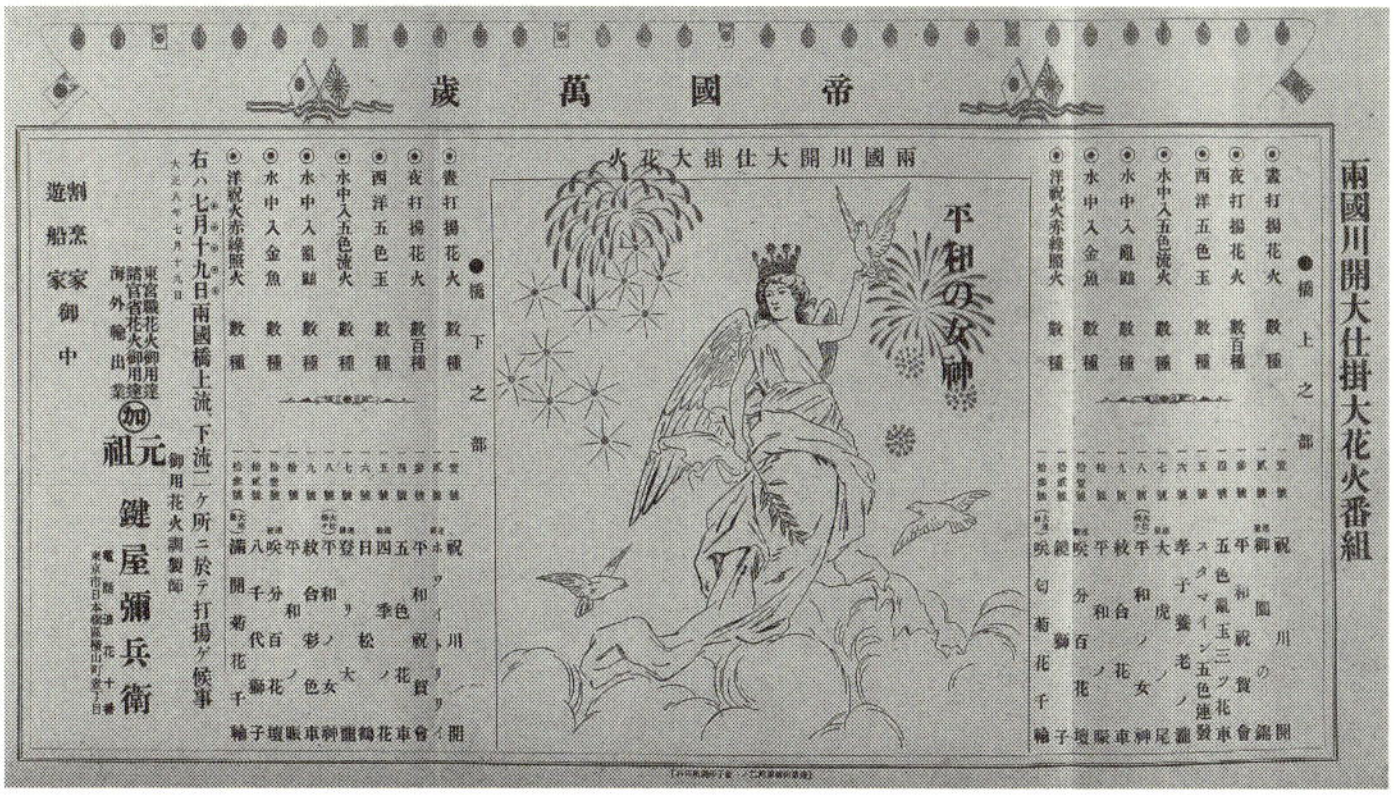

47　現存するもっとも古い大正８年（1919）の両国川開大花火番組《プログラム》。江戸時代から続く鍵屋弥兵衛が発行している。江戸東京博物館蔵，Image：東京都歴史文化財団イメージアーカイブ。

外務省での実績と海外への輸出をアピールしている。

番組上段の打上花火で、昼は数種だけで夜ほど多くはなかった。下段には、一三種の仕掛花火があるが、スターマイン（スタマイン「連発」「大連発」）を上・下流で二〜三回予定している。明治三六年の導入時から人気を博していたが、さらに好評に得ている様子がわかる。また、全体テーマ「平和の女神」は象徴的な仕掛花火としての演出である。広告花火が番組には掲載されていないことも興味深い。あくまでも宣伝としての扱いだったのである。

明治四二年「東京名所　両国川開き之光景」には、毎年の仕掛花火の第一番目に行われることになっていた「川開」が見事に描かれている（口絵28）。台船に載っているだけでなく、上から噴出し花火が出ており、江戸時代の仕掛花火を想起させる。後ろに玉火や流星が動きながら上がっているのは、仕掛花火を際だたせるためであろう。中央に黒く聳えるのは鉄橋となった両国橋で、橋上に等間隔で描かれた灯りは警察官の持つ提灯と思われる。川中に「睦連」とあるのは、屋根船を借り切った社中の表示で、左手前には、禁じられていた氷屋が荷を積んで船に売りに出ている。その上の料亭は軒下に幕を廻らし、提灯を吊り下げ川面を照らしていた。橋の奥にも、もう一つの台船上の仕掛花火（三車火ヵ）が見える。

大正六年「東京名所　両国川開き之光景」にも同じような光景が描かれている（口絵29）。右下には、提灯を持った警官が陸の観衆を誘導している。明治三二年の朝日新聞にあったように一〇〇人以

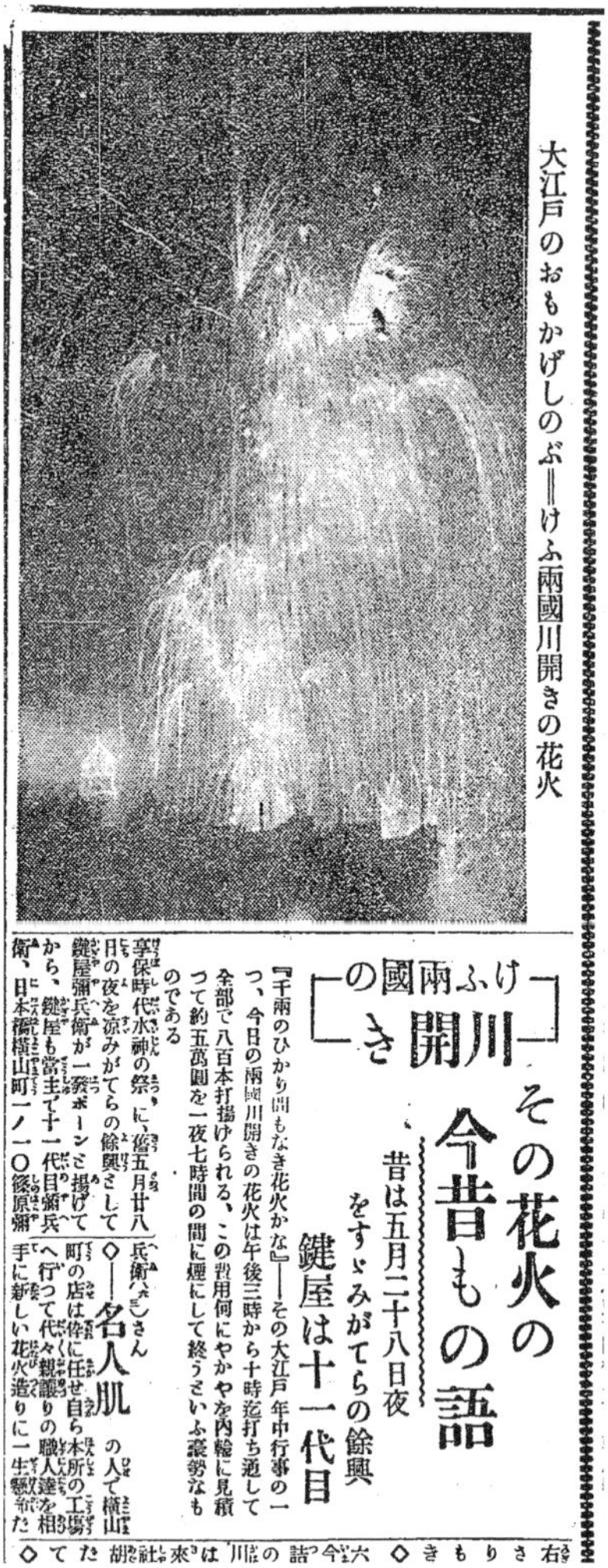
大江戸のおもかげしのぶ――けふ兩國川開きの花火

けふ兩國の川開き

その花火の今昔もの語

昔は五月二十八日夜をすゞみがてらの餘興

鍵屋は十一代目

『千兩のひかり間もなき花火かな』――その大江戸年中行事の一つ、今日の兩國川開きの花火は午後三時から十時迄打ち通して全部で八百本打揚げられる、この費用何にやかやを内輪に見積つて約五萬圓を一夜七時間の間に煙にして終うさいふ豪勢なものである

享保時代水神の祭に、舊五月廿八日の夜を涼みがてらの餘興さして鍵屋彌兵衛が一發ポーンさ揚げてから、鍵屋も當主で十一代目彌兵衛、日本橋横山町一ノ一〇篠原彌兵衛（六三）さん

◇――名人肌の人で横山町の店は倅に任せ自ら本所の工場へ行つて代々親讓りの職人達を相手に新しい花火造りに一生懸命だ

右さりもき◇六今詰の川は來社胡たて◇

48　大正12年（1923）の両国川開大花火の光景。手前に遊船の影が映っている。中央は打上花火の柳かスターマインのどちらかであろう。

上警察官が配備されるようになった。「名物」のようにも受け止められていたのであろう。

明治末期から、雑誌や新聞に写真が掲載されるようになる。これは、大正一二年（一九二三）の読売新聞に「大江戸のおもかげしのぶ＝けふ両国川開きの花火」と題して掲載された（図48）。手前に、侵入禁止ラインぎりぎりのところで楽しむ遊船の影が映っている。左下の明かりは仕掛花火で、中央は打上花火の柳が落ちてきているのか、スターマインのどちらかであろう。

観客五〇万人

昭和一一年（一九三六）七月五日の読売新聞には「江戸の華・川開き　豪華・二万両の火柱　十八日午後三時から打ち揚げ　安く・見易い場所は？」とある。交通機関の発達で東京市外の観客も訪れるようになり、観覧を誘うかのような記事が掲載されるようになった。この相乗効果によるのだろう、観客が五〇万人を超えたと報じられている。このような観客を収容する観覧場はどのようなものであったか。

以上の観覧場のうち、浜町河岸が一番見易く、柳橋前方にある上流打揚所の花火、浜町河岸前方の下流打揚所の花火とも、地の利を得て手に取るように見えるから、栈敷・伝馬船とも浜町河岸をえらぶことだ。とにかく伝統の東京名物だけに、各場所とも当日早目に行くか前売券を求めるかしなければいゝ場所は取れない。

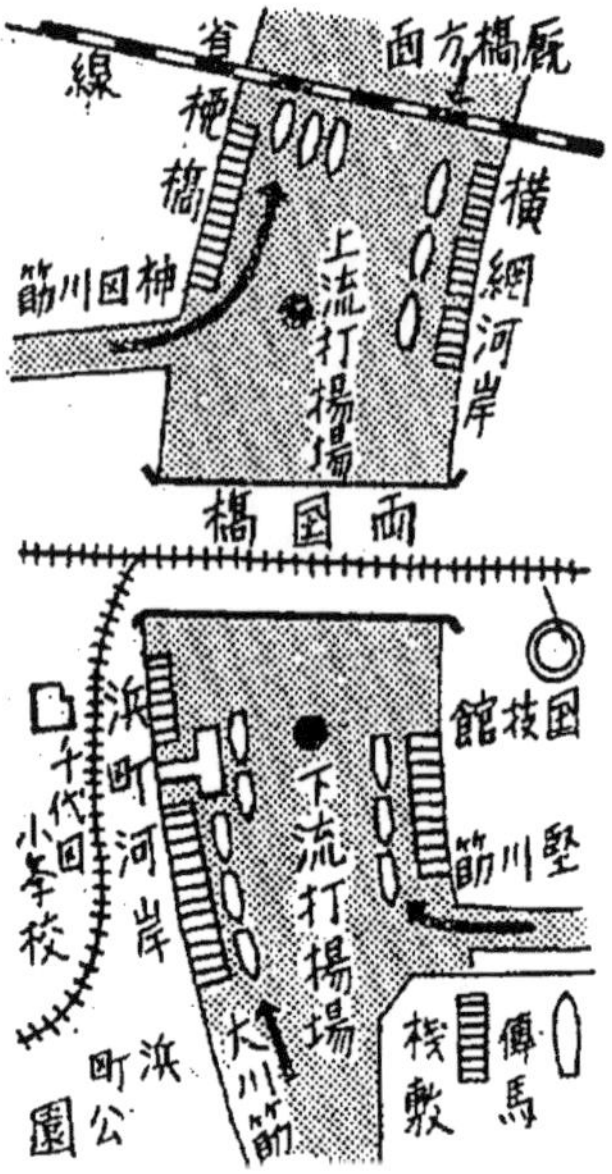

49　昭和 11 年（1936）両国川開大花火の会場略図。

同記事の会場略図（図49）には、両国橋を挟んで上流打揚場・下流打揚場がみえる。柳橋・横網河岸・浜町河岸・国技館側に桟敷席が設けられ、伝馬船が三〜五艘用意されている。有料席はプレイガイドで前売券としても販売された。一番見やすいとされている浜町河岸は、隅田川が湾曲する鼻先にある。そのため、視線を変えずにどちらの打上場所も視界に収めることができた。その他でも、よい場所を取るためには前売りか早出が必要とのことだ。

また、伝馬船に乗るには、神田川、厩橋、竪川、大川筋の船宿に行けばいい、これも前もって申し込み、早めに乗るに限る、とする。図では、それぞれ「神田川筋・厩橋方面・大川筋・竪川筋」から矢印で伝馬船が所定の場所に向かう形になっている。乗船場所は、それぞれの筋・方面にあって、そこから乗り込んだ観衆を運んできて観覧するのである。明治後期から、船遊びの客が減って、遊船宿の苦しい状況を伝える記事が新聞紙上では目立っているが、なお多くの観衆の期待に応える役割を果たしていた。桟敷よりも値段が安かったのか、いい場所で安く花火を楽しむには、浜町河岸前に泊まる大川筋の伝馬船がよい、というのがこの欄の結論である。

このほか無料で見る手もあるが、理想的な浜町公園は閉鎖され、川沿いの道路は立ち止まって見ることを許可しないから、群衆の流れに巻き込まれる有様では婦人、子供は危険至極だ、ともいう。立ち止まりの禁止は徹底されているようである。それだけ人出が多かったのだろう。また、怪我人や不時の発病者のために、水陸一二か所に救護所が設置されるので心得ておいた方がよいとして、詳細な案内を終えている。

このように、明治初期の料亭＋遊船＋陸からの見物という牧歌的な観覧形態ではなく、停泊場所の定められた伝馬船、有料（前売券あり）の桟敷席、警備の行き届いた道路からの（歩きながらの）見物という、事前に安全管理体制を十分に整えた一大行事に川開花火は変貌を遂げている。名称こそ「両国川開大花火」ではあるが、日本を代表する「花火大会」になっているのである。

近代になっての川開花火の変化

江戸時代末に川開花火が徐々に存在感を増したといっても、それは三か月続く納涼期間の初日との位置付けであった。料亭主催の茶屋花火も健在であったし、花火屋船が鍵屋の「本業」といってよかった。武士の撤退、花火屋船の事実上の禁止など、厳しい環境の変化に、鍵屋と料亭・遊船宿は次のような積極的対応をとった。

①鍵屋が、武士の狼煙技術と西洋の化学知識に基づく洋火を導入し、仕掛花火を充実させ、スターマインを開発するなど、江戸時代の技術を生かしながら花火を進化させ、面目を一新した。

②船遊びの衰退によって花火屋船の収入が減少し、鍵屋も大きな影響を受けたが、料亭が会社重役やサラリーマンという新規顧客を獲得することにより、スポンサーとして鍵屋に資金提供をしたため、社会構造の変化に対応した好循環を生み出した。

③交通機関の充実に合わせた鉄道会社の積極的取り組みや、新聞記事による情報の周知など、近代社会の変化に即応した新たな観客の掘り起こしが図られた。

④警察による警備への協力や、技術の向上を視野に入れた水上警察による安全確保に対する指導、浜町公園を有料桟敷として観覧場を確保するなど、行政の積極的な協力が得られた。

このように、①技術、②資金、③交通とメディア、④行政の四点をあげることができよう。約六〇年間での長足の進歩は、この四つの柱によって成し遂げられた。そしてこの四点は、明治末から昭和初期にかけて全国で開かれるようになる花火大会に共通する柱ともいえるのである。

昭和九年（一九三四）の公式パンフレットともいえる『両国川開大花火番組』には、三宅孤軒という当時の文化人が小論「川開と花火の沿革」を寄せており、そこにこんな記述がある。

尚ほ、川開き大花火は最初は五月二八日でありましたが、明治初年から八月となり大正初年には更七月の第三土曜日に改め、出願人は柳光亭古立千吉氏と生稲浅野吉之助氏の名で六月下旬に出願し、両国花火組合の名の下に、別項通り少数の人々が主催者となつて、此の光輝ある年中行事を二百余年間連綿として続けてゐますが、実は膨大な費用を要するので、主催者の負担も決して軽くはないのであります。

三宅はここで、費用の負担について言及している。桟敷席の設営、伝馬船との連携、警察への警備の依頼、消防や河川管理者への届け出など、開催にあたっては膨大な事務作業を伴ったに違いない。戦後の再開を経て、昭和五三年（一九七八）からは、台東区・墨田区を中心とした実行委員会形式となるのも、無理のない運営形態へのよい方向への変化であったと結論づけることができよう。

花火大会の誕生

明治後半から昭和初期にかけて、各地で花火大会が続々と誕生する。ここでは、茨城県内での花火大会（競技大会）を、土浦市立博物館の最新の研究成果によって検討していこう。

同県で行われた最も古い花火の競技大会は、茨城県煙火大競技会といわれ、明治三一年（一八九八）年に常磐神社（水戸市）が主催した。そして、初の全国競技大会として、明治四一年一二月に境町全国煙火競技大会が開催された。ちょうどこの年の一一月二一日から一二月五日まで、境町尋常高等小学校を会場に、猿島郡農会共進会と猿島郡教育品展覧会が開かれており、これらに合わせて競技大会が実施されたのである。花火が共進会や展覧会に花を添えた形になる。競技大会には茨城県内を中心に、北は宮城県から西は徳島県までの花火師が参加し、文字どおりの全国大会であった。花火の打ち上げは、市街地北側に広がる長井戸沼をのぞむ桜堤で行われたと伝えられるが、翌年二月には香取神社境内を会場に表彰式があった。このように、本書でこれまでみてきた奉納という形は神社による主催や境内での表彰式などに若干残っているものの、競技にして質を向上させ、多くの観客に来てもらおうとしたのが、競技大会の特徴である。

この時代の競技大会の開催趣旨を文書の形で残しているのは、大正六年（一九一七）から昭和一二年まで断続的に開催された笠間稲荷神社全国煙火競技会である。主催は笠間稲荷神社で、神社社掌（宮司）の塙嘉一郎の発案によった。昭和三年の競技会趣旨はこのように述べる。

当社は率先して数年前より全国煙火競技会を開催し、専ら煙火の改良火工術の奨励国民の士気振興に努力せり、幸に洛く全国に亘り斯業者諸彦の賛同を得、毎会非常なる意気の下に盛況を呈し本会の趣旨に添へるもの多く、真に国家の為め慶賀に堪えず

前半には海外の輸出環境の悪化を懸念する内容、後半には昭和天皇即位大典の奉祝の旨を述べている。ここでは、神社への奉納といった趣旨ではなく、花火技術の改良が目的とされている。

そして、現在も続く土浦町全国煙火競技大会は、大正一四年（一九二五）九月に第一回が開催された。神龍寺住職、秋元梅峯が組織した大日本仏教護国団が主催して、霞ヶ浦湖畔の埋立地で行われた。昭和初期の申込書によれば、団の設立目的は仏教主義に基づき精神の向上に努め四恩報答し自他兼済を企図する、とある。その目的を達成するための事業は教化や育英事業、貧困救済など多岐にわたる

が、年中行事として四月に花祭祈禱会を挙行し、秋一〇月に至り国家犠牲者の英霊及亡会員の追悼会を行うことになっており、一〇月には全国花火競技大会が実施された。競技大会の実施にあたって、梅峯は笠間稲荷神社全国煙火競技会を参考にした、という。

第二回大会プログラムを見ると、二日間の日程で昼の部と夜の部があり、尺玉七四発、八寸玉一四六発、五寸玉一〇八発であった。合わせて三〇〇発を超える圧巻のプログラムであり、この他に仕掛花火や余興花火があった。プログラムの裏側には土浦町の店舗や企業など四〇店が広告を出している。これらの店々は広告料を支払い、競技大会を支えた。昭和七年（一九三二）の第六回以降、競技大会の主催者は大日本仏教護国団から土浦煙火協会へと移った。それに先立つ昭和四年、土浦町の商工業者によって土浦商工会が設立され、煙火協会の運営は商工会員が主導した、という。

以上、みてきたように、多くの観客に花火を楽しんでもらうことが第一の目的となり、地域の一大イベントとしてバックアップする体制が整って実施されるようになったのが、昭和初期の花火大会の特徴である。この時代に至って、私たちが今も楽しんでいる花火大会が誕生した。

参考文献

新村出編『広辞苑』第四版第四刷、岩波書店、一九九四年
小和田哲男『伊達政宗』講談社、一九八六年
鮭延襄「日本花火史、(二)、(その三)、(その四)」『工業火薬協会誌』二八巻三、四(一九六七年)、三〇巻一(一九六九年)、三一巻一(一九七〇年)
中川仁喜「江戸の行楽地と天海僧正」『すみだ郷土文化資料館』四、二〇一八年
奥田敦子「浮世絵・花火の表現の変遷とその歴史的背景」『鹿島美術財団年報』二六別冊、二〇〇八年度版
同「隅田川と花火――北斎を出発点として」東京都江戸東京博物館『調査報告書　第二八集　隅田川と本所・向島』二〇一四年
渡辺尚志『百姓の力――江戸時代から見える日本』柏書房、二〇〇八年
櫻井弘人「解説・参考資料　南信州の煙火――その歴史と特徴」『南信州の煙火――火の芸術に魅せられた男たち』飯田市美術博物館、二〇一四年
『品川を愛した将軍徳川家光――品川御殿と東海寺』品川区立品川歴史館、二〇〇九年
福澤徹三「江戸時代前期の向島地域」『すみだ郷土文化資料館研究紀要』一、二〇一五年
黒木喬『明暦の大火』講談社、一九七七年
本城正徳『近世幕府農政史の研究』大阪大学出版会、二〇一二年
江戸東京博物館『大江戸八百八町』二〇〇三年
松村博『論考　江戸の橋』鹿島出版会、二〇〇七年
藤田覚『天保の改革』吉川弘文館、一九九六年
竹内誠『寛政改革の研究』吉川弘文館、二〇〇九年

石山秀和「江戸の狼煙」竹内誠編『徳川幕府と巨大都市江戸』東京堂出版、二〇〇三年
日置謙編『加能郷土辞彙』北国新聞社、一九五六年
宇田川武久『江戸の炮術――継承される武芸』東洋書林、二〇〇〇年
人間文化研究機構国文学研究資料館編『田藩文庫目録と研究――田安徳川家伝来古典籍』青裳堂書店、二〇〇六年
『松江市史　通史編3　近世Ⅰ』、二〇一九年
岡田登『仙台花火史の研究』非売品、一九九三年
古川貞雄『増補　村の遊び日』農山漁村文化協会、二〇〇三年
長谷川健一「慶応三年片貝花火の手書き目録について――幕末期の片貝の花火事情」『長岡郷土史』五四、二〇一七年
上田由美「平山煙火製造所と横浜――近代を演出する西洋花火」『すみだ郷土文化資料館研究紀要』四、二〇一八年
今井博昭『清水卯三郎』幻冬舎、二〇一四年
小勝郷右『花火――火の芸術』岩波書店、一九八三年
土浦市『花火と土浦――祈る心・競う業』二〇一八年
『国史大辞典』吉川弘文館、一九七九〜九七年
国際浮世絵学会編『浮世絵大事典』東京堂出版、二〇〇八年
『すみだ郷土文化資料館開館二〇周年記念特別展　隅田川花火の三九〇年』二〇一八年
すみだ郷土文化資料館「武士の火術稽古と江戸の花火」『みやこどり』四四、二〇一五年
福澤徹三「近世前期の江戸の花火について」『風俗史学』五六、二〇一四年
同「近世後期の江戸の花火と幕府政策」『地方史研究』三七五、二〇一五年
同「スポンサーから見る隅田川の花火」東京都江戸東京博物館『調査報告書　第三二集　隅田川流域を考える』二〇一七年
同「日本近世花火の分析基準――技術書・触書・浮世絵」『信濃』七〇巻二、二〇一八年
同「江戸時代の隅田川花火――川開花火の開始時期を中心に」『台東区文化財講座記録集　台東区の祭礼と行事』二〇一八年

同「花火に関する資料調査報告――『花火秘伝集』・浮世絵と打ち上げ筒・武士の花火」『すみだ郷土文化資料館』四、二〇一八年
同「解説　花火・狼煙の技術書の三類型」『すみだ郷土文化資料館開館二〇周年記念特別展　隅田川花火の三九〇年』二〇一八年
同「享保一八年隅田川川開開始説の形成過程」『すみだ郷土文化資料館開館二〇周年記念特別展　隅田川花火の三九〇年』二〇一八年
同「徳川吉宗とケイゼル――隅田川花火の断章」樋口州男他編著『歴史の中の人物像』小径社、二〇一九年

史料

刊行物

小林清治校注『戦国史料叢書――伊達史料集　下』人物往来社、一九六七年
林観照校訂『慈性日記』続群書類従完成会、二〇〇一年
『江戸名所記』名著出版、一九七六年
『新訂増補徳川実紀』吉川弘文館、一九七六年
近世史料研究会編『江戸町触集成』塙書房、二〇一二年
『東京市史稿』市街編・産業編、一九一四～二〇一八年
高柳真三・石井良助編『御触書寛保集成』岩波書店、一九五八年
小池章太郎編『江戸砂子』東京堂出版、一九七六年
花咲一男編『再板増補江戸惣鹿子名所大全』渡辺書店、一九七三年
今村英明『オランダ商館日誌と今村英生・今村明生』ブックコム、二〇〇七年
『新訂寛政重修諸家譜』続郡書類従完成会、一九六四～六七年
松浦静山著、中村幸彦・中野三敏校訂『甲子夜話』平凡社、一九七七～七八年

『大坂本屋仲間記録』大阪府立中之島図書館、一九七五〜九三年
齋藤月岑著、朝倉治彦校訂『東都歳事記』平凡社、一九七〇年
佐竹昭広他編『新日本古典文学大系　一〇〇――江戸繁昌記・柳橋新誌』岩波書店、一九八九年
喜田川守貞著、宇佐美英機校訂『近世風俗志（守貞謾稿）』岩波書店、一九九六〜二〇〇二年
酒井雁高編集『広重　江戸風景版画大聚成』小学館、一九九六年
東京都江戸東京博物館『調査報告書　第一三集　隅田川をめぐるくらしと文化』二〇〇二年
安藤有紀「史料翻刻　在心流火術　秘伝抄上・下、極秘伝抄」『すみだ郷土文化資料館研究紀要』五、二〇一九年
常盤雄五郎編『仙台年中行事絵巻』仙台昔話会、一九四〇年
浅倉治彦編『日本名所風俗図会』角川書店、一九八七年

原史料

「駿府政事録」筑波大学附属図書館蔵、東京大学史料編纂所蔵〈写本〉
「政隣記」金沢市立玉川図書館近世史料館蔵
「土浦藩士関家文書」土浦市立博物館蔵
「東京新繁昌記」国立国会図書館蔵
「永代浜丁箱崎御花火番附」人間文化研究機構国文学研究資料館蔵
「明治六年諸願　上」東京都公文書館蔵
「孝坂流花火秘伝書」「安藤流花火之書」「花火こしらへ」「庭花火」「招魂祭花火目録」「東京打揚花火仕伝書」「西洋煙火之法」「煙火方」「西洋花火の種書」「火薬調合量記」「昭和九年両国川開大花火番組」すみだ郷土文化資料館蔵
なお、「花火秘伝集」「在心流火術第一等〜第五等」「南蛮流火術花火伝書」は『すみだ郷土文化資料館開館二〇周年記念特別展　隅田川花火の三九〇年』に翻刻されている。

データベース

ヨミダス歴史館（読売新聞社）
聞蔵IIビジュアル（朝日新聞社）
日本法令索引〔明治前期編〕（国立国会図書館）

※原則として、本書に出てくる順序で配列した。

あとがき

本書の中心事例として取り上げた隅田川花火のその後について、触れておきたい。昭和一六年（一九四一）に戦局の悪化で中止され、日本は敗戦を迎えた。敗戦後は、昭和二三年に両国花火コンクールと、戦前から続く両国川開大花火が一時期併存し、その後昭和三七年まで続けられた。

隅田川の水質汚染は年々激しさを増した。また、花火大会当日の交通規制の問題もあって、昭和三八年に中止されることとなった。隅田川にもコンクリートのカミソリ堤防が築かれ、柳橋を中心とする料亭も、顧客の志向の変化もあって減少していった。隅田川花火を支えてきた環境とスポンサー両面から大きな変化にさらされたのである。

昭和五三年に再開され、今年で第四二回目となる隅田川花火大会は、台東区・墨田区・江東区・中央区の共催で運営され、台東区・墨田区が隅田川花火大会実行委員会の幹事を務めている。花火の打上場所が、伝統的な両国橋周辺から上流に移されたのは、花火の観覧場所の確保のためであり、これは中止前の課題に応えた形となっている。また、行政との調整、運営の肥大化といった問題は、戦前から運営者自身が認識しており、区が主体となった運営方法により解決されたといえよう。

このような隅田川花火の歴史から学べることは、世の中が平和であって、自然環境に恵まれなければ、花火を楽しむことはできないということである。隅田川花火が中断されていたのは、文久三年～慶応三年（一八六三～六七）の幕末の混乱期、アジア・太平洋戦争と敗戦による昭和一六年～同二二年（一九四一～四七）、隅田川の水質が極端に悪化した昭和三七年～同五二年（一九六二～七七）の三回である。最近は運営上の懸念として、ゲリラ豪雨がある。また、猛暑も深刻になりつつある。地球温暖化による自然環境の悪化が、七月後半に開催されてきた隅田川花火大会を脅かしつつあるのかもしれない。

本書は、筆者のこれまでの研究対象であった江戸・東京での花火を中心に据えて、各地域での事例と武士の狼煙を歴史的展開に沿って配している。これらは、江戸時代では都市の花火・村の花火・武士の狼煙と花火として分けて考察される。それが明治時代以降、武士の狼煙と花火がなくなり、村の花火が発展しながら、現在の花火大会が各地で行われるようになっていく。花火大会への方向性をたどらずに、江戸時代からほとんど形態を変えずに続けられている伝統花火（取り上げた地域では長野県飯田市など）については、叙述の対象外とした。各地の事例については、多くを先行の研究者のお仕事に依拠した。この点について、深く感謝申し上げたい。伝統花火を除けば、日本での花火史の大枠を提示し得たのではないかと自負しているが、これを足場に各地での花火の歴史が豊かに描かれることを期待したい。

近代以降の花火史では、輸出産業としての質・量両面からの検討が重要である。また、花火に不可欠な火薬の学問的研究では、戦前は軍事的利用を強く意識しており、明治初期の法令整備の過程にもそれが伺えるが、筆者の力量不足から、この点は追究することができなかった。大きな二つの課題として、指摘しておきたい。

筆者が就職した博物館が、毎年隅田川花火に関して展示する館であったことから、所蔵の花火関係資料を中心に調査研究が必要であった。まずは、先人の成果を把握しなければならないのであるが、歴史的研究がそれほどさかんなテーマではないと知り、少々驚いた。巷間に知れ渡っている、徳川吉宗が享保一八年（一七三三）に前年の西国での飢饉の死者を慰霊するために川開を行ったという説も、明治期になってはじめて新聞紙上に登場する。その経緯については、別に論文にまとめたが、江戸時代末期に川開という言葉が広く使われるまでは、「上ケ初」と町奉行所や鍵屋は述べており、飢饉の死者の数も『徳川実紀』が利用できるようになった明治になって付け加えられたりして形成されたものである。同時代の史料を探し出しそれに基づいて歴史を叙述するということが、残された史料の少なさもあって積極的になされていなかったのである。展示準備の傍ら、解明できた歴史的事実を少しずつ発表し、六年間ほどの成果をまとめたのが本書になる。

法政大学出版局から本書で一八三冊目となる「ものと人間の文化史」シリーズにとのお話をいただき、引き受けることにした。私は近世村落史のなかでも、経済を中心に研究してきたので、花火のよような文化的な内容の本が書けるのかという不安があった。どちらかといえば、技術史に近い内容ともなったが、できるだけ花火の担い手や楽しむ人の前提となる社会経済の状況とその変化も理解できるように書いたつもりではある。この点は読者の皆さまの評価を待ちたいと思う。

政治や経済を分析する際には、その仕組みや取引の必要性を考えることにしているが、花火は必要性とは関係なく、楽しいとか美しいといった気持ちからなされ、発展してきたものである。文化とはそういったものなのであろう。さいわい花火は、自分の幼少期からの体験のなかに楽しかった想い出が多くあった。小学生の時の帰省先で玩具花火をスーパーで家族と選んで買ったこと、今では危なくて止められるだろうが、コカ・コーラの瓶にロケット花火を挿して打ち上げたこと、故郷の北九州・紫川での打上花火をかなり近い場所から見て、玉の大きさと音の衝撃に驚いたこと、などなど。

東京都江戸東京博物館都市歴史研究室の市川寛明さんには、江戸博シンポジウムの報告の際に「花火を地域の視点から分析してほしい」との指針をいただいた。村落の研究をしていながら、主に技術的観点から考えていた私にとって、花火に資金を出す料亭組合や船宿、町奉行所や行政との関わりを検討することへの自覚を促され、本書の骨格的見方を作ることができた。また、日本煙火協会の河野晴行さんには、花火の技術、運営、実地のあり方について多くを教えていただいた。史料に基づいて論ずる文献史学の立場からは、それに付随する図史料などから現実の姿を想像するしかないのであるが、技術的な可否については、今の実際の花火からも学ぶところが大きい。また、「書物・出版と社会変容」研究会で報告した際に、日本女子大学の吉村雅美さんは「武士の狼煙を批判する松浦静山や阿部正弘は、海防に熱心で、遊戯的な狼煙を受け入れ難かったのではないか」との視点を示して下さった。狼煙については石山秀和さんの先駆的お仕事があったが、この指摘で武士の中での立場の相違に気づかされた。本書の本質に関わるところでご教示いただいた三氏の御厚誼と御厚情を有り難く思っている。

明治期の新聞史料の分析に私自身違和感がないのは、学部時代にご指導を受けた加藤哲郎先生の辛抱強いゼミナール教育のお蔭である。卒業論文作成の際に迷走を重ねた挙げ句、最後の最後で『朝野新聞』の復刻版を手にして朝鮮や清国への対外観の変化について分析らしきものを行った。その経験がなければ、本書は出来なかったであろう。全ページを繰っていた当時を思えば、今の新聞データベースの充実ぶりには目を見張るばかりである。大学院博士課程の一年間ゼミで学んだ若尾政希先生の書物と出版に関する研究を間近に見ていなければ、花火の技術書や大坂本屋仲間記録もはるかに縁遠い史料であった。そして、渡辺尚志先生の村落史や藩地域研究を土台とした指導を受けていなければ、社会構成体との関連を意識して分析することはなかった。三人の先生方のお導きには、感謝の言葉もない。

また、多くの資料収蔵機関では、史料閲覧で大変お世話になった。日々、地味ではあるが大切な仕事をなさっている関係者に感謝と敬意を表したい。また、郷土史に取り組んでいる方々からも、史料のご教示を受けた。花火の全体史の中で、その位置付けを示すことで、少しは成果としてお返しができたのではないかと安堵している。

昨年の七月に、法政大学出版局の奥田のぞみさんから出版についてのお手紙をいただいてから一年弱、なんとかここまで漕ぎ着けることができた。奥田さんには原稿への意見を頂戴するだけでなく、文章表現や図像の提示に至るまで、さまざまな面でお世話になった。篤く御礼申し上げたい。

福澤徹三

令和元年（二〇一九）六月二〇日

人名索引

＊家名・屋号・会社名・団体名を含んでいる。

か　行

さ　行

た　行

な　行

は　行

ま　行

や　行

ら　行

わ　行

資料名索引

あ 行

か 行

さ 行

た 行

な　行

は　行

ま　行

や　行

ら　行

わ　行

著者略歴

福澤徹三（ふくざわ・てつぞう）

1972年福岡県生まれ。一橋大学大学院社会学研究科博士後期課程修了。博士（社会学）。現在，すみだ郷土文化資料館資料館学芸員，埼玉学園大学非常勤講師。
おもな業績に『一九世紀の豪農・名望家と地域社会』（単著，思文閣出版，2012年），『藩地域の農政と学問・金融——信濃国松代藩地域の研究 IV』（渡辺尚志氏と共編，岩田書院，2014年），「近世後期の江戸の花火と幕府政策」（『地方史研究』第375号，2015年）などがある。

ものと人間の文化史　183・花火

2019年 8 月 1 日　初版第 1 刷発行

発行所　一般財団法人　法政大学出版局
〒102-0071　東京都千代田区富士見2-17-1
電話03(5214)5540／振替00160-6-95814
印刷／三和印刷　製本／誠製本

Printed in Japan

ISBN978-4-588-21831-6

ものと人間の文化史

★第9回梓会出版文化賞受賞

人間が〈もの〉とのかかわりを通じて営々と築いてきた暮らしの足跡を具体的に辿りつつ文化・文明の基礎を問いなおす。手づくりの〈もの〉の記憶が失われ、〈もの〉離れが進行する危機の時代におくる豊穣な百科叢書。

1 船　須藤利一編

海国日本では古来、漁業・水運・交易はもとより、大陸文化も船によって運ばれた。本書は造船技術、航海の模様の推移を中心に、漂流、船霊信仰、伝説の数々を語る。　四六判３６８頁　'68

2 狩猟　直良信夫

人類の歴史は狩猟から始まった。本書は、わが国の遺跡に出土する獣骨、猟具の実証的考察をおこないながら、狩猟をつうじて発展した人間の知恵と生活の軌跡を辿る。　四六判２７２頁　'68

3 からくり　立川昭二

〈からくり〉は自動機械であり、驚嘆すべき庶民の技術的創意がこめられている。本書は、日本と西洋のからくりを発掘・復元・遍歴し、埋もれた技術の水脈をさぐる。　四六判４１０頁　'69

4 化粧　久下司

美を求める人間の心が生みだした化粧—その手法と道具に語らせた人間の欲望と本性、そして社会関係。歴史を遡り、全国を踏査して書かれた比類ない美と醜の文化史。　四六判３６８頁　'70

5 番匠　大河直躬

番匠はわが国中世の建築工匠。地方・在地を舞台に開花した彼らの造型・装飾・工法等の諸技術、さらに信仰と生活等、職人以前の独自で多彩な工匠的世界を描き出す。　四六判２８８頁　'71

6 結び　額田巌

〈結び〉の発達は人間の叡知の結晶である。本書はその諸形態および技法を作業・装飾・象徴の三つの系譜に辿り、〈結び〉のすべてを民俗学的・人類学的に考察する。　四六判２６４頁　'72

7 塩　平島裕正

人類史に貴重な役割を果たしてきた塩をめぐって、発見から伝承・製造技術の発展過程にいたる総体を歴史的に描き出すとともに、その多彩な効用と味覚の秘密を解く。　四六判２７２頁　'73

8 はきもの　潮田鉄雄

田下駄・かんじき・わらじなど、日本人の生活の礎となってきた伝統的はきものの成り立ちと変遷を、二〇年余の実地調査と細密な観察・描写によって辿る庶民生活史　四六判２８０頁　'73

9 城　井上宗和

古代城塞・城柵から近世代名の居城として集大成されるまでの日本の城の変遷を辿り、文化の各領野で果たしてきたその役割を再検討。あわせて世界城郭史に位置づける。　四六判３１０頁　'73

10 竹　室井綽

食生活、建築、民芸、造園、信仰等々にわたって、竹と人間との交流史は驚くほど深く永い。その多岐にわたる発展の過程を個々に辿り、竹の特異な性格を浮彫にする。　四六判３２４頁　'73

11 海藻　宮下章

古来日本人にとって生活必需品とされてきた海藻をめぐって、その採取・加工法の変遷、商品としての流通史および神事・祭事での役割に至るまでを歴史的に考証する。　四六判３３０頁　'74

12 絵馬　岩井宏實
古くは祭礼における神への献馬にはじまり、民間信仰と絵画のみごとな結晶として民衆の手で描かれ祀り伝えられてきた各地の絵馬を豊富な写真と史料によってたどる。四六判３０２頁 '74

13 機械　吉田光邦
畜力・水力・風力などの自然のエネルギーを利用し、幾多の改良を経て形成された初期の機械の歩みを検証し、日本文化の形成における科学・技術の役割を再検討する。四六判２４２頁 '74

14 狩猟伝承　千葉徳爾
狩猟には古来、感謝と慰霊の祭祀がともない、人獣交渉の豊かで意味深い歴史があった。狩猟用具、巻物、儀式具、またけものたちの生態を通して語る狩猟文化の世界。四六判３４６頁 '75

15 石垣　田淵実夫
採石から運搬、加工、石積みに至るまで、石垣の造成をめぐって積み重ねられてきた石工たちの苦闘の足跡を掘り起こし、その独自な技術の形成過程と伝承を集成する。四六判２２４頁 '75

16 松　高嶋雄三郎
日本人の精神史に深く根をおろした松の伝承に光を当て、食用、薬用等の実用の松、祭祀・観賞用の松、さらに文学・芸能・美術に表現された松のシンボリズムを説く。四六判３４２頁 '75

17 釣針　直良信夫
人と魚との出会いから現在に至るまで、釣針がたどった一万有余年の変遷を、世界各地の遺跡出土物を通して実証しつつ、漁撈によって生きた人々の生活と文化を探る。四六判２７８頁 '76

18 鋸　吉川金次
鋸鍛冶の家に生まれ、鋸の研究を生涯の課題とする著者が、出土遺品や文献・絵画により各時代の鋸を復元・実験し、庶民の手仕事にみられる驚くべき合理性を実証する。四六判３６０頁 '76

19 農具　飯沼二郎／堀尾尚志
鍬と犂の交代・進化の歩みとして発達したわが国農耕文化の発展経過を世界史的視野において再検討しつつ、無名の農民たちによる驚くべき創意のかずかずを記録する。四六判２２０頁 '76

20 包み　額田巖
結びとともに文化の起源にかかわる〈包み〉の系譜を人類史的視野において捉え、衣・食・住をはじめ社会・経済史、信仰、祭事などにおけるその実際と役割とを描く。四六判３５４頁 '77

21 蓮　阪本祐二
仏教における蓮の象徴的位置の成立と深化、美術・文芸等に見る人間とのかかわりを歴史的に考察。また大賀蓮はじめ多様な品種とその来歴を紹介しつつその美を語る。四六判３０６頁 '77

22 ものさし　小泉袈裟勝
ものをつくる人間にとって最も基本的な道具であり、数千年にわたって社会生活を律してきたその変遷を実証的に追求し、歴史の中で果たしてきた役割を浮彫りにする。四六判３１４頁 '77

23-Ⅰ 将棋Ⅰ　増川宏一
その起源を古代インドに、我国への伝播の道すじを海のシルクロードに探り、また伝来後一千年におよぶ日本将棋の変化と発展を盤、駒、ルール等にわたって跡づける。四六判２８０頁 '77

23-Ⅱ 将棋Ⅱ 増川宏一

わが国伝来後の普及と変遷を貴族や武家・豪商の日記等に博捜し、遊戯者の歴史をあとづけると共に、中国伝来説の誤りを正し、将棋宗家の位置と役割を明らかにする。 四六判346頁 '85

24 湿原祭祀 第2版 金井典美

古代日本の自然環境に着目し、各地の湿原聖地を稲作社会との関連において捉え直して古代国家成立の背景を浮彫にしつつ、水と植物にまつわる日本人の宇宙観を探る。 四六判410頁 '77

25 臼 三輪茂雄

臼が人類の生活文化の中で果たしてきた役割を、各地に遺る貴重な民俗資料・伝承と実地調査にもとづいて解明。失われゆく道具のなかに、未来の生活文化の姿を探る。 四六判412頁 '78

26 河原巻物 盛田嘉徳

中世末期以来の被差別部落民が生きる権利を守るために偽作し護り伝えてきた河原巻物を全国にわたって踏査し、そこに秘められた最底辺の人びとの叫びに耳を傾ける。 四六判226頁 '78

27 香料 日本のにおい 山田憲太郎

焼香供養の香から趣味としての薫物へ、さらに沈香木を焚く香道へと変遷した日本の「匂い」の歴史を豊富な史料に基づいて辿り、我国風俗史の知られざる側面を描く。 四六判370頁 '78

28 神像 神々の心と形 景山春樹

神仏習合によって変貌しつつも、常にその原型＝自然を保持してきた日本の神々の造型を図像学的方法によって捉え直し、その多彩な形象に日本人の精神構造をさぐる。 四六判342頁 '78

29 盤上遊戯 増川宏一

祭具・占具としての発生を『死者の書』をはじめとする古代の文献にさぐり、形状・遊戯法を分類しつつその〈進化〉の過程を考察。〈遊戯者たちの歴史〉をも跡づける。 四六判326頁 '78

30 筆 田淵実夫

筆の里・熊野に筆づくりの現場を訪ねて、筆匠たちの境涯と製筆の由来を克明に記録しつつ、筆の発生と変遷、種類、製筆法、さらには筆塚、筆供養にまで説きおよぶ。 四六判204頁 '78

31 ろくろ 橋本鉄男

日本の山野を漂移しつづけ、高度の技術文化と幾多の伝説とをもたらした特異な旅職集団＝木地屋の生態を、その呼称、地名、伝承、文書等をもとに生き生きと描く。 四六判460頁 '79

32 蛇 吉野裕子

日本古代信仰の根幹をなす蛇巫をめぐって、祭事におけるさまざまな蛇の「もどき」や各種の蛇の造型・伝承に鋭い考証を加え、忘れられたその呪性を大胆に暴き出す。 四六判250頁 '79

33 鋏（はさみ） 岡本誠之

梃子の原理の発見から鋏の誕生に至る過程を推理し、日本鋏の特異な歴史的位置を明らかにするとともに、刀鍛冶等から転進した鋏職人たちの創意と苦闘の跡をたどる。 四六判396頁 '79

34 猿 廣瀬鎮

嫌悪と愛玩、軽蔑と畏敬の交錯する日本人とサルとの関わりあいの歴史を、狩猟伝承や祭祀・風習、美術・工芸や芸能のなかに探り、日本人の動物観を浮彫りにする。 四六判292頁 '79

35 鮫　矢野憲一

神話の時代から今日まで、津々浦々につたわるサメの伝承とサメをめぐる海の民俗を集成し、神饌、食用、薬用等に活用されてきたサメと人間のかかわりの変遷を描く。四六判２９２頁　'79

36 枡　小泉袈裟勝

米の経済の枢要をなす器として千年余にわたり日本人の生活の中に生きてきた枡の変遷をたどり、記録・伝承をもとにこの独特な計量器が果たした役割を再検討する。四六判３２２頁　'80

37 経木　田中信清

食品の包装材料として近年まで身近に存在した経木の起源を、こけら経や塔婆、木簡、屋根板等に遡って明らかにし、その製造・流通に携った人々の労苦の足跡を辿る。四六判２８８頁　'80

38 色　染と色彩　前田雨城

わが国古代の染色技術の復元と文献解読をもとに日本色彩史を体系づけ、赤・白・青・黒等におけるわが国独自の色彩感覚を探りつつ日本文化における色の構造を解明。四六判３２０頁　'80

39 狐　陰陽五行と稲荷信仰　吉野裕子

その伝承と文献を渉猟しつつ、中国古代哲学＝陰陽五行の原理の応用という独自の視点から、謎とされてきた稲荷信仰と狐との密接な結びつきを明快に解き明かす。四六判２３２頁　'80

40-Ⅰ 賭博Ⅰ　増川宏一

時代、地域、階層を超えて連綿と行なわれてきた賭博。――その起源を古代の神判、スポーツ、遊戯等の中に探り、抑圧と許容の歴史を物語る。全Ⅲ分冊の〈総説篇〉。四六判２９８頁　'80

40-Ⅱ 賭博Ⅱ　増川宏一

古代インド文学の世界からラスベガスまで、賭博の形態・用具・方法の時代的特質を明らかにし、夥しい禁令に賭博の不滅のエネルギーを見る。全Ⅲ分冊の〈外国篇〉。四六判４５６頁　'82

40-Ⅲ 賭博Ⅲ　増川宏一

聞香、闘茶、笠附等、わが国独特の賭博を中心にその具体例を網羅し、方法の変遷に賭博の時代性を探りつつ禁令の改廃に時代の賭博観を追う。全Ⅲ分冊の〈日本篇〉。四六判３８８頁　'83

41-Ⅰ 地方仏Ⅰ　むしゃこうじ・みのる

古代から中世にかけて全国各地で作られた無銘の仏像を訪ね、素朴で多様なノミの跡に民衆の祈りと地域の願望を探る。宗教の伝播、文化の創造を考える異色の紀行。四六判２５６頁　'80

41-Ⅱ 地方仏Ⅱ　むしゃこうじ・みのる

紀州や飛騨を中心に草の根の仏たちを訪ねて、その相好と像容の魅力を探り、技法を比較考証して仏像彫刻史に位置づけつつ、中世地域社会の形成と信仰の実態に迫る。四六判２６０頁　'97

42 南部絵暦　岡田芳朗

田山・盛岡地方で「盲暦」として古くから親しまれてきた独得の絵解き暦を詳しく紹介しつつその全体像を復元する。その無類の生活暦は、南部農民の哀歓をつたえる。四六判２８８頁　'80

43 野菜　在来品種の系譜　青葉高

蕪、大根、茄子等の日本在来野菜をめぐって、その渡来・伝播経路、品種分布と栽培のいきさつを各地の伝承や古記録をもとに辿り、畑作文化の源流とその風土を描く。四六判３６８頁　'81

44 **つぶて** 中沢厚

弥生投弾、古代・中世の石戦と印地の様相、投石具の発達を展望しつつ、願かけの小石、正月つぶて、石こづみ等の習俗を辿り、石塊に託した民衆の願いや怒りを探る。 四六判338頁 '81

45 **壁** 山田幸一

弥生時代から明治期に至るわが国の壁の変遷を壁塗＝左官工事の側面から辿り直し、その技術的復元・考証を通じて建築史・文化史における壁の役割を浮き彫りにする。 四六判296頁 '81

46 **箪笥**（たんす） 小泉和子

近世における箪笥の出現＝箱から抽斗への転換に着目し、以降近現代に至るその変遷を社会・経済・技術の側面からあとづける。著者自身による箪笥製作の記録を付す。 四六判378頁 '82

47 **木の実** 松山利夫

山村の重要な食糧資源であった木の実をめぐる各地の記録・伝承を集成し、その採集・加工における幾多の試みを実地に検証しつつ、稲作農耕以前の食生活文化を復元。 四六判384頁 '82

48 **秤**（はかり） 小泉袈裟勝

秤の起源を東西に探るとともに、わが国律令制下における中国制度の導入、近世商品経済の発展に伴う秤座の出現、明治期近代化政策による洋式秤受容等の経緯を描く。 四六判326頁 '82

49 **鶏**（にわとり） 山口健児

神話・伝説をはじめ遠い歴史の中の鶏を古今東西の伝承・文献に探り、特に我国の信仰・絵画・文学等に遺された鶏の足跡を追って、鶏をめぐる民俗の記憶を蘇らせる。 四六判346頁 '83

50 **燈用植物** 深津正

人類が燈火を得るために用いてきた多種多様な植物との出会いと個個の植物の来歴、特性及びはたらきを詳しく検証しつつ「あかり」の原点を問いなおす異色の植物誌。 四六判442頁 '83

51 **斧・鑿・鉋**（おの・のみ・かんな） 吉川金次

古墳出土品や文献・絵画をもとに、古代から現代までの斧・鑿・鉋を復元・実験し、労働体験によって生まれた民衆の知恵と道具の変遷を蘇らせる異色の日本木工具史。 四六判304頁 '84

52 **垣根** 額田巖

大和・山辺の道に神々と垣との関わりを探り、各地に垣の伝承を訪ねて、寺院の垣、民家の垣、露地の垣など、風土と生活に培われた生垣の独特のはたらきと美を描く。 四六判234頁 '84

53-Ⅰ **森林Ⅰ** 四手井綱英

森林生態学の立場から、森林のなりたちとその生活史を辿りつつ、産業の発展と消費社会の拡大により刻々と変貌する森林の現状を語り、未来への再生のみちをさぐる。 四六判306頁 '85

53-Ⅱ **森林Ⅱ** 四手井綱英

森林と人間との多様なかかわりを包括的に語り、人と自然が共生するための森や里山をいかにして創出するか、森林再生への具体的な方策を提示する21世紀への提言。 四六判308頁 '98

53-Ⅲ **森林Ⅲ** 四手井綱英

地球規模で進行しつつある森林破壊の現状を実地に踏査し、森と人が共存する日本人の伝統的自然観を未来へ伝えるために、いま何が必要なのかを具体的に提言する。 四六判304頁 '00

54 海老《えび》 酒向昇
人類との出会いからエビの科学、漁法、さらには調理法を語り、めでたい姿態と色彩にまつわる多彩なエビの民俗を、地名や人名、詩歌・文学、絵画や芸能の中に探る。四六判428頁 '85

55-I 藁《わら》I 宮崎清
稲作農耕とともに二千年余の歴史をもち、日本人の全生活領域に生きてきた藁の文化を日本文化の原型として捉え、風土に根ざしたそのゆたかな遺産を詳細に検討する。四六判400頁 '85

55-II 藁《わら》II 宮崎清
床・畳から壁・屋根にいたる住居における藁の製作・使用のメカニズムを明らかにし、日本人の生活空間における藁の役割を見なおすとともに、藁の文化の復権を説く。四六判400頁 '85

56 鮎 松井魁
清楚な姿態と独特な味覚によって、日本人の目と舌を魅了しつづけてきたアユ——その形態と分布、生態、漁法等を詳述し、古今のアユ料理や文芸にみるアユにおよぶ。四六判296頁 '86

57 ひも 額田巌
物と物、人と物とを結びつける不思議な力を秘めた「ひも」の謎を追って、民俗学的視点から多角的なアプローチを試みる。『結び』、『包み』につづく三部作の完結篇。四六判250頁 '86

58 石垣普請 北垣聰一郎
近世石垣の技術者集団「穴太」の足跡を辿り、各地城郭の石垣遺構の実地調査と資料・文献をもとに石垣普請の歴史的系譜を復元しつつ石工たちの技術伝承を集成する。四六判438頁 '87

59 碁 増川宏一
その起源を古代の盤上遊戯に探ると共に、定着以来二千年の歴史を時代の状況や遊び手の社会環境との関わりにおいて跡づける。逸話や伝説を排して綴る初の囲碁全史。四六判366頁 '87

60 日和山《ひよりやま》 南波松太郎
千石船の時代、航海の安全のために観天望気した日和山——多くは忘れられ、あるいは失われた船舶・航海史の貴重な遺跡を追って、全国津々浦々におよんだ調査紀行。四六判382頁 '88

61 篩《ふるい》 三輪茂雄
臼とともに人類の生産活動に不可欠な道具であった篩、箕(み)、笊(ざる)の多彩な変遷を豊富な図解入りでたどり、現代技術の先端に再生するまでの歩みをえがく。四六判334頁 '89

62 鮑《あわび》 矢野憲一
縄文時代以来、貝肉の美味と貝殻の美しさによって日本人を魅了し続けてきたアワビ——その生態と養殖、神饌としての歴史、漁法、螺鈿の技法からアワビ料理に及ぶ。四六判344頁 '89

63 絵師 むしゃこうじ・みのる
日本古代の渡来画工から江戸前期の菱川師宣まで、時代の代表的絵師の列伝で辿る絵画制作の文化史。前近代社会における絵画の意味や芸術創造の社会的条件を考える。四六判230頁 '90

64 蛙《かえる》 碓井益雄
動物学の立場からその特異な生態を描き出すとともに、和漢洋の文献資料を駆使して故事・習俗・神事・民話・文芸・美術工芸にわたる蛙の多彩な活躍ぶりを活写する。四六判382頁 '89

65-I 藍（あい）I 風土が生んだ色 竹内淳子

全国各地の〈藍の里〉を訪ねて、藍栽培から染色・加工のすべてにわたり、藍とともに生きた人々の伝承を克明に描き、風土と人間が生んだ〈日本の色〉の秘密を探る。四六判416頁 '91

65-II 藍（あい）II 暮らしが育てた色 竹内淳子

日本の風土に生まれ、伝統に育てられた藍が、今なお暮らしの中で生き生きと活躍しているさまを、手わざに生きる人々との出会いを通じて描く。藍の里紀行の続篇。四六判406頁 '99

66 橋 小山田了三

丸木橋・舟橋・吊橋から板橋・アーチ型石橋まで、人々に親しまれてきた各地の橋を訪ねて、その来歴と築橋の技術伝承を辿り、土木文化の伝播・交流の足跡をえがく。四六判312頁 '91

67 箱 宮内悊

日本の伝統的な箱（櫃）と西欧のチェストを比較文化史の視点から考察し、居住・収納・運搬・装飾の各分野における箱の重要な役割とその多彩な文化を浮彫りにする。四六判390頁 '91

68-I 絹 I 伊藤智夫

養蚕の起源を神話や説話に探り、伝来の時期とルートを跡づけ、記紀・万葉の時代から近世に至るまで、それぞれの時代・社会・階層が生み出した絹の文化を描き出す。四六判304頁 '92

68-II 絹 II 伊藤智夫

生糸と絹織物の生産と輸出が、わが国の近代化にはたした役割を描くと共に、養蚕の道具、信仰や庶民生活にわたる養蚕と絹の民俗、さらには蚕の種類と生態におよぶ。四六判294頁 '92

69 鯛（たい） 鈴木克美

古来「魚の王」とされてきた鯛をめぐって、その生態・味覚から漁法、祭り、工芸、文芸にわたる多彩な伝承文化を語りつつ、鯛と日本人とのかかわりの原点をさぐる。四六判418頁 '92

70 さいころ 増川宏一

古代神話の世界から近現代の博徒の動向まで、さいころの役割を各時代・社会に位置づけ、木の実や貝殻のさいころから投げ棒型や立方体のさいころへの変遷をたどる。四六判374頁 '92

71 木炭 樋口清之

炭の起源から炭焼、流通、経済、文化にわたる木炭の歩みを歴史・考古・民俗の知見を総合して描き出し、独自で多彩な文化を育んできた木炭の尽きせぬ魅力を語る。四六判296頁 '93

72 鍋・釜（なべ・かま） 朝岡康二

日本をはじめ韓国、中国、インドネシアなど東アジアの各地を歩きながら鍋・釜の製作と使用の現場に立ち会い、調理をめぐる庶民生活の変遷とその交流の足跡を探る。四六判326頁 '93

73 海女（あま） 田辺悟

その漁の実際と社会組織、風習、信仰、民具などを克明に描くとともに海女の起源・分布・交流を探り、わが国漁撈文化の古層としての海女の生活と文化をあとづける。四六判294頁 '93

74 蛸（たこ） 刀禰勇太郎

蛸をめぐる信仰や多彩な民間伝承を紹介するとともに、その生態・分布・捕獲法・繁殖と保護・調理法などを集成し、日本人と蛸との知られざるかかわりの歴史を探る。四六判370頁 '94

75 **曲物**（まげもの）　岩井宏實

桶・樽出現以前から伝承され、古来最も簡便・重宝な木製容器として愛用された曲物の加工技術と機能・利用形態の変遷をさぐり、手づくりの「木の文化」を見なおす。**四六判３１８頁** '94

76-Ⅰ **和船Ⅰ**　石井謙治

江戸時代の海運を担った千石船（弁才船）について、その構造と技術、帆走性能を綿密に調査し、通説の誤りを正すとともに、海難と信仰、船絵馬等の考察にもおよぶ。**四六判４３６頁** '95

76-Ⅱ **和船Ⅱ**　石井謙治

造船史から見た著名な船を紹介し、遣唐使船や遣欧使節船、幕末の洋式船における外国技術の導入について論じつつ、船の名称と船型を海船・川船にわたって解説する。**四六判３１６頁** '95

77-Ⅰ **反射炉Ⅰ**　金子功

日本初の佐賀鍋島藩の反射炉と精練方＝理化学研究所、島津藩の反射炉と集成館＝近代工場群を軸に、日本の産業革命の時代における人と技術を現地に訪ねて発掘する。**四六判２４４頁** '95

77-Ⅱ **反射炉Ⅱ**　金子功

伊豆韮山の反射炉をはじめ、全国各地の反射炉建設にかかわった有名無名の人々の足跡をたどり、開国か攘夷かに揺れる幕末の政治と社会の悲喜劇をも生き生きと描く。**四六判２２６頁** '95

78-Ⅰ **草木布**（そうもくふ）**Ⅰ**　竹内淳子

風土に育まれた布を求めて全国各地を歩き、木綿普及以前に山野の草木を利用して豊かな衣生活文化を築き上げてきた庶民の知られざる知恵のかずかずを実地にさぐる。**四六判２８２頁** '95

78-Ⅱ **草木布**（そうもくふ）**Ⅱ**　竹内淳子

アサ、クズ、シナ、コウゾ、カラムシ、フジなどの草木の繊維から、どのようにして糸を採り、布を織っていたのか——聞書きをもとに忘れられた技術と文化を発掘する。**四六判２８２頁** '95

79-Ⅰ **すごろくⅠ**　増川宏一

古代エジプトのセネト、ヨーロッパのバクギャモン、中近東のナルド、中国の双陸などの系譜に日本の盤雙六を位置づけ、遊戯・賭博としてのその数奇なる運命を辿る。**四六判３１２頁** '95

79-Ⅱ **すごろくⅡ**　増川宏一

ヨーロッパの鵞鳥のゲームから日本中世の浄土双六、近世の華麗な絵双六、さらには近現代の少年誌の附録まで、絵双六の変遷を追って時代の社会・文化を読みとる。**四六判３９０頁** '95

80 **パン**　安達巖

古代オリエントに起ったパン食文化が中国・朝鮮を経て弥生時代の日本に伝えられたことを史料と伝承をもとに解明し、わが国パン食文化二〇〇〇年の足跡を描き出す。**四六判２６０頁** '96

81 **枕**（まくら）　矢野憲一

神さまの枕・大嘗祭の枕から枕絵の世界まで、人生の三分の一を共に過す枕をめぐって、その材質の変遷を辿り、伝説と怪談、俗信と民俗、エピソードを興味深く語る。**四六判２５２頁** '96

82-Ⅰ **桶・樽**（おけ・たる）**Ⅰ**　石村真一

日本、中国、朝鮮、ヨーロッパにわたる厖大な資料を集成してその豊かな文化の系譜を探り、東西の木工技術史を比較しつつ世界史的視野から桶・樽の文化を描き出す。**四六判３８８頁** '97

82-Ⅱ **桶・樽**（おけ・たる）Ⅱ　石村真一

多数の調査資料と絵画・民俗資料をもとにその製作技術を復元し、東西の木工技術を比較考証しつつ、技術文化史の視点から桶・樽製作の実態とその変遷を跡づける。　四六判３７２頁　'97

82-Ⅲ **桶・樽**（おけ・たる）Ⅲ　石村真一

樹木と人間とのかかわり、製作者と消費者とのかかわりを通じて桶樽と生活文化の変遷を考察し、木材資源の有効利用という視点から桶樽の文化史的役割を浮彫にする。　四六判３５２頁　'97

83-Ⅰ **貝Ⅰ**　白井祥平

世界各地の現地調査と文献資料を駆使して、古来至高の財宝とされてきた宝貝のルーツとその変遷を探り、貝と人間とのかかわりの歴史を「貝貨」の文化史として描く。　四六判３８６頁　'97

83-Ⅱ **貝Ⅱ**　白井祥平

サザエ、アワビ、イモガイなど古来人類とかかわりの深い貝をめぐって、その生態・分布・地方名、装身具や貝貨としての利用法などを豊富なエピソードを交えて語る。　四六判３２８頁　'97

83-Ⅲ **貝Ⅲ**　白井祥平

シンジュガイ、ハマグリ、アカガイ、シャコガイなどをめぐって世界各地の民族誌を渉猟し、それらが人類文化に残した足跡を辿る。参考文献一覧／総索引を付す。　四六判３９２頁　'97

84 **松茸**（まつたけ）　有岡利幸

秋の味覚として古来珍重されてきた松茸の由来を求めて、稲作文化と里山（松林）の生態系から説きおこし、日本人の伝統的生活文化の中に松茸流行の秘密をさぐる。　四六判２９６頁　'97

85 **野鍛冶**（のかじ）　朝岡康二

鉄製農具の製作・修理・再生を担ってきた農鍛冶の歴史的役割を探り、近代化の大波の中で変貌する職人技術の実態をアジア各地のフィールドワークを通して描き出す。　四六判２８０頁　'98

86 **稲**　品種改良の系譜　菅　洋

作物としての稲の誕生、稲の渡来と伝播の経緯から説きおこし、明治以降主として庄内地方の民間育種家の手によって飛躍的発展をとげたわが国品種改良の歩みを描く。　四六判３３２頁　'98

87 **橘**（たちばな）　吉武利文

永遠のかぐわしい果実として日本の神話・伝説に特別の位置を占めて語り継がれてきた橘をめぐって、その育まれた風土とかずかずの伝承の中に日本文化の特質を探る。　四六判２８６頁　'98

88 **杖**（つえ）　矢野憲一

神の依代としての杖や仏教の錫杖に杖と信仰とのかかわりを探り、人類が突きつつ歩んだその歴史と民俗を興味ぶかく語る。多彩な材質と用途を網羅した杖の博物誌。　四六判３１４頁　'98

89 **もち**（糯・餅）　渡部忠世／深澤小百合

モチイネの栽培・育種から食品加工、民俗、儀礼にわたってそのルーツと伝承の足跡をたどり、アジア稲作文化という広範な視野からこの特異な食文化の謎を解明する。　四六判３３０頁　'98

90 **さつまいも**　坂井健吉

その栽培の起源と伝播経路を跡づけるとともに、わが国伝来後四百年の経緯を詳細にたどり、世界に冠たる育種と栽培・利用法を築いた人々の知られざる足跡をえがく。　四六判３２８頁　'99

91 珊瑚（さんご）　鈴木克美

海岸の自然保護に重要な役割を果たす岩石サンゴから宝飾品として知られる宝石サンゴまで，人間生活と深くかかわってきたサンゴの多彩な姿を人類文化史として描く。　四六判370頁　'99

92-Ⅰ 梅Ⅰ　有岡利幸

万葉集，源氏物語，五山文学などの古典や天神信仰に表れた梅の足跡を克明に辿りつつ日本人の精神史に刻印された梅を浮彫にし，梅と日本人の二〇〇〇年史を描く。　四六判274頁　'99

92-Ⅱ 梅Ⅱ　有岡利幸

その植生と栽培，伝承，梅の名所や鑑賞法の変遷から戦前の国定教科書に表れた梅まで，梅と日本人との多彩なかかわりを探り，桜との対比において梅の文化史を描く。　四六判338頁　'99

93 木綿口伝（もめんくでん）　第2版　福井貞子

老女たちからの聞書を経糸とし，厖大な遺品・資料を緯糸として，母から娘へと幾代にも伝えられた手づくりの木綿文化を掘り起し，近代の木綿の盛衰を描く。増補版　四六判336頁　'00

94 合せもの　増川宏一

「合せる」には古来，一致させるの他に，競う，闘う，比べる等の意味があった。貝合せや絵合せ等の遊戯・賭博を中心に，広範な人間の営みを「合せる」行為に辿る。　四六判300頁　'00

95 野良着（のらぎ）　福井貞子

明治初期から昭和四〇年までの野良着を収集・分類・整理し，それらの用途と年代，形態，材質，重量，呼称などを精査して，働く庶民の創意にみちた生活史を描く。　四六判292頁　'00

96 食具（しょくぐ）　山内昶

東西の食文化に関する資料を渉猟し，食法の違いを人間の自然に対するかかわり方の違いとして捉えつつ，食具を人間と自然をつなぐ基本的な媒介物として位置づける。　四六判292頁　'00

97 鰹節（かつおぶし）　宮下章

黒潮からの贈り物・カツオの漁法から鰹節の製法や食法，商品としての流通までを歴史的に展望するとともに，沖縄やモルジブ諸島の調査をもとにそのルーツを探る。　四六判382頁　'00

98 丸木舟（まるきぶね）　出口晶子

先史時代から現代の高度文明社会まで，もっとも長期にわたり使われてきた刳り舟に焦点を当て，その技術伝承を辿りつつ，森や水辺の文化の広がりと動態をえがく。　四六判324頁　'01

99 梅干（うめぼし）　有岡利幸

日本人の食生活に不可欠の自然食品・梅干をつくりだした先人たちの知恵に学ぶとともに，健康増進に驚くべき薬効を発揮する，その知られざるパワーの秘密を探る。　四六判300頁　'01

100 瓦（かわら）　森郁夫

仏教文化と共に中国・朝鮮から伝来し，一四〇〇年にわたり日本の建築を飾ってきた瓦をめぐって，発掘資料をもとにその製造技術，形態，文様などの変遷をたどる。　四六判320頁　'01

101 植物民俗　長澤武

衣食住から子供の遊びまで，幾世代にも伝承された植物をめぐる暮らしの知恵を克明に記録し，高度経済成長期以前の農山村の豊かな生活文化を愛惜をこめて描き出す。　四六判348頁　'01

102 **箸**（はし）　向井由紀子／橋本慶子

そのルーツを中国、朝鮮半島に探るとともに、日本人の食生活に不可欠の食具となり、日本文化のシンボルとされるまでに洗練された箸の文化の変遷を総合的に描く。　四六判３３４頁　'01

103 **採集**　ブナ林の恵み　赤羽正春

縄文時代から今日に至る採集・狩猟民の暮らしを復元し、動物の生態系と採集生活の関連を明らかにしつつ、民俗学と考古学の両面から山に生かされた人々の姿を描く。　四六判２９８頁　'01

104 **下駄**　神のはきもの　秋田裕毅

古墳や井戸等から出土する下駄に着目し、下駄が地上と地下の他界を結ぶ聖なるはきものであったという大胆な仮説を提出、日本の神々の忘れられた側面を浮彫にする。　四六判３０４頁　'02

105 **絣**（かすり）　福井貞子

膨大な絣遺品を収集・分類し、絣産地を実地に調査して絣の技法と文様の変遷を地域別・時代別に跡づけ、明治・大正・昭和の手づくりの染織文化の盛衰を描き出す。　四六判３１０頁　'02

106 **網**（あみ）　田辺悟

漁網を中心に、網に関する基本資料を網羅して網の変遷と網をめぐる民俗を体系的に描き出し、網の文化を集成する。「網に関する小事典」「網のある博物館」を付す。　四六判３１６頁　'02

107 **蜘蛛**（くも）　斎藤慎一郎

「土蜘蛛」の呼称で畏怖される一方「クモ合戦」など子供の遊びとしても親しまれてきたクモと人間との長い交渉の歴史をその深層に遡って追究した異色のクモ文化論。　四六判３２０頁　'02

108 **襖**（ふすま）　むしゃこうじ・みのる

襖の起源と変遷を建築史・絵画史の中に探りつつその用と美を浮彫にし、衝立・障子・屏風等と共に日本建築の空間構成に不可欠の建具となるまでの経緯を描き出す。　四六判２７０頁　'02

109 **漁撈伝承**（ぎょろうでんしょう）　川島秀一

漁師たちからの聞き書きをもとに、寄り物、船霊、大漁旗など、漁撈にまつわる〈もの〉の伝承を集成し、海の道によって運ばれた習俗や信仰の民俗地図を描き出す。　四六判３３４頁　'03

110 **チェス**　増川宏一

世界中に数億人の愛好者を持つチェスの起源と文化を、欧米における膨大な研究の蓄積を渉猟しつつ探り、日本への伝来の経緯から美術工芸品としてのチェスにおよぶ。　四六判２９８頁　'03

111 **海苔**（のり）　宮下章

海苔の歴史は厳しい自然とのたたかいの歴史だった——採取から養殖、加工、流通、消費に至る先人たちの苦難の歩みを史料と実地調査によって浮彫にする食物文化史。　四六判１７２頁　'03

112 **屋根**　檜皮葺と柿葺　原田多加司

屋根葺師一〇代の著者が、自らの体験と職人の本懐を語り、連綿として受け継がれてきた伝統の手わざを体系的にたどりつつ伝統技術の保存と継承の必要性を訴える。　四六判３４０頁　'03

113 **水族館**　鈴木克美

初期水族館の歩みを創始者たちの足跡を通して辿りなおし、水族館をめぐる社会の発展と風俗の変遷を描き出すとともにその未来像をさぐる初の〈日本水族館史〉の試み。　四六判２９０頁　'03

114 古着（ふるぎ） 朝岡康二
仕立てと着方、管理と保存、再生と再利用等にわたり衣生活の変容を近代の日常生活の変化として捉え直し、衣服をめぐるリサイクル文化が形成される経緯を描き出す。四六判２９２頁 '03

115 柿渋（かきしぶ） 今井敬潤
染料・塗料をはじめ生活百般の必需品であった柿渋の伝承を記録し、文献資料をもとにその製造技術と利用の実態を明らかにして、忘れられた豊かな生活技術を見直す。 四六判２９４頁 '03

116-Ⅰ 道Ⅰ 武部健一
道の歴史を先史時代から説き起こし、古代律令制国家の要請によって駅路が設けられ、しだいに幹線道路として整えられてゆく経緯を技術史・社会史の両面からえがく。四六判２４８頁 '03

116-Ⅱ 道Ⅱ 武部健一
中世の鎌倉街道、近世の五街道、近代の開拓道路から現代の高速道路網までを通観し、道路を拓いた人々の手によって今日の交通ネットワークが形成された歴史を語る。四六判２８０頁 '03

117 かまど 狩野敏次
日常の煮炊きの道具であるとともに祭りと信仰に重要な位置を占めてきたカマドをめぐる忘れられた伝承を掘り起こし、民俗空間の壮大なコスモロジーを浮彫りにする。四六判２９２頁 '04

118-Ⅰ 里山Ⅰ 有岡利幸
縄文時代から近世までの里山の変遷を人々の暮らしと植生の変化の両面から跡づけ、その源流を記紀万葉に描かれた里山の景観や大和・三輪山の古記録・伝承等に探る。 四六判２７６頁 '04

118-Ⅱ 里山Ⅱ 有岡利幸
明治の地租改正による山林の混乱、相次ぐ戦争による山野の荒廃、エネルギー革命、高度成長による大規模開発など、近代化の荒波に翻弄される里山の見直しを説く。 四六判２７４頁 '04

119 有用植物 菅 洋
人間生活に不可欠のものとして利用されてきた身近な植物たちの来歴と栽培・育種・品種改良・伝播の経緯を平易に語り、植物と共に歩んだ文明の足跡を浮彫にする。 四六判３２４頁 '04

120-Ⅰ 捕鯨Ⅰ 山下渉登
世界の海で展開された鯨と人間との格闘の歴史を振り返り、「大航海時代」の副産物として開始された捕鯨業の誕生以来四〇〇年にわたる盛衰の社会的背景をさぐる。 四六判３１４頁 '04

120-Ⅱ 捕鯨Ⅱ 山下渉登
近代捕鯨の登場により鯨資源の激減を招き、捕鯨の規制・管理のための国際条約締結に至る経緯をたどり、グローバルな課題としての自然環境問題を浮き彫りにする。 四六判３１２頁 '04

121 紅花（べにばな） 竹内淳子
栽培、加工、流通、利用の実際を現地に探訪して紅花とかかわってきた人々からの聞き書きを集成し、忘れられた〈紅花文化〉を復元しつつその豊かな味わいを見直す。 四六判３４６頁 '04

122-Ⅰ もののけⅠ 山内昶
日本の妖怪変化、未開社会の〈マナ〉、西欧の悪魔やデーモンを比較考察し、名づけ得ぬ未知の対象を指す万能のゼロ記号〈もの〉をめぐる人類文化史を跡づける博物誌。 四六判３２０頁 '04

122-II もののけII 山内昶
日本の鬼、古代ギリシアのダイモン、中世の異端狩り・魔女狩り等々をめぐり、自然＝カオスと文化＝コスモスの対立の中で〈野生の思考〉が果たしてきた役割をさぐる。四六判２８０頁 '04

123 染織（そめおり） 福井貞子
自らの体験と厖大な残存資料をもとに、糸づくりから織り、染めにわたる手づくりの豊かな生活文化を見直す。創意にみちた手わざのかずかずを復元する庶民生活誌。四六判２９４頁 '05

124-I 動物民俗I 長澤武
神として崇められたクマやシカをはじめ、人間にとって不可欠の鳥獣や魚、さらには人間を脅かす動物など、多種多様な動物たちと交流してきた人々の暮らしの民俗誌。四六判２６４頁 '05

124-II 動物民俗II 長澤武
動物の捕獲法をめぐる各地の伝承を紹介するとともに、全国で語り継がれてきた多彩な動物民話・昔話を渉猟し、暮らしの中で培われた動物フォークロアの世界を描く。四六判２６６頁 '05

125 粉（こな） 三輪茂雄
粉体の研究をライフワークとする著者が、粉食の発見からナノテクノロジーまで、人類文明の歩みを〈粉〉の視点から捉え直した壮大なスケールの〈文明の粉体史観〉 四六判３０２頁 '05

126 亀（かめ） 矢野憲一
浦島伝説や「兎と亀」の昔話によって親しまれてきた亀のイメージの起源を探り、古代の亀卜の方法から、亀にまつわる信仰と迷信、鼈甲細工やスッポン料理におよぶ。四六判３３０頁 '05

127 カツオ漁 川島秀一
一本釣り、カツオ漁場、船上の生活、船霊信仰、祭りと禁忌など、カツオ漁にまつわる漁師たちの伝承を集成し、黒潮に沿って伝えられた漁民たちの文化を掘り起こす。四六判３７０頁 '05

128 裂織（さきおり） 佐藤利夫
木綿の風合いと強靭さを生かした裂織の技と美をすぐれたリサイクル文化として見なおす。東西文化の中継地・佐渡の古老たちからの聞書をもとに歴史と民俗をえがく。四六判３０８頁 '05

129 イチョウ 今野敏雄
「生きた化石」として珍重されてきたイチョウの生い立ちと人々の生活文化とのかかわりの歴史をたどり、この最古の樹木に秘められたパワーを最新の中国文献にさぐる。四六判３１２頁〔品切〕'05

130 広告 八巻俊雄
のれん、看板、引札からインターネット広告までを通観し、いつの時代にも広告が人々の暮らしと密接にかかわって独自の文化を形成してきた経緯を描く広告の文化史。四六判２７６頁 '06

131-I 漆（うるし）I 四柳嘉章
全国各地で発掘された考古資料を対象に科学的解析を行ない、縄文時代から現代に至る漆の技術と文化を跡づける試み。漆が日本人の生活と精神に与えた影響を探る。四六判２７４頁 '06

131-II 漆（うるし）II 四柳嘉章
遺跡や寺院等に遺る漆器を分析し体系づけるとともに、絵巻物や文学作品の考証を通じて、職人や産地の形成、漆工芸の地場産業としての発展の経緯などを考察する。四六判２１６頁 '06

132 **まな板** 石村眞一

日本、アジア、ヨーロッパ各地のフィールド調査と考古・文献・絵画・写真資料をもとにまな板の素材・構造・使用法を分類し、多様な食文化とのかかわりをさぐる。 四六判３７２頁 '06

133-Ⅰ **鮭・鱒**（さけ・ます）Ⅰ 赤羽正春

鮭・鱒をめぐる民俗研究の前史から現在までを概観するとともに、原初的な漁法から商業的漁法にわたる多彩な漁法と用具、漁場と社会組織の関係などを明らかにする。 四六判２９２頁 '06

133-Ⅱ **鮭・鱒**（さけ・ます）Ⅱ 赤羽正春

鮭漁をめぐる行事、鮭捕り衆の生活等を聞き取りによって再現し、人工孵化事業の発展とそれを担った先人たちの業績を明らかにするとともに、鮭・鱒の料理におよぶ。 四六判３５２頁 '06

134 **遊戯** その歴史と研究の歩み 増川宏一

古代から現代まで、日本と世界の遊戯の歴史を概説し、内外の研究者との交流の中で得られた最新の知見をもとに、研究の出発点と目的を論じ、現状と未来を展望する。 四六判２９６頁 '06

135 **石干見**（いしひみ） 田和正孝編

沿岸部に石垣を築き、潮汐作用を利用して漁獲する原初的漁法を日・韓・台に残る遺構と伝承の調査・分析をもとに復元し、東アジアの伝統的漁撈文化を浮彫りにする。 四六判３３２頁 '07

136 **看板** 岩井宏實

江戸時代から明治・大正・昭和初期までの看板の歴史を生活文化史の視点から考察し、多種多様な生業の起源と変遷を多数の図版をもとに紹介する〈図説商売往来〉。 四六判２６６頁 '07

137-Ⅰ **桜Ⅰ** 有岡利幸

そのルーツと生態から説きおこし、和歌や物語に描かれた古代社会の桜観から「花は桜木、人は武士」の江戸の花見の流行まで、日本人と桜のかかわりの歴史をさぐる。 四六判３８２頁 '07

137-Ⅱ **桜Ⅱ** 有岡利幸

明治以後、軍国主義と愛国心のシンボルとして政治的に利用されてきた桜の近代史を辿るとともに、日本人の生活と共に歩んだ「咲く花、散る花」の栄枯盛衰を描く。 四六判４００頁 '07

138 **麴**（こうじ） 一島英治

日本の気候風土の中で稲作と共に育まれた麴菌のすぐれたはたらきの秘密を探り、醸造化学に携わった人々の足跡をたどりつつ醗酵食品と日本人の食生活文化を考える。 四六判２４４頁 '07

139 **河岸**（かし） 川名登

近世初頭、河川水運の隆盛と共に物流のターミナルとして賑わい、船旅や遊廓などをもたらした河岸（川の港）の盛衰を河岸に生きる人々の暮らしの変遷としてえがく。 四六判３００頁 '07

140 **神饌**（しんせん） 岩井宏實／日和祐樹

土地に古くから伝わる食物を神に捧げる神饌儀礼に祭りの本義を探り、近畿地方主要神社の伝統的儀礼をつぶさに調査して、豊富な写真と共にその実際を明らかにする。 四六判３７４頁 '07

141 **駕籠**（かご） 櫻井芳昭

その様式、利用の実態、地域ごとの特色、車の利用を抑制する交通政策との関連から駕籠かきたちの風俗までを明らかにし、日本交通史の知られざる側面に光を当てる。 四六判２９４頁 '07

142 追込漁（おいこみりょう）　川島秀一
沖縄の島々をはじめ，日本各地で今なお行なわれている沿岸漁撈を実地に精査し，魚の生態と自然条件を知り尽した漁師たちの知恵と技を見直しつつ漁業の原点を探る。四六判368頁　'08

143 人魚（にんぎょ）　田辺悟
ロマンとファンタジーに彩られて世界各地に伝承される人魚の実像をもとめて東西の人魚誌を渉猟し，フィールド調査と膨大な資料をもとに集成したマーメイド百科。四六判352頁　'08

144 熊（くま）　赤羽正春
狩人たちからの聞き書きをもとに，かつては神として崇められた熊と人間との精神史的な関係をさぐり，熊を通して人間の生存可能性にもおよぶユニークな動物文化史。四六判384頁　'08

145 秋の七草　有岡利幸
『万葉集』で山上憶良がうたいあげて以来，千数百年にわたり秋を代表する植物として日本人にめでられてきた七種の草花の知られざる伝承を掘り起こす植物文化誌。四六判306頁　'08

146 春の七草　有岡利幸
厳しい冬の季節に芽吹く若菜に大地の生命力を感じ，春の到来を祝い新年の息災を願う「七草粥」などとして食生活の中に巧みに取り入れてきた古人たちの知恵を探る。四六判272頁　'08

147 木綿再生　福井貞子
自らの人生遍歴と木綿を愛する人々との出会いを織り重ねて綴り，優れた文化遺産としての木綿衣料を紹介しつつ，リサイクル文化としての木綿再生のみちを模索する。四六判266頁　'09

148 紫（むらさき）　竹内淳子
今や絶滅危惧種となった紫草（ムラサキ）を育てる人びと，伝統の紫根染を今に伝える人びとを全国にたずね，貝紫染の始原を求めて吉野ヶ里におよぶ「むらさき紀行」。四六判324頁　'09

149-Ⅰ 杉Ⅰ　有岡利幸
その生態，天然分布の状況から各地における栽培・育種，利用にいたる歩みを弥生時代から今日までの人間の営みの中で捉えなおし，わが国林業史を展望しつつ描き出す。四六判282頁　'10

149-Ⅱ 杉Ⅱ　有岡利幸
古来神の降臨する木として崇められるとともに生活のさまざまな場面で活用され，絵画や詩歌に描かれてきた杉の文化をたどり，さらに「スギ花粉症」の原因を追究する。四六判278頁　'10

150 井戸　秋田裕毅（大橋信弥編）
弥生中期になぜ井戸は突然出現するのか。飲料水など生活用水ではなく，祭祀用の聖なる水を得るためだったのではないか。目的や構造の変遷，宗教との関わりをたどる。四六判260頁　'10

151 楠（くすのき）　矢野憲一／矢野高陽
語源と字源，分布と繁殖，文学や美術における楠から医薬品としての利用，キューピー人形や樟脳の船まで，楠と人間の関わりの歴史を辿りつつ自然保護の問題に及ぶ。四六判334頁　'10

152 温室　平野恵
温室は明治時代に欧米から輸入された印象があるが，じつは江戸時代半ばから「むろ」という名の保温設備があった。絵巻や小説，遺跡などより浮かび上がる歴史。四六判310頁　'10

153 檜（ひのき） 有岡利幸
建築・木彫・木材工芸に最良の材としてわが国の〈木の文化〉に重要な役割を果たしてきた檜。その生態から保護・育成・生産・流通・加工までの変遷をたどる。 四六判３２０頁 '11

154 落花生 前田和美
南米原産の落花生が大航海時代にアフリカ経由で世界各地に伝播していく歴史をたどるとともに、日本で栽培を始めた先覚者や食文化との関わりを紹介する。 四六判３１２頁 '11

155 イルカ（海豚） 田辺悟
神話・伝説の中のイルカ、イルカをめぐる信仰から、漁撈伝承、食文化の伝統と保護運動の対立までを幅広くとりあげ、ヒトと動物との関係はいかにあるべきかを問う。 四六判３３０頁 '11

156 輿（こし） 櫻井芳昭
古代から明治初期まで、千二百年以上にわたって用いられてきた輿の種類と変遷を探り、天皇の行幸や斎王群行、姫君たちの輿入れにおける使用の実態を明らかにする。 四六判２５２頁 '11

157 桃 有岡利幸
魔除けや若返りの呪力をもつ果実として神話や昔話に語り継がれ、近年古代遺跡から大量出土して祭祀との関連が注目される桃。日本人との多彩な関わりを考察する。 四六判３２８頁 '12

158 鮪（まぐろ） 田辺悟
古文献に描かれ記されたマグロを紹介し、漁法・漁具から運搬と流通・消費、漁民たちの暮らしと民俗・信仰までを探りつつ、マグロをめぐる食文化の未来にもおよぶ。 四六判３５０頁 '12

159 香料植物 吉武利文
クロモジ、ハッカ、ユズ、セキショウ、ショウノウなど、日本の風土で育った植物から香料をつくりだす人びとの営みを現地に訪ね、伝統技術の継承・発展を考える。 四六判２９０頁 '12

160 牛車（ぎっしゃ） 櫻井芳昭
牛車の盛衰を交通史や技術史との関連で探り、絵巻や日記・物語等に描かれた牛車の種類と構造、利用の実態を明らかにして、読者を平安の「雅」の世界へといざなう。 四六判２２４頁 '12

161 白鳥 赤羽正春
世界各地の白鳥処女説話を博捜し、古代以来の人々が抱いた〈鳥への想い〉を明らかにするとともに、その源流を、白鳥をトーテムとする中央シベリアの白鳥族に探る。 四六判３６０頁 '12

162 柳 有岡利幸
日本人との関わりを詩歌や文献をもとに探りつつ、容器や調度品に、治山治水対策に、火薬や薬品の原料に、さらには風景の演出用に活用されてきた歴史をたどる。 四六判３２８頁 '13

163 柱 森郁夫
竪穴住居の時代から建物を支えてきただけでなく、大黒柱や鼻っ柱などさまざまな言葉に使われている柱。遺跡の発掘でわかった事実や、日本文化との関わりを紹介。 四六判２５２頁 '13

164 磯 田辺悟
人間はもとより、動物たちにも多くの恵みをもたらしてきた磯―その豊かな文化をさぐり、東日本大震災以前の三陸沿岸を軸に磯漁の民俗を聞書きによって再現する。 四六判４５０頁 '14

165 タブノキ　山形健介

南方から「海上の道」をたどってきた列島文化を象徴する樹木について、中国・台湾・韓国も視野に収めて記録や伝承を掘り起こし、人々の暮らしとの関わりを探る。　四六判３１６頁　'14

166 栗　今井敬潤

縄文人が主食とし栽培していた栗。建築や木工の材、鉄道の枕木といった生活に密着した多様な利用法や、品種改良に取り組んだ技術者たちの苦闘の足跡を紹介する。　四六判２７２頁　'14

167 花札　江橋崇

法制史から文学作品まで、厖大な文献を渉猟して、その誕生から現在までを辿り、花札をその本来の輝き、自然を敬愛して共存する日本の文化という特性のうちに描く。　四六判３７２頁　'14

168 椿　有岡利幸

本草書の刊行や栽培・育種技術の発展によって近世初期に空前の大ブームを巻き起こした椿。多彩な花の紹介をはじめ、椿油や木材の利用、信仰や民俗まで網羅する。　四六判３３６頁　'14

169 織物　植村和代

人類が初めて機械で作った製品、織物。機織り技術の変遷を世界史的視野で見直し、古来より日本と東南アジアやインド、ペルシアの交流や伝播があったことを解説。　四六判３４６頁　'14

170 ごぼう　冨岡典子

和食に不可欠な野菜ごぼうは、焼畑農耕から生まれ、各地の風土のなか固有の品種や調理法が育まれた。そのルーツを稲作以前の神饌や祭り、儀礼に探る和食文化誌。　四六判２７６頁　'15

171 鱈（たら）　赤羽正春

漁場開拓の歴史と漁法の変遷、漁民たちのくらしを跡づけ、戦時の非常食としての役割を明らかにしつつ、「海はどれほどの人を養えるか」についても考える。　四六判３３６頁　'15

172 酒　吉田元

酒の誕生から、世界でも珍しい製法が確立しブランド化する近世までの長い歩みをたどる。飢饉や幕府の規制をかいくぐり、いかにその香りと味を生みだしたのか。　四六判２５６頁　'15

173 かるた　江橋崇

外来の遊技具でありながら二百年余の鎖国の間に日本の美術・文芸・芸能を幅広く取り入れ、和紙や和食にも匹敵する存在として発展した〈かるた〉の全体像を描く。　四六判３５８頁　'15

174 豆　前田和美

ダイズ、アズキ、エンドウなど主要な食用マメ類について、その栽培化と作物としての歩みを世界史的視野で捉え直し、食文化に果たしてきた役割を浮き彫りにする。　四六判３７０頁　'15

175 島　田辺悟

日本誕生神話に記された島々の所在から南洋諸島の巨石文化まで、島をめぐる数々の謎を紹介し、残存する習俗の古層を発掘して島の精神性にもおよぶ島嶼文化論。　四六判３０６頁　'15

176 欅（けやき）　有岡利幸

長年営林事業に携わってきた著者が、実際に見聞きした事例や文献・資料を駆使し、その生態から信仰や昔話、防災林や木材としての利用にいたる歴史を物語る。　四六判３０６頁　'16

177 **歯**　大野粛英

虫歯や入れ歯など、古来より人は歯に悩んできた。著者は小説や日記、浮世絵や技術書まで多岐にわたる資料を駆使し、歯科医ならではの視点で治療法の変遷も紹介。四六判２５０頁　'16

178 **はんこ**　久米雅雄

「漢委奴国王」印から織豊時代のローマ字印章、歴代の「天皇御璽」、さらには「庶民のはんこ」まで、歴史学と考古学の知見を綜合して、印章をめぐる数々の謎に挑む。四六判３４４頁　'16

179 **相撲**　土屋喜敬

一五〇〇年の歴史を誇る相撲はもとは芸能として庶民に親しまれていた。力士や各地の興行の実態、まわしや土俵の変遷、櫓の意味、文学など多角的に興味深く解説。四六判２９８頁　'17

180 **醤油**　吉田元

醤油の普及により、江戸時代に天ぷらや寿司、蕎麦など一気に食文化が花開く。濃口・淡口の特徴、外国産との製法の違い、代用醤油、海外輸出の苦労話等を紹介。四六判２７２頁　'18

181 **和紙植物**　有岡利幸

奈良時代から現代まで、和紙原木の育成・伐採・皮剝ぎの工程を軸に、生産者たちの苦闘の歴史を描き、生産地の過疎化・高齢化、野生獣による被害の問題にもおよぶ。四六判３１８頁　'18

182 **鋳物**　中江秀雄

仏像や梵鐘、武器、貨幣から大砲、橋梁、自動車やジェット機エンジンまで。古来から人間活動を支えてきた金属鋳物の技術史を、燃料や炉の推移に注目して概観する。四六判２３６頁　'18

183 **花火**　福澤徹三

戦国期に唐人が披露した花火は武士の狼煙と融合して独自の進化を遂げ、江戸時代に庶民の娯楽として全国に広まった。大人も子供も夢中になった夏の風物詩の歩み。四六判２６８頁　'19